# 기계재료학

2판

Machine Materials

최갑송 고병갑 박남섭 이양창 공저

JINSAEM 진샘미디어

# Preface

우리 인류는 예로부터 "인간은 만물의 영장(靈長)" 이라고 해왔다. 영장이란 영묘한 힘을 가진 우두머리란 뜻으로, 동물처럼 손발만으로는 생활할 수 없고 각종 다양한 도구나 기계 및 장치를 사용함으로써 보다 윤택하고 안락한 생활을 누릴 수 있었고 이렇게 편리한 생활을 위해서는 특히 기계공업의 발달이 가장 근간이 된다고 할 수 있다.

기계의 성능을 높이고 우수한 공업제품을 생산하기 위해서는 우수한 재료를 사용해야만 하고, 기계공업의 진보에 따라 기계를 구성하는 재료에 대해서도 여러 가지 우수한 특성이 요구되어지고 있다. 그리고 재료가 아무리 좋더라도 적재적소에 사용되지 않으면 그 진가를 발휘할 수 없게 된다.

따라서 기계공업관련 산업에 종사하는 기술자와 학생들은 성능이 우수한 새로운 기계를 만들기 위해서는 기계재료의 지식을 충분히 갖추어야만 한다.

저자들은 다년간 금속재료 및 기계재료를 강의해 온 경험을 바탕으로 기계재료공학의 전반에 걸쳐, 가능한 이해하기 쉽게 내용을 핵심 요점 정리식으로 개념을 정립하여 각종 기사자격 시험에 대비할 수 있도록 이 책을 꾸미려고 노력하였다.

이 책은 제 1~5장에서는 기계재료에 대한 일반적인 기초이론을, 제 6~9장에서는 기계재료 중 가장 중요하게 많이 사용되는 철강재료에 대해서, 제 10~12장에서는 비철금속재료 및 제 13장에서는 비금속재료에 대한 내용을 기술하였다. 각 장별 뒷부분에는 내용을 정리하면서 익힐 수 있는 객관식 및 주관식 연습문제를 통해 복습할 수 있도록 하였고, 그리고 뒤에는 일반기계기사 및 기계설계기사 자격시험의 기출문제를 수록하였고, 마지막으로 참고가 되도록 각종 부록을 첨부하였다.

이 책의 내용에 있어서 아직 미비한 점이 많으리라 사료되며, 잘못된 부분이나 부족한 점에 대해서는 계속 보완해 나갈 것이며 독자 여러분들의 많은 지도편달을 바랍니다. 이 책을 집필하면서 국내외 많은 관련서적들을 참고 및 인용하였음을 밝히며, 특별히 반도체소자와 재료 및 나노소자를 추가로 정리해 주신 유은이박사께 감사의 인사를 드리며, 끝으로 이 책이 완성되기까지 수고해 주신 진샘미디어 출판사 여러분들께 심심한 감사를 드리는 바입니다.

**저자 씀**

# Contents

CHAPTER 1

# 기계재료와 결정구조

# 1.1 기계재료와 그 종류

## 1.1.1 재료(materials)란?

- 정의 : 여러 물건을 만드는데 사용되는 원료물질을 말함.
- 인간에게 왜 재료가 소중할까? ← 생활도구를 무슨 재료로 만들어 사용했느냐에 따라 : 인류문화사의 시대를 → 석기시대, 청동기시대, 철기시대 등으로 구분할 정도로 중요
- 공업재료(industrial materials) : 각종 공업이나 산업제품을 만드는데 사용되는 원료 소재에 대한 넓은 의미
- 기계재료(mechanical materials) : 각종 기계, 기구, 구조물, 생활용품 등을 만드는 소재로서 자동차, 조선, 우주항공, 금형재료 등을 모두 포함해서 일컬음
- 재료의 신비스러움? ← 성질의 무궁무진함 ← 구성성분, 기계적 가공처리, 열처리 등에 따라 기계적 성질과 물리, 화학적 성질이 변화무상하기 때문

## 1.1.2 재료의 종류별 특성은?

- 금속(metal)

  예 철강재료, 비철재료 → 높은 열 및 전기전도도, 불투명한 광택 ⇨ 비중(4.5=Ti)에 따른 구분 → 중금속, 경금속(4.5이하)

- 중합체(polymer)

  예 플라스틱, 폴리에틸렌 등 → 가벼우면서 절연성이 강하고 변형이 쉽다.

- 세라믹(ceramics)

  예 금속원소와 C, N, O, P, S와의 화합물 → 단단하여 취성이 크고 고온이나 가혹한 환경에 잘 견딤

- 복합재료(composite materials)

  예 FRP, FRM 등 → 2개 이상의 재료가 결합되어 구성재료의 특성이 조합

- 반도체(semiconductor)

  예 Si, Ge, Sn 및 III족과 V족(GaAs), II족과 VI족(CdS)이 짝 → 도체와 절연체의 중간 도전성

## 1.2 기계재료의 범위와 용도

- 범위 : 기계나 기구, 구조물 등을 만드는데 사용되는 모든 물질
- 원소별 종류 : 금속(철강, 비철)재료, 비금속재료
- 사용기능별 : 구조용재료(기계의 구조물을 구성 ← 강도, 인성필요)  
  기능재료(특수한 기능의 용도 ← 특수 성질필요)
- 기능재료

  예 형상기억합금, 초전도재료, 수소저장합금, 반도체재료, 생체재료, 제진・흡음재료 등
- 용도지향형재료 : 특수한 성질이나 용도로 사용되는 재료

  예 센서재료, 원자로용재료, 극저온용재료, 고탄성재료, 고강도 내식・내열합금, 전자기재료 등

## 1.3 기계재료의 선택과 학습이유

### 1.3.1 기계재료를 선택하기 위한 판단기준은?

- 쉽게 구할 수 있고, 가격이 저렴
- 가공이 용이한 재료
- 사용환경에 대한 특성과 성질을 구비
- 사용중 성능이 저하되지 않고 신뢰가능

### 1.3.2 기계기술자는 왜 기계재료를 배울까?

- 사용재료의 제조와 신재료의 개발을 위한 지식을 부여
- 기계설계시 강도와 기능이 발휘되는 적절한 재료의 선정능력 부여
- 기계제작 단계에서 문제가 되는 재료의 가공성 원리를 이해
- 기계기구의 재질적 평가와 신뢰성, 안전성을 보증하기 위한 기준 마련

### 1.3.3 재료의 기본적인 원리는?

- 모든 재료의 성질을 지배하는 공통된 원리 : 재료의 성질은 그 재료를 구성하고 있는 내부 구조(internal structure)에 기인한다.
- 인간생활을 더욱 윤택하기 위해? ← 새롭고 편리한 기계기구의 출현 ← 새로운 재료개발이 필요
- 재료 : 인류문명을 지탱하고 문화를 발전시키는 원동력이 되는 중요한 것

## 1.4 재료의 결합형식

- 물질의 3분류는?
  - ▸ 원자의 결합상태에 따라 → 고체(solid), 액체(liquid), 기체(gas)
- 원자의 규칙배열성에 따른 고체의 2종류는?
  - ▸ 결정질(crystal-금속, 광물, 세라믹) : 장범위에 걸쳐 규칙정연하게 배열
  - ▸ 비정질(amorphous-유리, 플라스틱) : 장범위 규칙성을 갖지 않는 원자배열

### 1.4.1 이온결합(ionic bonding)

전자를 내놓는 양이온과 전자를 받은 음이온간의 정전기적인 Coulomb인력에 의한 결합

예 NaCl 등의 이온결정 → 최외각전자가 희유가스(Ar, Ne 등) 원자의 배열을 취함

- 특징 : 낮은 전기전도도, 투명, 취성, 고융점

### 1.4.2 공유결합(covalent bonding)

두 원자가 가전자를 서로 공유하여 안정한 구조를 만드는 결합

예 다이아몬드, SiC

- 특징 : 낮은 전기전도도, 고경도, 고융점

### 1.4.3 금속결합(metallic bonding)

양이온화된 금속이온과 ⊖의 자유전자(free electron) 간의 정전기적 인력에 의한 결합.

예 대부분의 금속원소

- 금속의 5대 특징 : 상온에서 결정질고체, 높은 전기전도 및 열전도도, 전연성이 우수, 금속광택, 융점이 높고 비중 및 경도가 크다.

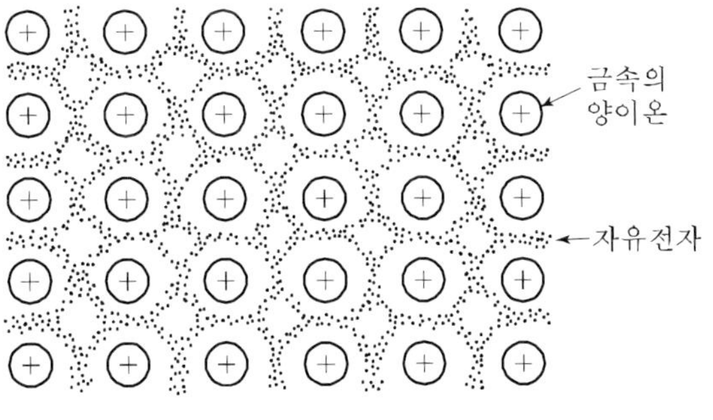


| 그림 1 | 금속결합에서의 자유전자 상태

- 금속은 왜 전기를 잘 통할까?
  금속결합이 되면 많은 자유전자가 존재함으로서 전도전자의 이동이 쉬워지므로 인해 전기 및 열의 전도성이 우수하게 된다.

### 1.4.4 반데르발스 결합(Van Der Waals bonding, 분자결합)

분자간에 작용하는 (원자간보다는)약한 인력(반데르발스인력)에 의한 2차결합

예 Ar, Ne 같은 희유가스, $N_2$, $O_2$, $CO_2$, $H_2O$ 같은 분자

- 특징 : 결합이 약하고 융점, 승화점이 낮음
- 수소결합(hydrogen bonding) : 반 데르 발스의 힘에 의한 결합이지만, 방향성을 갖고 고융점

## 1.5 응고와 결정의 생성

재료가 만들어지기 위해서는 녹아있는 액체로부터 응고되면서 결정이 생성되어야 한다.

### 1.5.1 상변화와 변태점

#### (1) 융해와 응고

- 물질은 온도가 높아지면 왜 녹을까?
  고체의 구성원자는 원자간 결합력에 의해 서로 연결되어 있고, 격자점을 중심으로 진동하고 있다. 온도가 높아지면 열진동(thermal vibration)이 심해져서 원자가 격자점에 머물지 않고 튀어나가서 액체모양의 원자배열로 된 것이 용융(melting)상태이다. 이 상변화를 융해 또는 용융이라 하고, 이 온도를 융점(melting point)이라 한다.
- 응고(solidification) : 액체(liquid) $\underset{\text{융해(용융잠열)}}{\overset{\text{응고(응고잠열)}}{\rightleftarrows}}$ 고체(solid)

- 융해나 응고하는 동안은 왜 온도가 떨어지지 않을까?
  융점이나 응고점에 도달하면 융해열(latent heat of melting)이나 응고잠열(latent heat of freezing)이 발생되기 때문이다.
- 왜 갑자기 융해열과 응고잠열이 나올까?
  융해되기 위해서는 원자간 결합력 이상의 운동에너지가 열로 흡수되어야 하고, 응고되면 이 운동에너지를 잃고서 열로 방출되어 나오기 때문이다.

### (2) 상변화와 변태점

- 재료를 가열 혹은 냉각하면 어떤 변화가 일어날까?
  단지 온도만이 변하는 구역이 있고, 특정 온도에 도달하면 원자의 존재형태가 바뀌는 변화가 일어나고, 이것을 상변화 혹은 변태(transformation)라고 한다.
- 변태점 : 그 변태가 일어나는 온도
  예 Fe의 동소변태점(=910℃, 1400℃), 자기변태점(=768℃)
- Fe의 3가지 동소체는? $\alpha$철(bcc구조), $\gamma$철(fcc구조), $\delta$철(bcc구조)

### (3) 변태점은 어떻게 측정할까?

- 재료의 변태(융해나 응고)시 잠열의 흡수나 방출이 일어나는 현상을 이용한다.
  ▸ 열분석 곡선(물질의 가열이나 냉각시 시간경과에 따른 온도변화의 선도)
  → 가열곡선보다 냉각곡선(cooling curve)이 많이 이용됨
- 곡선상의 온도정체부(b~c) : 2개의 상이 공존하는 변태점(융점, 응고점)
  ▸ bc부분에서는 왜 시간이 지나도 온도가 떨어지지 않고 일정할까?
  → 상변태가 진행되기 때문으로, 가열시에는 원자결합을 허물기 위한 열에너지가 들어가야 하고, 냉각시에는 원자가 갖고 있던 운동에너지를 방출하기 때문에 변태가 진행될 동안은 온도가 변하지 않는다.
  ⇒ b점 : 변태의 개시점, c점 : 변태의 완료점

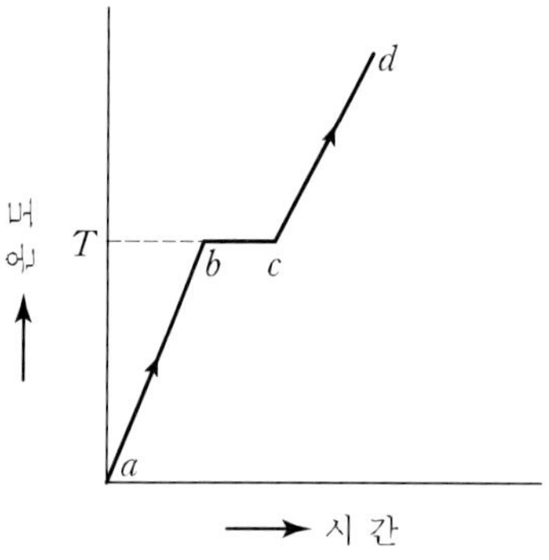

(a) 가열곡선

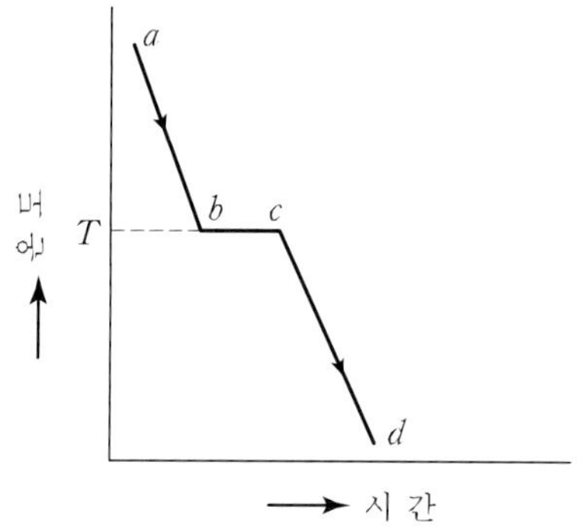

(b) 냉각곡선

그림 2 순금속의 가열·냉각곡선

## 1.5.2 순금속의 응고조직

- 어떤 과정으로 응고가 일어날까?
  응고점에서 용융금속 중에 고상결정의 작은 집합체인 결정핵(nucleus)이 발생되고 이것이 점차 성장해서 전부가 결정체로 되면 응고가 완료된다.
- 응고된 결정조직은 어떤 모양을 이룰까?
  - ▸ 수지상정(dendrite) : 결정핵이 발생되어 나뭇가지 모양으로 커가면서 성장한 결정
  - ▸ 주상정(columnar crystal) : 응고가 주형벽면(칠층)에서 중심부로 향해 성장한 기둥 모양의 결정
  - ▸ 입상정(granular or equiaxed crystal〈등축정〉) : 주형의 중심부에서 응고 성장한 둥근 입자모양의 결정

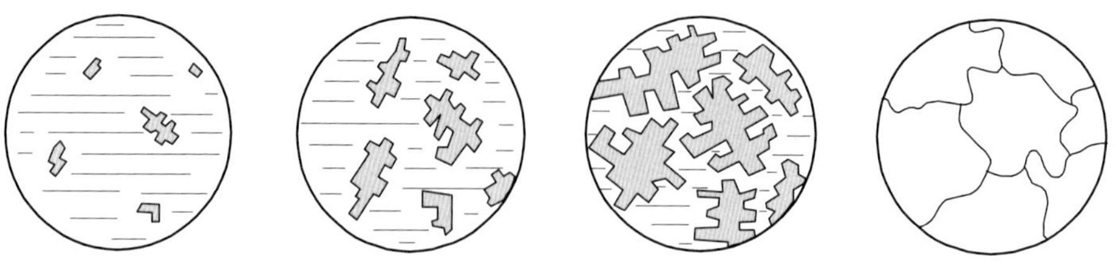


그림 3 순금속의 응고과정

- 결정의 크기는 어떻게 표시할까?
  - ▸ 결정입계(grain boundary) : 결정핵으로부터 성장된 결정들간의 서로 마주친 경계선
  - ▸ 결정입도(grain size) : 결정립의 크기를 나타내는 정도
- 결정입도식 $2^{N+3} = n$($n$ = 1mm²중의 결정립 개수, $N$ = 입도번호)

  $\rightarrow (N+3)\log 2 = \log n$

  $\therefore N = \dfrac{\log n}{0.301} - 3$ (N 가 클수록 결정립은 미세해진다)

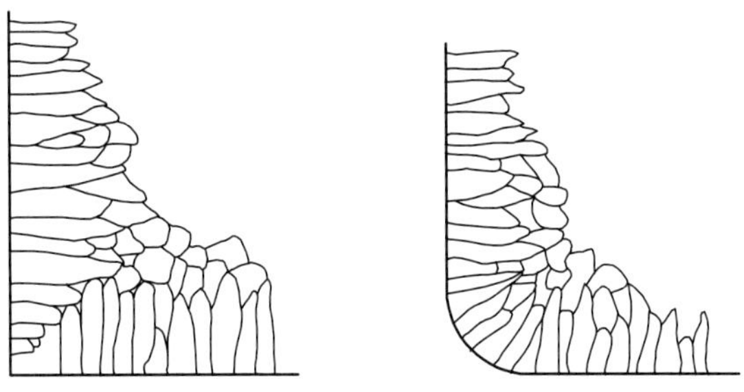

(a) (b)

‖ 그림 4 ‖ 주형 내의 결정성장방향

- ▸ ASTM입도번호(N) : $2^{N-1} = n$ ($n$ : 100배의 현미경 사진에서 1in² 내의 결정립의 수)
- ▸ 라운딩(rounding) : 주형의 직각부에 불순물이 모여 편석을 일으키는 부분에 약점이 생기는 결함을 방지하기 위해 모서리부를 그림 4의 (b)처럼 둥글게 해주는 것

## 1.6 결정의 종류

- 결정(crystals)이란?
  - ▸ 고체의 구성원자가 장범위에 걸쳐 규칙정연하게 배열된 집합체
  - ▸ 결정격자(crystal lattice 혹은 공간격자) : 공간상에 3차원적 망상구조(network)의 교차점에 원자가 배열된 구조이고, 원자가 차지하는 각 점을 격자점(lattice point)이라 한다.

▸ 단위격자(unit lattice) or 단위포(unit cell) : 결정격자의 특징을 나타내는 기본이 되는 최소의 단위공간으로, 이것을 3차원적으로 평행이동시킨 것이 공간격자이다.

• 단위격자의 종류에는 어떤 것이 있을까?

▸ x, y, z 좌표축의 단위길이와 그 사이의 각도에 따라 나눈다.

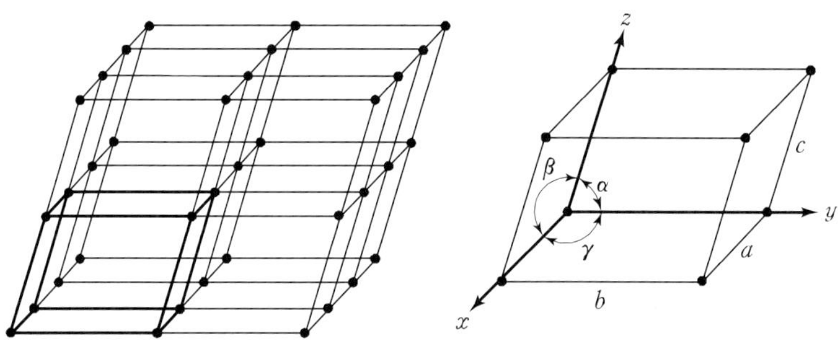


(a) (b)

‖ 그림 5 ‖ 공간격자와 단위격자

• 결정계(crystal system) : 축의 단위길이와 각도에 따른 7가지 단위격자의 조합 = 7정계

▸ 입방정계(cubic system) : $a=b=c$, $\alpha=\beta=\gamma=90°$(단순, 체심, 면심)

▸ 정방정계(tetragonal system) : $a=b\neq c$, $\alpha=\beta=\gamma=90°$(단순, 체심)

▸ 사방정계(orthorhombic system) : $a\neq b\neq c$, $\alpha=\beta=\gamma=90°$(단순, 체심, 저심, 면심)

▸ 삼방정계(trigonal system) : $a=b=c$, $\alpha=\beta=\gamma\neq 90°$(단순)

▸ 육방정계(hexagonal system) : $a=b\neq c$, $\alpha=\beta=90°$, $\gamma=120°$(단순)

▸ 단사정계(monoclinic system) : $a\neq b\neq c$, $\alpha=\beta=90°$, $\gamma\neq 90°$(단순, 저심)

▸ 삼사정계(triclinic system) : $a\neq b\neq c$, $\alpha\neq\beta\neq\gamma\neq 90°$(단순)

• 브라베격자(Bravais lattices) : 결정계의 기본이 되는 공간형의 모든 가지 수 = 14종류 : 격자내의 원자배치에 따라 → 단순격자, 단면심(저심)격자, 체심격자, 면심격자

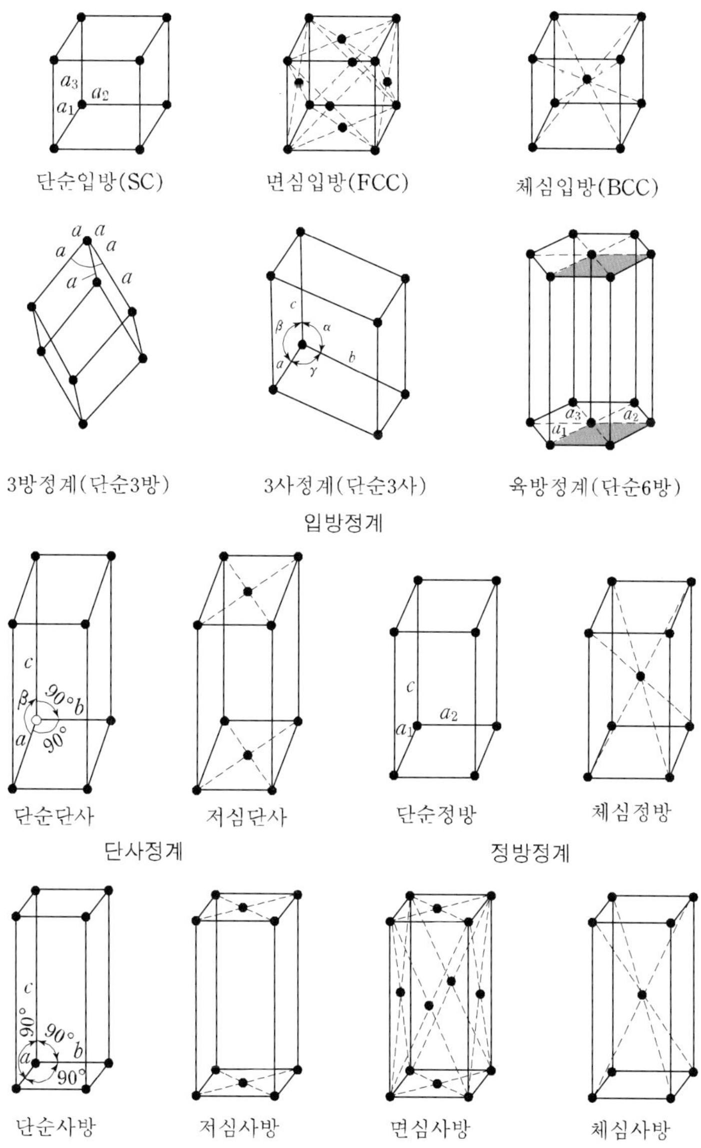


‖ 그림 6 ‖ 14종의 브라베 격자

# 1.7 금속 및 합금의 결정구조

- 구성된 결정립의 개수에 따라 결정을 크게 2가지로 나누면?
  - ▸ 단결정(single crystal) : 금속내부의 조직이 하나의 결정으로 구성된 결정체
  - ▸ 다결정(polycrystal) : 금속내부의 조직이 여러 개의 결정으로 구성된 결정체→ 결정립과 결정입계가 존재한다.
- 원자배열의 특징에 따른 금속의 3가지 결정구조를 들면?
  체심입방(bcc)격자, 면심입방(fcc)격자, 조밀육방(hcp)격자
- 각 결정구조의 특징을 나타내주는 용어들
  - ▸ 격자상수(lattice constant) : 단위격자 한 변의 길이(일정한 값)
  - ▸ 배위수(coordination number) : 1개의 원자를 중심으로 주위에 있는 최근접원자의 개수
  - ▸ 귀속원자수 : 하나의 단위격자에 속해 있는 원자 개수
  - ▸ 원자충전율(APF : atomic packing factor)= $\frac{\text{단위격자내 원자의 부피}(Vs)}{\text{단위격자의 부피}(Vc)}$

## 1.7.1 체심입방(BCC; body centered cubic) 격자

- 원자배열모양 : 입방격자의 각 모서리와 무게중심에 1개의 원자가 배치
- (체대각선상의 원자를 고려) 격자상수 $a$와 원자반경 $R$과의 관계 : $a = \frac{4R}{\sqrt{3}}$
- 귀속원자수 : 8(격자점에 있는 원자)×1/8+1(체심원자) = 2개
- 배위수 : 8개(체심원자의 예)
- $APF = \frac{V_S}{V_C} = \frac{2(\text{격자내 원자수}) \times (\frac{4\pi R^3}{3})}{a^3 \text{ 혹은 } (\frac{4R}{\sqrt{3}})^3} \fallingdotseq 0.68(68\%)$

예 $\alpha$-철, $\delta$-철, Cr, Mo, W, V, Ta 등

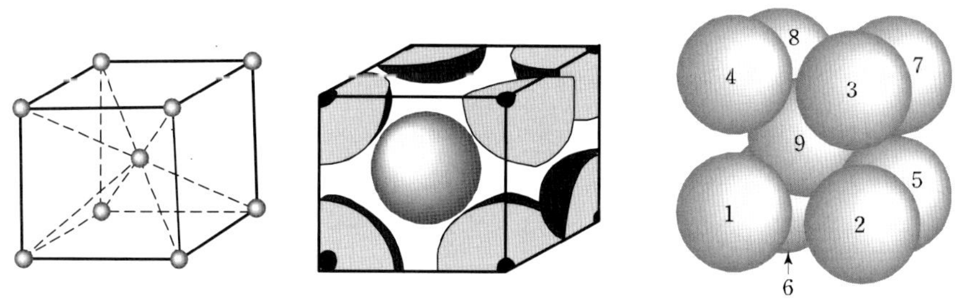


(a) (b) (c)

‖ 그림 7 ‖ 체심입방격자

### 예제 1-1

$\alpha$-Fe의 원자반지름이 0.124nm이면 이 결정의 격자상수는?

**해설**

$\alpha$-Fe은 bcc구조이므로 격자상수를 구하는 식은 다음과 같다.

$a = \dfrac{4R}{\sqrt{3}} = \dfrac{4(0.124\text{nm})}{\sqrt{3}} = 0.286\text{nm} = 0.286 \times 10^{-6}\text{mm}$이다.

## 1.7.2 면심입방(FCC, face centered cubic) 격자

- 원자배열모양 : 입방체의 각 모서리와 6개 면 중심에 1개씩 원자가 배치
- (면대각선의 원자를 고려)격자상수 $a$와 원자반경 $R$과의 관계 : $a = \dfrac{4R}{\sqrt{2}}$
- 귀속원자수 : 8(격자점에 있는 원자)×1/8+6(면심원자)×1/2=4개
- 배위수 : 12개(윗면 중심원자의 예)
- $APF = \dfrac{V_S}{V_C} = \dfrac{4(\text{격자내 원자수}) \times \left(\dfrac{4\pi R^3}{3}\right)}{a^3 \text{혹은} \left(\dfrac{4R}{\sqrt{2}}\right)^3} \fallingdotseq 0.74\ (74\%)$

**예** $\gamma$-철, Al, Ni, Cu, Au, Ag, Pt, Pb 등

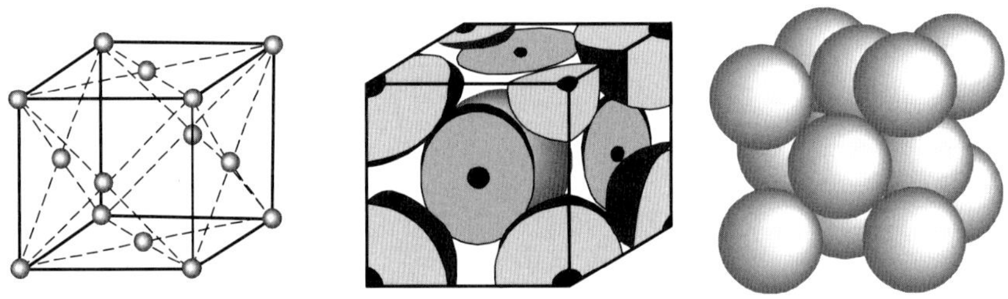

(a) (b) (c)

| 그림 8 | 면심입방격자

### 1.7.3 조밀육방(HCP, hexagonal close-packed) 격자

- 원자배열모양 : 6각기둥의 각 모서리와 상하면의 중심 및 6개의 3각기둥 중 1개씩 띄워서 그 중심에 1개의 원자가 배치
- 격자상수 $a$와 원자반경 R과의 관계 : $a = 2R = \sqrt{\frac{a^2}{3} + \frac{c^2}{4}}$
- $a$축과 $c$축과의 관계 : $c = \sqrt{\frac{8}{3}}\, a$
- 혹은 축비(axial ratio) : $\frac{c}{a} = \sqrt{\frac{8}{3}} \fallingdotseq 1.633$
- 귀속원자수(4각기둥내) : 4(60°격자점원자)×1/12+4(120°격자점원자)×1/6+1(체심원자)=2개
- 배위수 : 12개(저심원자의 예)
- $APF = \frac{V_S}{V_C} = \frac{2(\text{격자내원자수}) \times \frac{4}{3}\pi\ (\frac{a}{2})^3}{\sqrt{2}\ a^3} \fallingdotseq 0.74\ (74\%)$

예 Mg, Zn, Cd, Ti, Co, Be 등

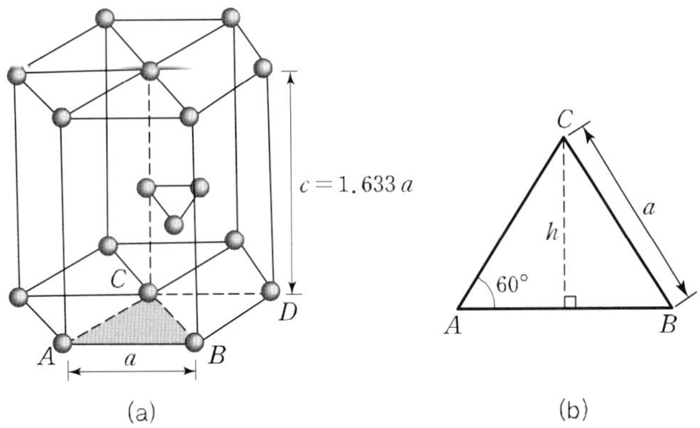


▌그림 9▐ 조밀육방격자의 단위격자

**예제 1-2**

Zn의 격자상수가 $a$=0.267nm, $c$=0.495nm인 hcp결정구조의 단위부피는?

**해설**

hcp 밑면의 총면적 : $S=(6)\left(\frac{1}{2}a^2\sin 60°\right)=3a^2\sin 60°$

따라서 hcp 단위격자의 부피는 다음과 같다.

$$V_c = (3a2\sin 60°)(c)$$
$$= (3\times 0.267^2\times 0.866)(0.495)\ \text{nm}^3$$
$$= 0.092\ \text{nm}^3$$

# 1.8 결정면과 방향의 표시법

## 1.8.1 입방격자의 면과 방향은 어떻게 표시할까?

밀러지수(Miller's index)를 사용하여 나타낸다.

(1) 결정면을 밀러지수로 표시하기

- $ABC$ 면이 $X$, $Y$, $Z$축과 자르는 각축의 단위길이 $a$, $b$, $c$의 배수를 구한다.
- 그 길이비의 역수를 구함
- 간단한 정수비로 하기 위해 최소공배수를 곱해서 구한 비
  $\rightarrow h : k : l$ 이면$(h\ k\ l)$로 표시한다.

**예제 1-3**

그림과 같은 $ABC$의 결정면을 밀러지수로 표시하면?

**해설**

$ABC$면이 $X$, $Y$, $Z$축과 교차하면서 자르는 단위길이의 비

$3a : 2b : 2c \rightarrow \frac{1}{3} : \frac{1}{2} : \frac{1}{2} \rightarrow 2 : 3 : 3 \rightarrow (233)$면으로 표시

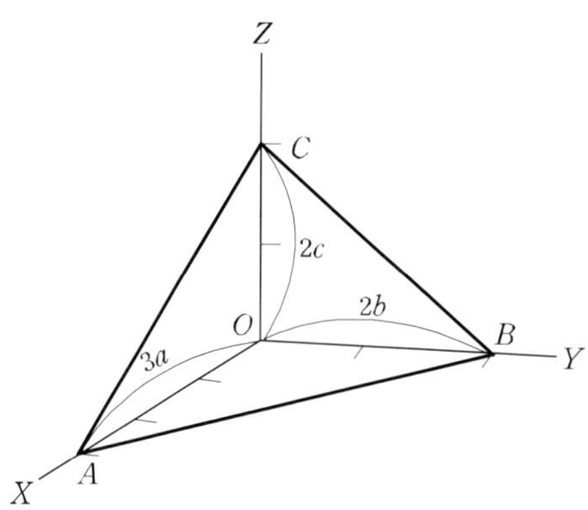


‖ 그림 10 ‖ 격자면의 표시법

- 어느 축에 평행하게 자를 때 그 축의 면지수는 0이며, 평행한 두 면은 같은 지수임
- 지수가 음수일 경우 $(\bar{h}\,\bar{k}\,\bar{l})$와 같이 표시한다.

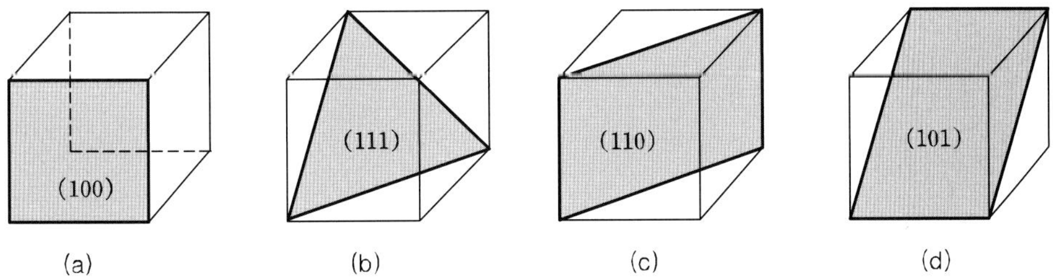


‖ 그림 11 ‖ 입방격자의 주요 결정면

### (2) 결정방향을 밀러지수로 표시하기

원점을 지나 그 방향에 그은 선상의 임의점의 좌표를 가장 간단한 정수비

$\Rightarrow u : v : w$ 이면 $[u\ v\ w]$로 표시한다.

#### 예제 1-4

그림과 같은 AB의 결정방향을 밀러지수로 표시하면?

**해설**

AB방향으로 그은 선상의 B점의 좌표값이 2, 4, 2이면

→ 간단한 정수비 1 : 2 : 1 → [121]방향으로 표시

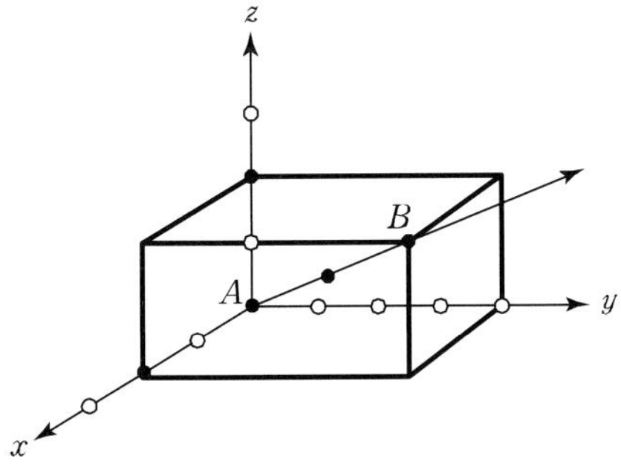


‖ 그림 12 ‖ 방향의 밀러지수

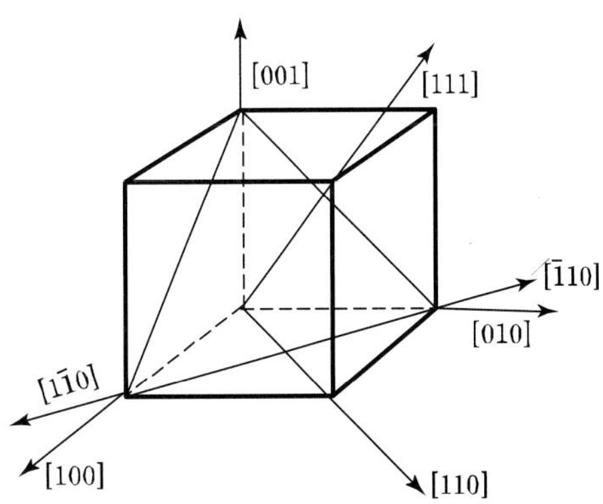


‖ 그림 13 ‖ 입방정계의 주요 방향의 밀러지수

### (3) 등가면과 등가방향을 모두 표시하기

- 등가면(equivalent plane, 면족) : 비슷한 성질을 갖는 면을 일괄해서 표시
  → $\{h\ k\ l\}$로 표시한다.

  예 {100}= (100), (010), (001), $(\bar{1}00)$, $(0\bar{1}0)$, $(00\bar{1})$의 6개 면중 평행한 3개 면을 제외하면 3개 면이다.

- 등가방향(equivalent direction, 방향족) : 비슷한 방향을 일괄해서 표시
  → ⟨uvw⟩로 표시한다.

  예 ⟨100⟩ = [100], [010], [001], $[\bar{1}00]$, $[0\bar{1}0]$, $[00\bar{1}]$의 6개 방향

- 결정면과 방향의 지수가 서로 같은 값이면 직교한다.
- $(h\ k\ l)$면과 $[u\ v\ w]$방향이 평행이기 위한 조건 : $hu + kv + lw = 0$이다.

### (4) 원자밀도를 1차원, 2차원적으로 표시하기

- 선밀도(linear density) = $\dfrac{\text{특정방향의 선길이에 의해 잘리는 원자지름의 수}}{\text{선의 특정길이당}}$

- 면밀도(planer density) = $\dfrac{\text{특정면적에 의해 원자중심부가 잘리는 원자수}}{\text{특정면적당}}$

#### 예제 1-5

Cr(BCC)격자의 (1 0 0)면과 [1 0 0]방향에서 원자의 (1) 면밀도(atoms/mm$^2$) 및 (2) 선밀도(atoms/mm)를 구하라. Cr의 격자상수는 0.289 nm이다.

**해설**

(1) 면밀도

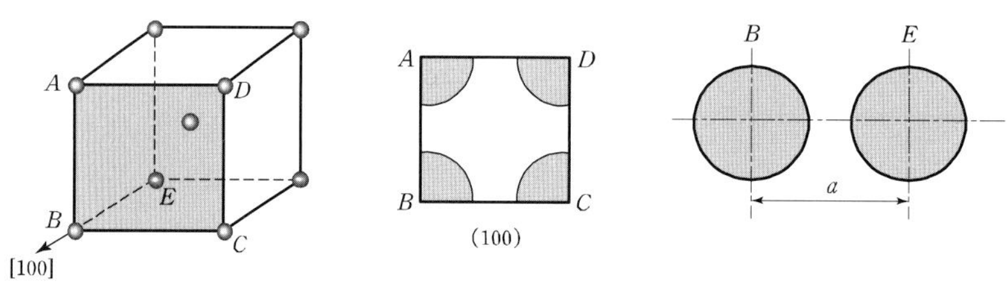

위의 그림에서 (1 0 0)면에 의해 잘리는 원자수 : 4×네 모서리에 있는 1/4원자 = 1개

(1 0 0)면에 의해 잘리는 면적 : $a^2 = (0.289\text{nm})^2$

따라서 원자의 면밀도는 다음과 같다.

$$\text{면밀도} = \frac{1\text{atom}}{(0.289\text{nm})^2} = \frac{1\text{atom}}{0.084\text{nm}^2} \times \frac{10^{12}\text{nm}^2}{\text{mm}^2}$$

$$= 1.19 \times 10^{13}\text{atom/mm}^2$$

(2) 선밀도

[1 0 0]방향에 의해 잘리는 원자지름의 수(원자의 수) : 1 atom

[1 0 0]방향의 특정길이 : $a = 0.289$ nm

따라서 원자의 선밀도는 다음과 같다.

$$\text{선밀도} = \frac{1\text{atom}}{0.289\text{nm}} = \frac{1\text{atom}}{0.289\text{nm}} \times \frac{10^6\text{nm}}{\text{mm}}$$

$$= 3.46 \times 10^6\text{atom/mm}$$

선밀도를 무차원항으로 다음과 같이 나타낼 수 있다.

[1 0 0]방향에 의해 잘리는 원자지름의 길이 : $2R$

[1 0 0]방향의 특정길이 : $a = \dfrac{4R}{\sqrt{3}}$

따라서 원자의 선밀도는 다음과 같다.

$$\text{선밀도} = \frac{2R}{4R/\sqrt{3}} = 0.860$$

### 1.8.2 육방격자의 면과 방향은 어떻게 표시할까?

저면에 있는 $a_1, a_2, a_3$축과 수직인 $c$축의 4개의 축으로 구성되어 있으므로 4개의 밀러지수가 필요 → 결정면은 $(h\ k\ i\ l)$로 표시한다.

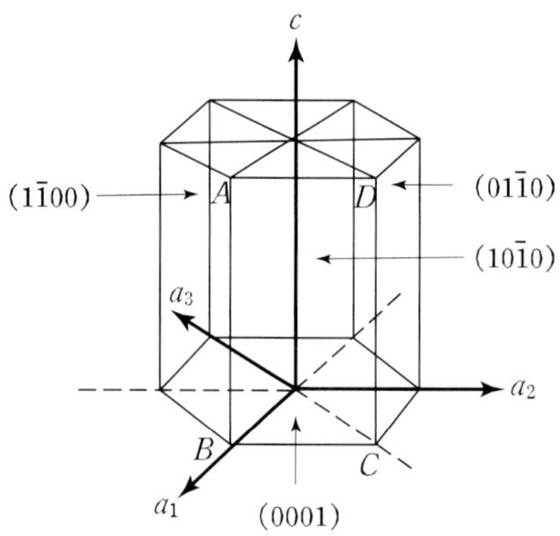


(a) 면의 밀러지수

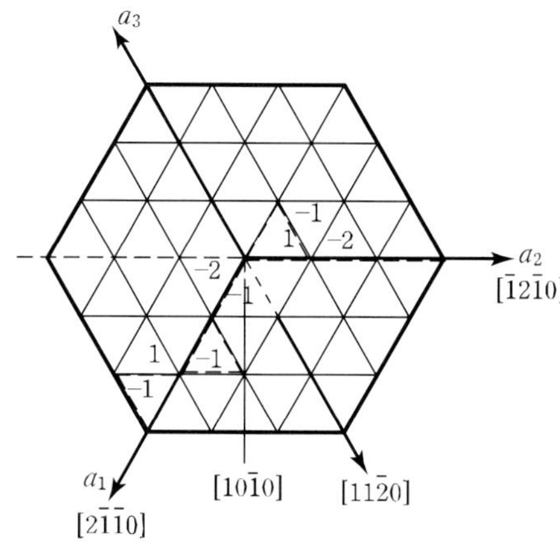


(b) 방향의 밀러지수

그림 13 육방격자의 면과 방향의 밀러지수

- 각 지수간의 기하학적 관계 $i = -(h+k)$가 성립된다.
  - ▸ 결정방향은 저면의 원점을 출발하여 각 축의 방향으로 $u$, $v$, $t$, $w$ 만큼 이동하였다면 → $[u\ v\ t\ w]$로 표시한다.

  예 저면 = (0001), 측면(ABCD면) = $(10\bar{1}0)$

  $a_1$축 = $[2\bar{1}\bar{1}0]$, $a_2$축 = $[\bar{1}2\bar{1}0]$, $-a_3$축 = $[11\bar{2}0]$, 제2종 대각선 = $[10\bar{1}0]$

## 1.8.3 결정구조별 원자의 적층은?

- 금속의 3가지 결정구조 형태인 BCC, FCC, HCP는 각각 원자가 어떻게 쌓였을까?
- 적층방식에 따라 비조밀구조(BCC)와 조밀구조(FCC와 HCP)로 나눈다.
  - ▸ BCC : 맨 아래 1층을 쌓고 그 위 공간에 2층을 쌓음 → ABABAB...의 적층순서
  - ▸ FCC : 맨 아래층을 조밀하게 쌓고 그 위에 2층, 3층 → ABCABC...의 적층순서
  - ▸ HCP : 맨 아래층을 조밀하게 쌓고 그 위의 층 → ABABAB...의 적층순서

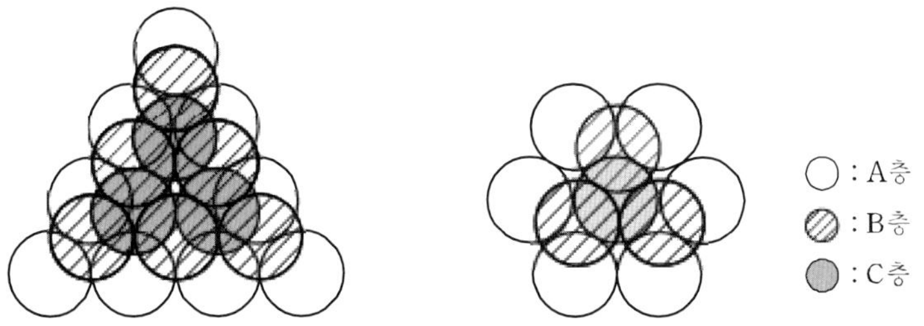


‖그림 14‖ 구의 가장 조밀한 적층구조

### 1.8.4 합금의 결정구조는 어떻게 다를까?

합금은 용융상태에서는 성분원소가 원자적으로 혼합한 용액이지만, 응고 후에는 화학조성과 온도에 의해 다음의 여러 결정구조가 나타난다.

#### (1) 성분원소의 결정

Cu-Pb 합금과 같이 각각의 결정을 만들어 혼합된 조직으로 각 입계에서 결합된 결정

#### (2) 고용체(solid solution)의 2가지 종류에는?

2종류 이상의 원자가 서로 용해되어 전체가 균일한 상태로 된 결정

- 치환형(substitutional) 고용체 : 용질원자가 격자점의 용매원자와 치환된 고용체

  예 Au-Ag, Cu-Ni(전율고용) ← 같은 결정구조, 원자size가 서로 비슷(약 15% 이내)

- 침입형(interstitial) 고용체 : 용질원자가 용매원자의 격자 틈새에 들어간 고용체

  예 H, C, N, O, B 등의 주로 반지름이 작은 비금속 원소가 많다.

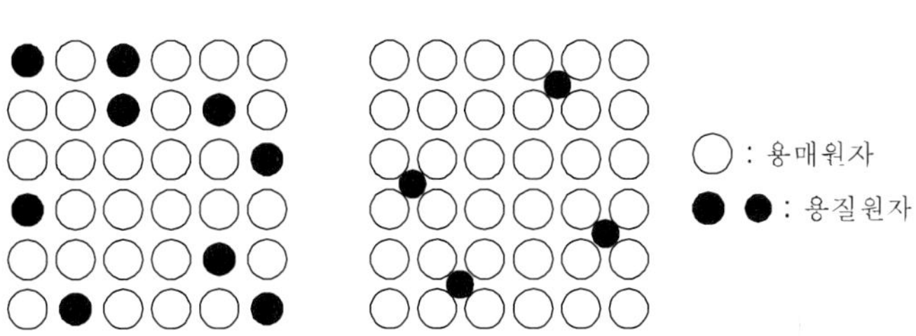


‖그림 15‖ 고용체의 원자배열

### (3) 규칙격자(super lattice)란?

용매원자와 용질원자가 상호간에 규칙적으로 배열된 격자로 강도는 크나 인성이 낮다.

예 $Cu_3Au$형 규칙격자

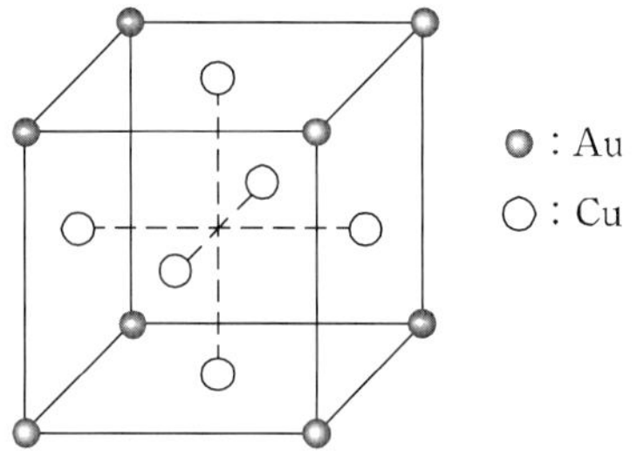


▎그림 16▎ Cu3Au형 규칙격자

### (4) 금속간 화합물(intermetallic compound)

두 종류 이상의 금속원소가 간단한 정수비로 결합된 화합물로 소성변형성이 작고, 비금속적 성질을 갖는다.

예 $Fe_3C$, $CuAl_2$, $Mg_2Si$

## 1.8.5 비정질 합금(amorphous alloy)을 얻기 위해서는?

융점 이상의 액상금속을 아주 급랭하면 과냉(super cooling)되어 액체상태의 구조가 그대로 동결된 결정 → 장범위 규칙성은 없고 단범위 규칙성이 약간 있다.

예 유리($SiO_2$), 고분자물질, 산화물형의 세라믹 비결정체

- 비정질합금의 특징은?
  - ▸ 결정질보다 강인성, 내식성, 연자성, 반도체 특성이 우수 → 신소재로 많이 개발
  - ▸ 결정입계와 같은 불균일조직이 존재하지 않고 등방성이다.
  - ▸ 급랭응고기술(RSP, rapid solidification process)에 의해 생성될 수 있다.
  - ▸ 장범위 규칙성이 없다.

# 1.9 결정의 결함(격자결함, lattice defects)

- 완전결정 : 원자배열이 완전히 규칙정연한 이상적인 결정
- 불완전결정 : 실제는 여러 가지 잘못된 원자배열(격자결함)이 존재하는 결정
- 격자결함의 분류 : 점결함(0차원), 선결함(1차원), 면결함(2차원), 체적결함(3차원)

## 1.9.1 점결함(point defect)의 종류에는?

원자 혹은 이온크기 정도의 점모양의 결함

- 원자공공(vacancy) : 격자점에 원자가 차지하지 못하고 빈 공간으로 된 결함으로 공격자점 혹은 Shottky 결함이라고도 한다.
- 격자간원자(interstitial atom) : 격자점 사이에 동종의 원자가 존재하는 결함
- 불순물원자(impurity atom) : 모체결정과는 다른 원자가 치환 또는 침입형으로 존재
- 공동(空洞, void) : 원자공공이 많이 모여 크게 된 것
- Frenkel 결함 : 원자공공과 격자간원자가 한쌍으로 존재

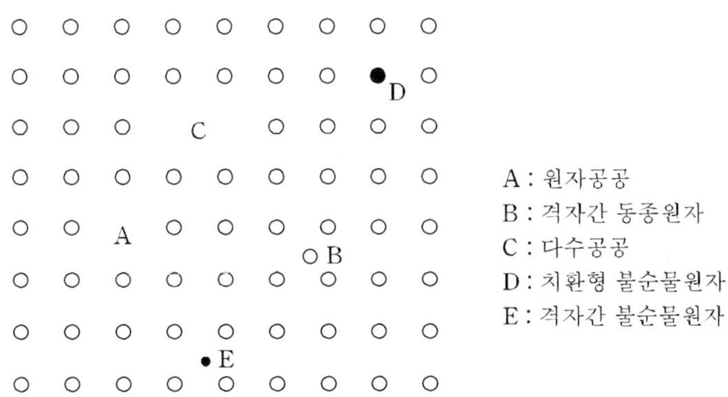


‖ 그림 16 ‖ 주요한 점결함

▸ 점결함은 어느 온도에서 열평형적으로 얼마나 많이 존재할까?

점결함의 수(농도)는 온도에 지수함수적으로 비례하여 존재한다.

$$N = N_0 \exp(-\frac{E_f}{kT})$$

$N$ : 절대온도 T에서 단위체적 내에 존재하는 점결함의 수

$N_0$ : 단위체적 중의 전체 격자점의 수

$E_f$ : 1개의 점결함을 형성하는데 필요한 에너지

$k$ : 볼쯔만 상수

▸ 절대온도 0도 K에서는 공공농도($N/N_0$, 결정내 점결함의 비율)가 0이고, 온도와 함께 급격히 증가한다.

## 1.9.2 선결함(line defect) ⇒ 전위(dislocation)란?

- 칼날(edge) 전위 : 결정 내에 ABCD와 같은 원자면이 칼날처럼 여분으로 들어간 위치 줄 아래의 선상결함으로(BC부분)

  ▸ 슬립이 발생한 부분과 발생하지 않은 부분과의 경계선인 불규칙한 선상부분의 집합 → 전위선과 버거스벡터 $b$가 수직인 전위

  ▸ +(positive) 칼날전위 : 여분의 원자면이 슬립면 상부에 존재 = ⊥로 표시

  ▸ −(negative) 칼날전위 : 여분의 원자면이 슬립면 아래에 존재 = ⊤로 표시

- 나사(screw) 전위 : 원자배열이 나사모양으로 연결되어 1회전하면 다음 원자면에 닿는 선상결함 → 전위선과 버거스벡터가 평행인 전위(AD부분)

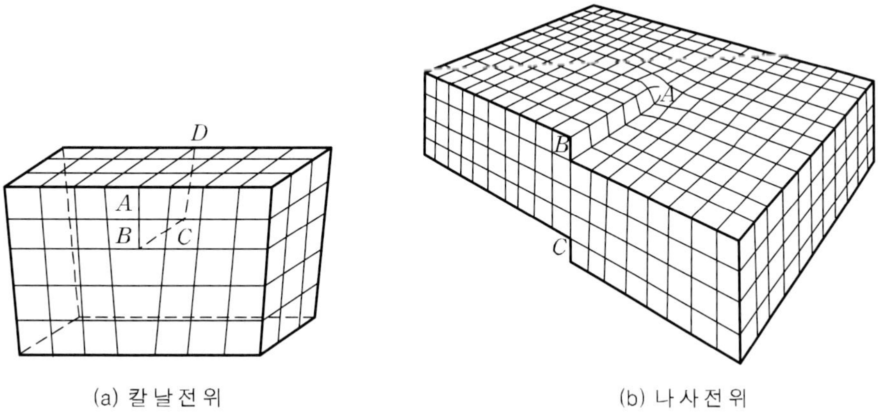


그림 16 칼날전위와 나사전위

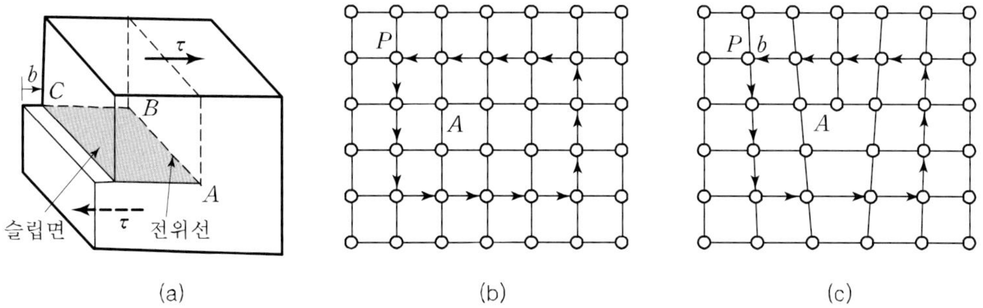


그림 17 칼날전위와 버거스 벡터

- 혼합(mixed) 전위 : 칼날전위(C부)와 나사전위(A부)의 성분이 혼합(AC선)하여 존재하는 것이 일반적이다.

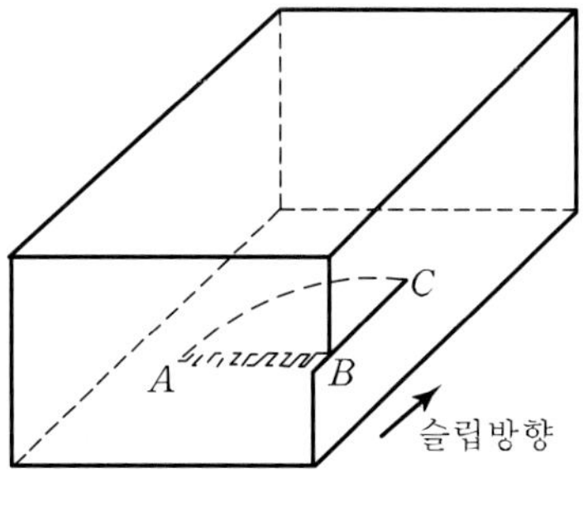


그림 18 혼합전위에 의한 슬립변형

- 응력이 주어지면 전위의 수(혹은 밀도)가 점차 어떻게 증가할까요?

  Frank-Read 근원(source) → 전위의 증식기구(multiplication mechanism)를 설명 : 전단응력에 의한 전위의 슬립운동시 응력이 가해짐에 따라 미리 존재하는 1개의 선상 전위 AB에서 다수의 전위루프(dislocation loop)를 생성시키면서 전위의 수(혹은 전위밀도)를 증식시킨다는 기구이고, 이 때의 AB전위를 Frank-Read Source라고 한다.

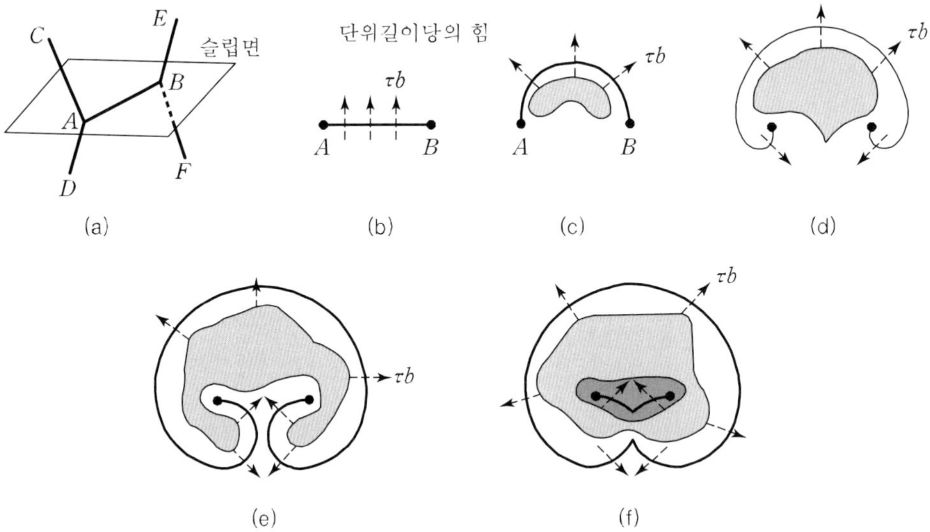


▌그림 18▐ Frank-Read 기구에 의한 전위의 증식

### 1.9.3 면결함(surface defect)과 체적결함

- 결정입계(grain boundary) : 원자배열이 서로 다른 방향성을 갖는 결정립간의 경계부로 방향성이 약간만 차이가 나는 소각결정입계와 일반 결정립계의 대각결정립계가 있다.
- 적층결함(stacking fault) : 원자의 적층순서가 잘못되어 나타난 면부분

  예 fcc의 ABCABC...가 ABCAB↓ABC...의 hcp처럼 잘못 배열된 면결함
- 쌍정경계(twin boundary) : 하나의 면을 경계로 양측의 결정이 동일한 구조를 갖고, 결정방위가 거울상과 같이 대칭관계에 있는 결정의 계면으로 전단응력이나 풀림열처리 등에 의해서 생성된다.

• 체적결함(bulk defect) : 제조시에 형성되는 각종 산화물과 같은 비금속개재물, 수축공, 기공 등의 주조결함, 단조나 용접시의 가공균열처럼 큰 덩어리 형태의 결함 → macro(육안)적으로 관찰가능하고 강도를 크게 해친다.

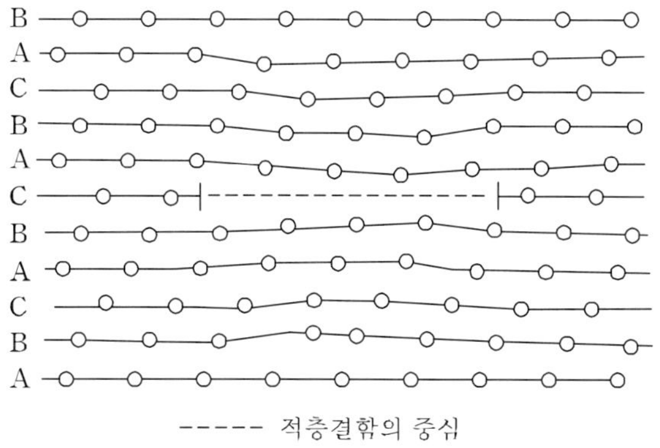


‖그림 19‖ 적층결함

## 연습문제

### 객관식

1. $A, B$ 두 금속을 합금하였을 때 나타나는 물리적 성질에 대한 설명 중 맞는 것은?

① 융점은 순금속에 비해 꼭 낮아진다. ② 어느 경우에도 항상 합금이 될 수 있다.
③ 전기전도도는 순금속보다 나빠진다. ④ 비중은 결정구조에 관계없이 서로에 비례한다.

2. 다음 중 금속의 특징이 아닌 것은?

① 금속광택이 있다. ② 소성변형능이 있다.
③ 열 및 전기의 부도체이다. ④ 고체상태에서 결정을 갖는다.

3. 일반적으로 순금속이 합금보다 우수한 성질은?

① 열처리성 ② 전도성 ③ 강도 ④ 주조성

4. 다음 금속의 결정 구조가 아닌 것은?

① 체심입방격자 ② 면심입방격자 ③ 저심입방격자 ④ 조밀육방격자

5. 면심입방격자에 해당하는 금속으로만 이루어진 항은?

① Fe(철), Mg(마르네슘) ② Cr(크롬), Mo(몰리브덴)
③ Zn(아연), W(텅스텐) ④ Al(알루미늄), Pt(백금)

6. 다음 중 체심입방격자로만 이루어진 항은?

① 크롬(Cr), 텅스텐(W) ② 알루미늄(Al), 납(Pb)
③ 니켈(Ni), 아연(Zn) ④ 구리(Cu), 마그네슘(Mg)

7. ASTM법에 의한 철강의 입도는 몇 배로 확대되었을 때 1제곱인치($in^2$)의 면적내의 입자수로 결정하는가?

① 50배 ② 75배 ③ 100배 ④ 500배

8. 합금의 일반적인 특성이 아닌 것은?

① 강도와 경도를 증가시킨다. ② 연성이 좋아진다.
③ 융점이 저하된다. ④ 내열, 내산성을 증가시킨다.

9. 고분자 물질의 분자간에 작용하는 힘은?

① 공유 결합력　　② 이온 결합력
③ 금속 결합력　　④ 배위 결합력

10. $\alpha$ 철속에 탄소가 고용된 $\alpha$ 고용체의 형태는?

① 침입형 고용체　　② 치환형 고용체
③ 전율가용 고용체　　④ 규칙격자형 고용체

11. 금속의 결정격자에서 최소의 결정단위는?

① 단위세포　　② 브라베격자
③ 결정계　　④ 격자상수

12. 금속원소 중 경금속 원소는?

① Fe　　② Cu
③ Pb　　④ Al

13. 다음 중 침입형 고용체에 용해될 수 없는 원소는?

① 탄소(C)　　② 수소(H)
③ 질소(N)　　④ 인(P)

14. 다음 중에서 금속의 변태점 측정법이 아닌 것은 ?

① 열분석법　　② 전기저항법
③ 시차열분석법　　④ 형광검사법

15. 다음의 그림에서 빗금친 면의 밀러지수는 어느 것인가?

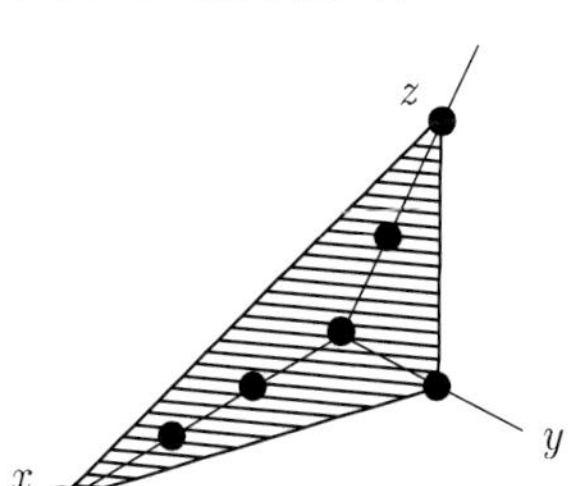


① (362)　　② (236)
③ (312)　　④ (263)

16. 수지상 결정은 다음 어느 경우에 생기나?

① 금속을 응고할 때 ② 금속이 용융할 때
③ 냉간 가공할 때 ④ 열간 가공할 때

17. 금속은 대부분 전기를 잘 통하는 도체의 성질을 갖는데 그 이유는?

① 반데르발스 인력 때문에 ② 자유전자의 존재 때문에
③ 가전자를 공유하기 때문에 ④ 정전기적 Coulomb 인력 때문에

18. 주형의 벽면(칠층)에서 중심부로 향해 성장한 기둥모양의 응고조직인 것은?

① 수지상정(dendrite) ② 주상정(columnar)
③ 입상정(granular) ④ 층상정(lamellar)

19. 축의 길이와 축각의 관계가 a≠b≠c, $\alpha=\beta=\gamma=90^\circ$인 결정계는?

① 정방정계 ② 사방정계
③ 육방정계 ④ 삼사정계

20. 단위격자의 부피 중 원자가 차지하는 부피의 비율을 무엇이라 하는가?

① 격자상수 ② 귀속원자수
③ 원자충전율 ④ 배위수

21. 면심입방격자의 귀속원자수는?

① 1개 ② 2개
③ 3개 ④4개

22. 순금속의 냉각곡선에서 b점에서부터는 온도가 떨어지지 않는 이유는?

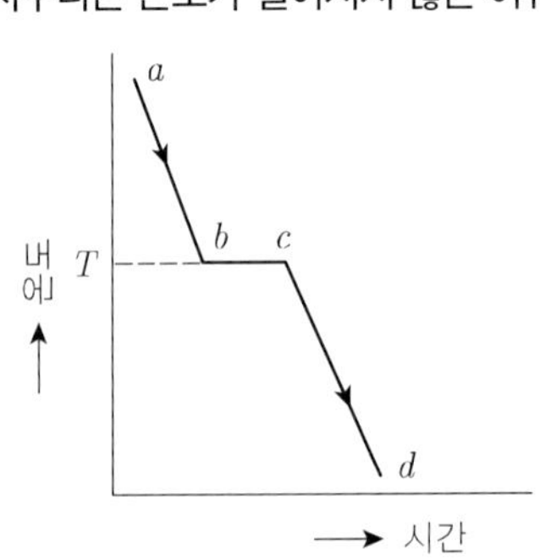


① 응고잠열의 발생 때문에 ② 용융잠열의 발생 때문에
③ 열진동이 심해지기 때문에 ④ 결합력이 강해지기 때문에

23. 위의 냉각곡선에서 고체와 액체의 2상이 공존하는 구역은?

① a-b 구간 ② b-c 구간 ③ c-d 구간 ④ d 이하 구간

24. 체심입방격자의 배위수는?

① 4개 ② 6개 ③ 8개 ④ 12개

25. 다음 중 조밀육방격자를 이루는 금속의 종류에 들지 않는 것은?

① Mg ② Sn ③ Zn ④ Ti

26. 맨 아래층을 조밀하게 쌓고 그 위의 층을 ABCABC...의 적층순서로 된 결정구조는?

① BCC ② BCT ③ FCC ④ HCP

27. 비정질합금의 특징이 아닌 것은?

① 결정입계가 없다. ② 단범위 규칙성이 없다.
③ 균질이고 등방성이다. ④ 급랭응고기술에 의해 제조된다.

28. 원자공공과 격자간원자가 한쌍으로 존재하는 점결함의 종류는?

① Shottky 결함 ② Frenkel 결함
③ 공동(void) ④ 적층결함

29. 전위선과 버거스벡터가 평행인 전위는?

① 칼날전위 ② 나사전위
③ 혼합전위 ④ 전위 루프

30. 다음 중 면결함에 해당되지 않는 것은?

① 결정입계 ② 수축공
③ 쌍정경계 ④ 적층결함

**정답**

| | | | | | | | | | |
|---|---|---|---|---|---|---|---|---|---|
| 1. ③ | 2. ③ | 3. ② | 4. ③ | 5. ④ | 6. ① | 7. ③ | 8. ② | 9. ④ | 10. ① |
| 11. ① | 12. ④ | 13. ④ | 14. ④ | 15. ④ | 16. ① | 17. ② | 18. ② | 19. ② | 20. ③ |
| 21. ④ | 22. ① | 23. ② | 24. ③ | 25. ② | 26. ③ | 27. ② | 28. ② | 29. ② | 30. ② |

## 주관식

1. bcc, fcc, hcp의 결정구조를 그림으로 나타내고, 이들 구조를 가지는 금속을 각각 3개 이상씩 드시오.

2. 물질의 결합형식을 크게 4가지로 분류 설명하시오.

3. 금속의 특징 5가지를 드시오.

4. 7가지 결정의 종류(7정계)를 들고 설명하시오.

5. 전위의 증식기구에 대해 설명해보시오.

6. 밀러지수로 표시된 입방격자의 (0 0 1), (1 1 1), $(0\,1\,\bar{1})$면과 [1 0 0], $[\bar{1}\,0\,1]$, [1 1 1]의 방향을 그림으로 나타내시오.

7. 직경 3Å의 공으로 ① 체심입방격자와 ② 면심입방격자를 구성하였다면, 각각의 격자정수는 얼마인가?

8. 순금속과 합금을 가열 용융시킨 후, 응고시킬 때의 열분석곡선을 그리고 비교 설명하시오.

9. 고용체란 어떠한 것이며, 또한 그 종류를 들고 설명하시오.

10. 격자결함에는 어떠한 것이 있는지 분류하고, 그 종류별로 들고 설명하시오.

11. 순금속의 응고조직이 dendrite 모양으로 생기는 이유와 응고과정을 그리면서 설명해 보시오.

12. $1mm^2$중에 존재하는 결정립의 수 $n$이 약 260개이면, 입도번호 $N$은 얼마인지 계산하시오. (단, log 260 ≒ 2.4, log2≒0.3)

CHAPTER 2

# 평형상태도와 조직검사

## 2.1 평형과 상률

- 평형상태도(equilibrium diagram)란?
  물질의 조성, 온도(,압력)에 따라 존재하는 相의 관계를 표시하는 선도 → 재료의 조직, 성질, 열처리 등을 예측, 이해하는데 유용하다.
- 상태도에 관한 용어와 기본적인 사항으로는?
  - ▸ 계(system) : 하나의 물질로부터 분리하여 단독으로 고려할 수 있는 물질 대상
  - ▸ 상(phase) : 화학적, 물리적으로 균질한 원자나 분자의 집합으로, 단일상으로 된 균일계(homogeneous system)와 그렇지 못한 불균일계(heterogeneous system)가 있다.
  - ▸ 성분(component) : 상을 구성하는 물질로 원소에 한정되지 않고 화합물을 성분으로 할 때도 있고, 성분의 수에 의해 1원계(unitary), 2원계(binary), 3원계(ternary) 이상의 다원계로 분류된다.
  - ▸ 평형(equilibrium) : 외부로부터 계에 작용을 가하지 않고는 자발적으로 변화가 일어나지 않는 것을 말하고, 자연적인 변화는 자유에너지(free energy)가 감소하는 방향으로 일어나고 증가하는 방향으로는 일어나지 않는다.
  - ▸ 평형상태(equilibrium state) : 어느 계에 주어진 상태의 free energy F가 어느 상태보다도 가장 낮은 경우의 상태로 반응이 일어나지 않고 정지된 상태이다.
  - ▸ 상률(相律, phase rule) : 계의 상태를 변화시키지 않고 바꿀 수 있는 독립변수의 개수인 자유도(degree of freedom) F를 규정하는 상에 관한 법칙
    - Gibbs의 상률 : $P + F = C + 2$ (P 상의 수, C 성분의 수)
    - 응축계의 상률 : $P + F = C + 1$ (고체, 액체의 경우 = 압력 항을 무시)

## 2.2 1성분계 평형상태도

순수한 물질의 각 상간의 평형관계를 온도와 압력에 따라 나타낸 선도

- 대표적 예 : 물($H_2O$)의 상태도 → 기체(증기), 액체, 고체(얼음)의 3상간의 평형을 표시
  - ▸ 3개의 각 영역내 : 단일상(증기,액체,고체)이 존재, 자유도 F=2 → 온도와 압력의 2 변수를 임의로 변화할 수 있다.
  - ▸ 3개의 곡선상 : 2상이 공존(상변화 중), 자유도 F=1 → 온도와 압력 중에 어느 하나가 결정되면 다른 것은 자동으로 고정되므로 1가지만 변화가능
  - ▸ T의 3중점(triple point) : 3상(기, 액, 고체)이 공존하는 지점, 자유도 F=0 → 온도와 압력이 고정되어 바꿀 수 있는 변수는 없다.

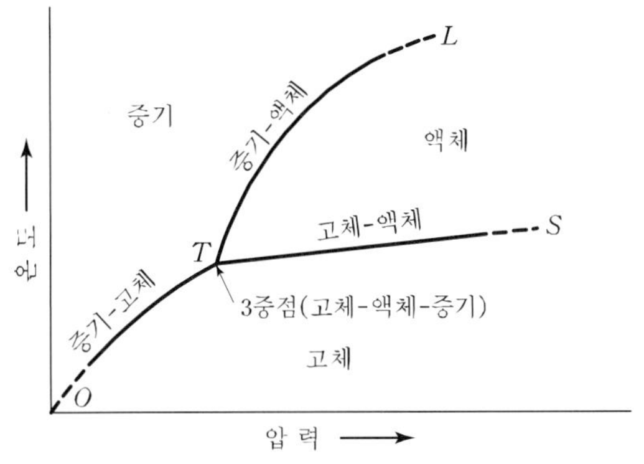


| 그림 1 | 물의 상태도

## 2.3 2성분계 평형상태도

합금에 대한 각 상간의 평형관계를 온도와 조성에 따라 나타낸 선도로, 이것은 주로 냉각곡선으로부터 그릴 수 있다.

- 냉각곡선(cooling curve)이란?

  용융상태에서 일정속도로 냉각함에 따라 시간-온도를 측정하여 나타낸 관계곡선 → 수평부 혹은 경사부에서 응고구간(freezing interval)을 구할 수 있다.

  - ▸ 액상선(liquidus line) : 상태도 중 어느 온도이상에서 양 성분이 완전히 용해하여 용융상태로 되는 선

▸ 고상선(solidus line) : 어느 온도이하에서 양 성분이 완전히 응고되어 고체로 되는 선

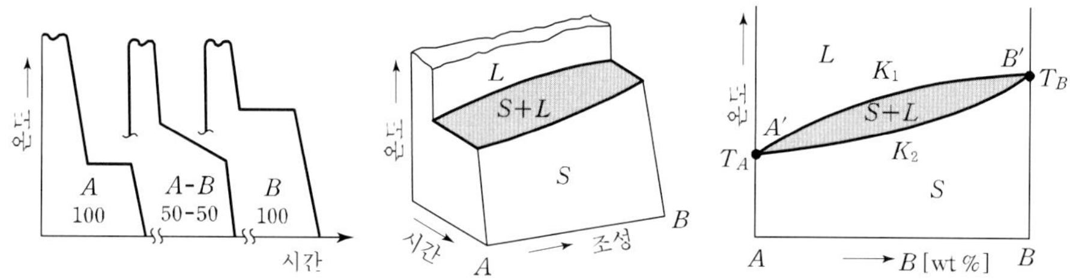


(a) (b) (c)

‖ 그림 2 ‖ 냉각곡선과 상태도의 관계

## 2.3.1 전율고용체형(全率固溶體型, isomorphous) 상태도

두 성분이 모든 조성의 비율에 걸쳐서 완전히 융합되어 고용체를 이루는 상태도로 (a)의 가장 일반적인 경우와 (b), (c)와 같은 극대점과 극소점을 갖는 3가지 모양이 있다.

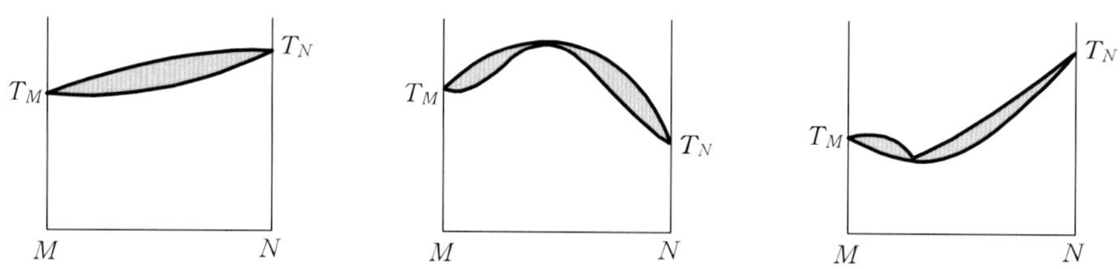


(a) (b) (c)

‖ 그림 3 ‖ 전율고용체의 3가지 상태도

- P조성 합금의 냉각과정시 상변화 과정을 순서대로 설명하면?
  - ▸ $t_1$ 이상의 온도 : 균일한 단일 액체상($P$조성)으로 냉각
  - ▸ $t_1$ 에 도달 : 액체에서 $\alpha$ 의 고용체상($s_1$ 조성의 $S_1$ 상)이 정출되기 시작
  - ▸ 온도강하($t_1 \rightarrow t_2$) : 잔액의 조성은 $l_1 \rightarrow l_3$ 선, 고상의 조성은 $s_1 \rightarrow s_3$ 선을 따라 변화
  - ▸ at $t_2$ : $S_2$의 고상 + $L_2$의 액상이 혼합존재하고, 그 양의 비는 고상/액상 = $Cl_2 / Cs_2$
  - ▸ at $t_3$ : 잔액은 없어지면서 응고가 완료되어 전체가 $S_3$의 고상으로 됨

▸ $t_3$ 이하 : 고상으로서 상온까지 냉각되어 $P$조성의 고용체가 된다.

- 지렛대 법칙(lever rule or relation) : 혼합해서 존재하는 각 상의 양(%)은 지렛대나 저울처럼 조성점 건너편 팔의 길이로 표시되는 관계 법칙

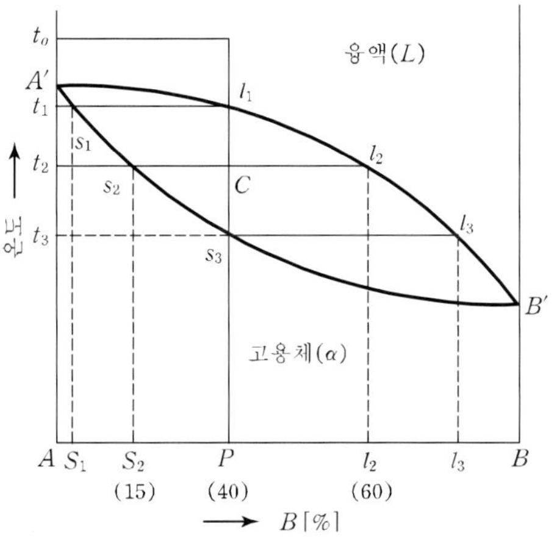


그림 4 전율고용체형 합금의 응고과정

- 전율고용체형 합금의 예 : Cu-Ni, Ag-Au, Au-Pd, Fe-Ni, Fe-V 등

### 예제 2-1

P조성(A-40% B) 합금 5kg이 $t_2$온도에 있을 때, ① 존재하는 각 상의 %, ② 각 상의 무게(kg), ③ 각 상 중에 존재하는 성분 A, B의 무게를 구하라.

**해설**

$t_2$온도에서는 융액으로부터 응고 중이고, 정출된 $\alpha$상의 농도는 A-15% B이고, 남은 융액의 농도는 A-60% B이다.

① $\alpha$상의 양[%] = $\dfrac{60-40}{60-15}\times 100 \fallingdotseq 44.4\%$

융액의 양[%] = $\dfrac{40-15}{60-15}\times 100 \fallingdotseq 55.6\%$

② $\alpha$상의 무게 = 5×0.444 = 2.22kg

융액의 무게 = 5-2.22 = 2.78kg

③ $\alpha$상 중의 A성분 무게 = 2.22×0.85 = 1.89kg

$\alpha$상 중의 B성분 무게 = 2.22×0.15 = 0.33kg

융액 중의 A성분 무게 = 2.78×0.40 = 1.11kg

융액 중의 B성분 무게 = 2.78×0.60 = 1.67kg

## 2.3.2 공정형(共晶型, eutectic) 상태도

고온에서는 두 성분 A와 B가 완전히 용해되지만 어느 일정온도에서 액체로부터 두 고상을 동시에 정출하는 반응을 나타내는 상태도

- $\alpha$, $\beta$고용체 : A, B를 각각 주성분으로 하는 (성질과 구조가 그 성분과 비슷하므로) 1차 고용체(primary solid solution)
- 초정(primary crystal) : 이 $\alpha$ 혹은 $\beta$의 정출은 각각 공정에 앞서 정출하므로 초정이라 한다.
- 공정(eutectic crystal) : 균일한 액체(L)로부터 두 고상($\alpha$, $\beta$)이 동시 정출
  ⇒ 공정반응식 : L(E조성) ⇄ $\alpha$(C조성) + $\beta$(D조성)
  ⇒ E점=공정점, ECD온도=공정온도, E조성=공정조성, 공정반응구간=C~D범위
  ⇒ 공정조직의 특징=$\alpha$와 $\beta$가 교대하면서 미세한 층상(lamellar)모양으로 배열된다.
- 조성에 따른 공정형 합금의 종류와 그 응고조직을 설명한다면?
  - 아공정[hypo-eutectic] 합금 : 공정 조성 이하의 합금 → $\alpha$초정+공정조직
  - 공정[eutectic] 합금 : 공정 조성의 합금 → 공정($\alpha+\beta$)조직만
  - 과공정[hyper-eutectic] 합금 : 공정 조성 이상의 합금 → $\beta$초정+공정조직
  - 공정합금의 예 : Pb-Sn, Ag-Cu, Al-Si 등

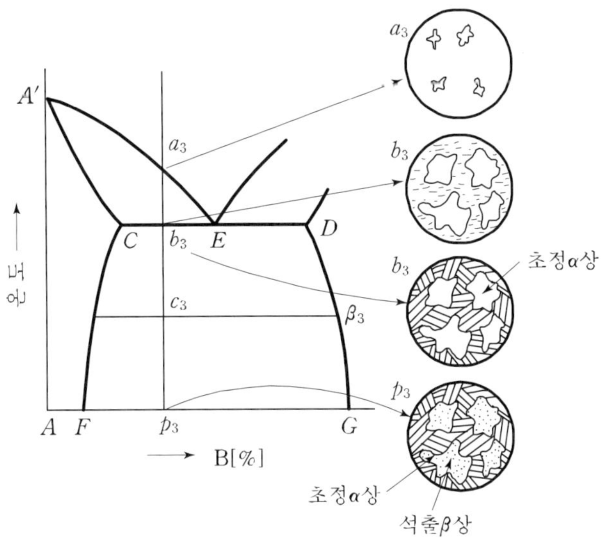


▮그림 5▮ 아공정조성 합금의 응고과정 설명

## 2.3.3 포정형(包晶型, peritectic) 상태도

두 성분의 융점 차이가 클 때 한율가용 고용체형 상태도의 1종류이고, 고상에 그 주위의 액상이 작용하여 새로운 고상이 생성되는, 즉 고상I+액상 → 고상II와 같은 포정반응을 갖는 상태도이다.

- CPD의 포정온도 : 조성 C의 $\alpha$상과 조성 D의 액체가 반응하여 조성 P의 $\beta$상이 $\alpha$주위를 에워싸면서(包) 정출하므로 포정(peritectic)이라 함
- 포정반응식 : $\alpha$[C%] + L[D%] $\rightleftarrows$ $\beta$[P%]

  ⇒ 포정반응 후 ① $p_2$조성은 액체가 먼저 없어지고 $\alpha$상은 남게 되고,

  ② $P_3$조성은 동시에 모두 없어지면서 단일의 $\beta$상으로 되고,

  ③ $p_4$조성은 $\alpha$상이 먼저 없어져서 액체가 남는 조직모양
- 포정반응형의 예 : Fe-C, Al-Cu, Pt-Ag, Ag-Sn 등

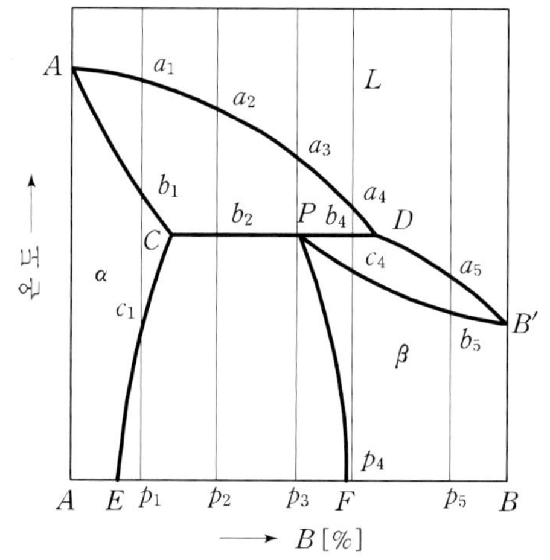


‖그림 6‖ 포정계 상태도

## 예제 2-2

Pt-42.4wt% Ag의 합금상태도(부록 11참조) 중 다음 온도에서 각 상의 조성과 무게%를 구하라.

(1) 1186℃[+ΔT : 도달 직전 온도]

(2) 1000℃[tie line의 왼쪽 끝점은 4% Ag, 우측 끝점은 63% Ag이다]

### 해설

(1) 1186℃[+ΔT] 에서의 존재상은 $\alpha$ 상과 융액이고 그 조성은 다음과 같다.

$\alpha$ 상 : 10.5wt% Ag, L상 : 66.3wt% Ag

$\alpha$ 상의 무게% = $\dfrac{66.3-42.4}{66.3-10.5} \times 100$ = 43%

L상의 무게% = 100-43 = 57%

(2) 1000℃의 온도에서 존재하는 상은 $\alpha$[4% Ag]+$\beta$[63% Ag]이고 무게%는

$\alpha$ 상의 무게% = $\dfrac{63-42.4}{63-4} \times 1003$ = 35%

$\beta$ 상의 무게% = 100-35 = 65%

## 2.3.4 편정형(monotectic) 상태도(액상 분리형)

액체상태에서 균일한 하나의 액체로 되지 않고 두 액체로 분리되고, 응고시 편정반응을 갖는 상태도이다.

- *MLG*구역 : 2종의 액체로 분리 존재($L_1+L_2$)
- *FMG*온도선 : $L_1$ 액상으로부터 고상 *A*가 정출되고 액상의 농도가 $L_2$조성으로 변화
- 편정반응식 : $L_1$(*M*조성) $\rightleftarrows$ *A*(*F*조성) + $L_2$(*G*조성)
- 편정반응의 대표적 예 : Cu-Pb계

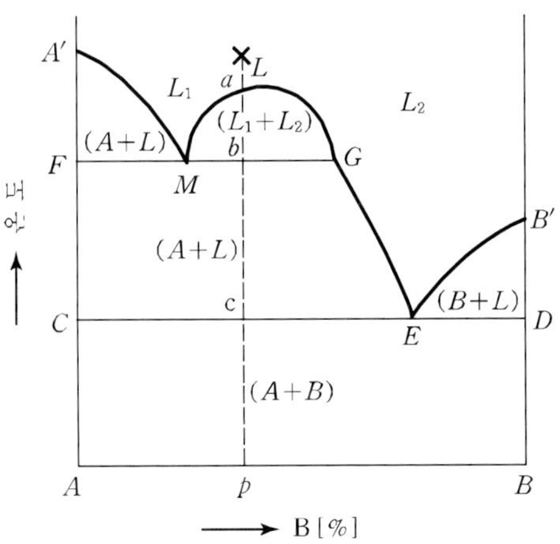


| 그림 7 | 편정형 상태도

## 2.3.5 기타 상태도

### (1) 고체에서의 상변화

$\gamma \to \alpha$의 석출변태는 융액에서 고용체가 정출(초정)할 때와 같이 공석에 앞서 나오므로 초석(primary precipitate)이라 한다.

- 공석(eutectoid) 반응 : $\gamma$[*E*조성] → $\alpha$[*C*조성] + $\beta$[*D*조성]
- 포석(peritectoid) 반응 : $\alpha$[*a*조성] + $\gamma$[*b*조성] → $\beta$[*P*조성]
- 편석(monotectoid) 반응 : $\alpha_2$[M조성] → $\beta$[*b*조성] + $\alpha_1$[$\alpha$ 조성]

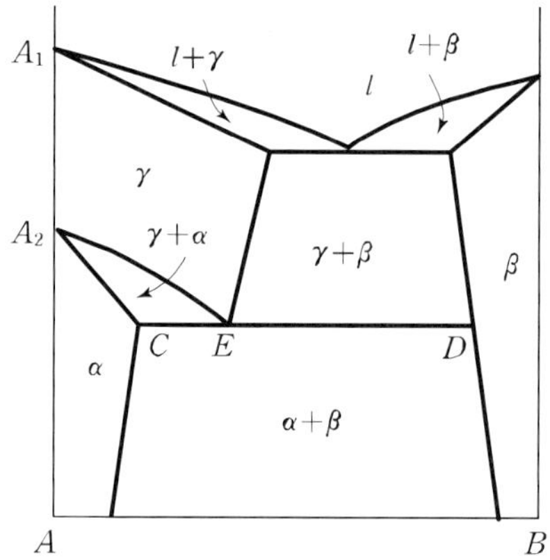


‖ 그림 8 ‖ 공정, 공석형 상태도

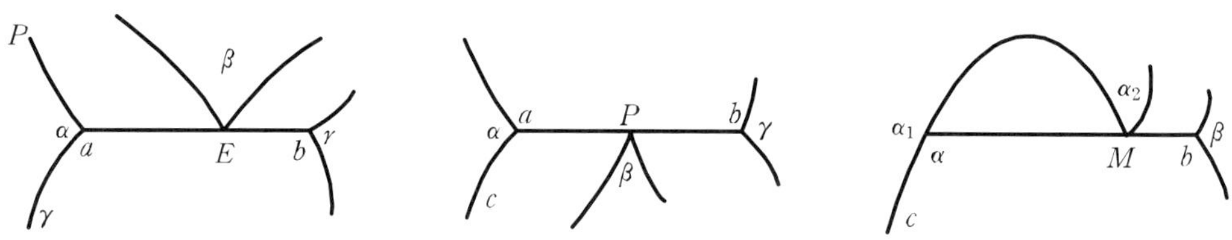


(a) 공 석　　(b) 포 석　　(c) 편 석

‖ 그림 9 ‖ 고체 내에서의 변태형

### (2) 금속간 화합물의 상태도

금속간 화합물(intermetallic compound) : 두 금속원소가 $A_mB_n$의 간단한 정수비로 결합된 화합물로서, 소성변형이 적고 구성된 본래의 물질과는 전혀 다른 물질 → 고유의 융점을 갖고 비금속성이며 친화력이 강한 공유결합을 하게 된다.

- 금속간 화합물의 예 : Au-Cu계의 AuCu와 $AuCu_3$, $Fe_3C$, $AuAl_2$, $Mg_2Si$
- 중간상(intermediat phase) : $\beta$의 금속간 화합물이 용해구간을 가진 고용체 상태를 말하고, A와 B의 중간적인 성질을 갖는다.

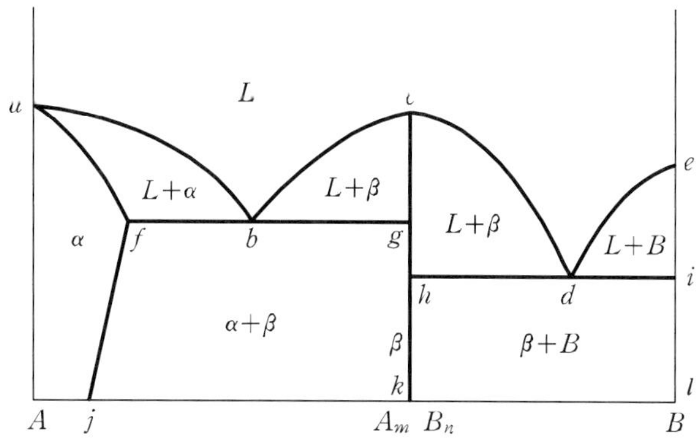


‖ 그림 10 ‖ 금속간화합물의 상태도

## 2.4 3성분계 평형상태도

- 3성분계에서는 농도를 어떻게 표시할까요?
  정3각형 평면 내의 1점으로 표시한다.
  - Gibbs의 방법 : 정3각형의 높이를 100으로 하고, P점에서 각변에 그은 수선의 길이에 의해 각 성분을 표시 ← 그림 (a)
  - Roozeboom의 방법 : 정3각형 1변의 길이를 100으로 하고, 각변에 평행하게 그은 선분의 길이에 의해 표시 ← 그림 (b)

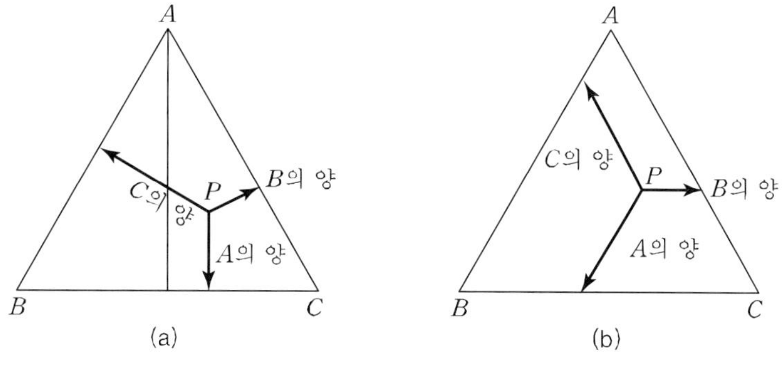


‖ 그림 11 ‖ 3성분계의 농도표시법

### 예제 2-3

$x$ 점으로 표시되는 3원합금의 조성을 Gibbs의 방법으로 결정해 보시오.

**해설**

(1) A조성은 꼭지점 A에서 그은 수직선 AD길이 중 3칸이므로 30%이다.

(2) B조성은 꼭지점 B에서 그은 수직선 BE길이 중 5칸이므로 50%이다.

(3) C조성은 꼭지점 C에서 그은 수직선 CF길이 중 2칸이므로 20%이다.

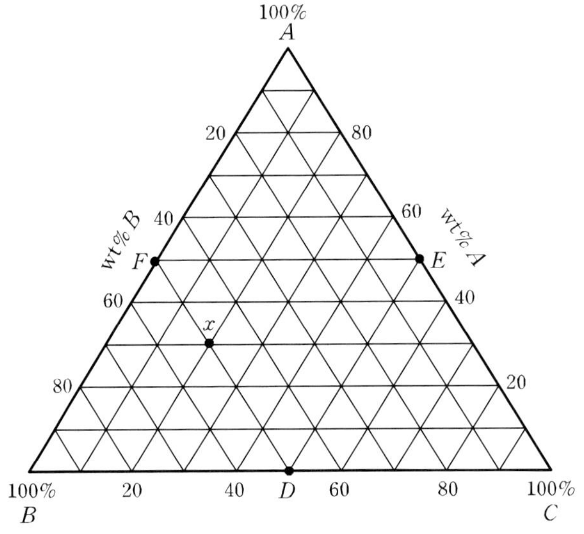


그림 12 $x$ 조성에 대한 A, B, C의 성분량

- 3원계 상태도는 어떤 모양일까요?
  정3각형으로 표시되는 조성 평면상의 각 정점에서 세운 수직선을 온도축으로 한 삼각기둥의 입체구조 모양으로 된다.

- 3원계 상태도의 대표적인 예인 순공정형 입체상태도를 설명한다면?
  삼각기둥의 측면에 A-B, B-C, C-A의 각 2성분이 고용체를 만들지 않는 완전공정계이고, $E_1'$, $E_2'$, $E_3'$가 각각 2원 공정점이다. 상부의 3곡면 위는 균일한 액상 L이 존재하고, 그 바로 아래 영역은 L+A 등의 2상이 공존한다. 두 액상면의 교차선 $E_1'E'$, $E_2'E'$, $E_3'E'$은 2원 공정선으로 3상이 공존하며, 이들이 만나는 $E'$점이 3원 공정점으로 4상이 공존한다.

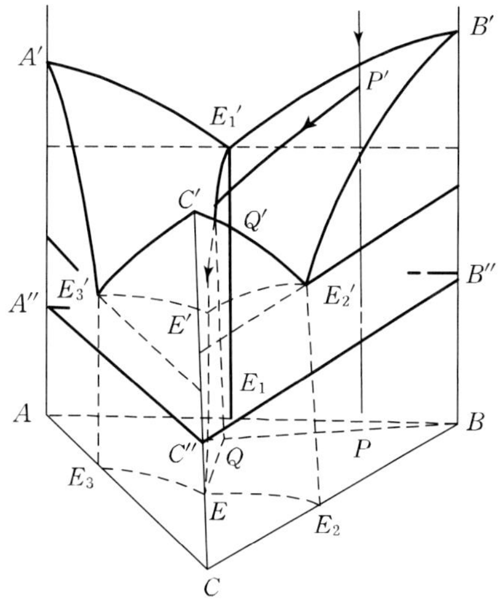


▌그림 13▐ 3성분계 순공정형의 입체상태도

## 2.5 확산, 핵생성, 산화 · 부식

- 재료제조과정 : 평형(이상적 서냉)을 유지하기 위해서는 ← 온도강하가 매우 느려야 가능
- 실제 대부분의 합금 → 빠른 온도강하로 제조되므로 : 비평형상태에서 제조된다.

### 2.5.1 원자확산

- 확산(diffusion)이란 무엇일까?

  국부적인 농도차가 있을 때 시간이 지남에 따라 농도의 균일화가 일어나기 위한 원자의 이동 현상 → 응고의 핵생성과 성장, 각종 변태, 석출현상 등의 상변화 는 이 확산에 의해 일어난다.

- 확산의 2가지 종류는?
  - ▸ 상호확산(mutual diffusion) : A의 용질원자 농도가 높은 곳에서 낮은 곳으로 이동하고 동시에 B의 용매원자가 역방향으로 이동하여 균일한 농도분포를 갖는 현상
  - ▸ 자기확산(self-diffuision) : 순물질 내에서 방사능 원자의 이동이 발생하여 균일화되는 현상 → 방사능 추적자를 이용해 파악가능
- 확산의 활성화 에너지(activation energy)란?
  견고한 원자결합을 떨치고 원자가 이동하는데 필요로 하는 에너지 ≡ Q(cal/mole 등의 단위)로 표시

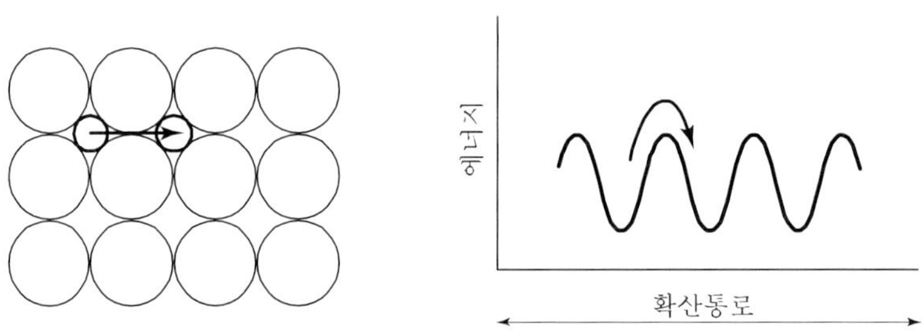


▮그림 14▮ 활성화에너지에 의한 원자의 이동

▸ 확산계수 $D$와 Q 및 온도와의 관계식은?($D$는 온도에 지수함수적으로 비례)

$$D = D_0 \exp\left(-\frac{Q}{kT}\right)$$

$k$ : 볼쯔만 상수, $T$ : 절대온도, $D_0$ : 진동수 인자

### (1) 확산의 기구[diffusion mechanism]에는 어떤 것이 있나?

용질원자가 용매원자에 비해 작으면 침입형으로 들어가 용매원자 사이의 공간을 순차적으로 이동하여 확산하고, 크면 용매원자의 격자 중에 치환형으로 들어가며, 확산하기 위한 용질원자의 위치교환은 다음과 같은 확산기구들이 제안되고 있다.

① 직접교환 기구 : 서로 옆에 있는 원자가 동시에 이동하여 위치를 교환

② 격자간 원자 기구 : 원자가 격자간의 공간에 들어가서 순차적으로 이동

③ 공격자점 기구 : 공격자점 그 옆에 있는 원자가 공격자점 자리에 들어가서 위치 교환

④ 링 기구 또는 간접교환 기구 : 3~4개의 원자가 링처럼 동시에 이동하여 위치 교환

⇒ 현재 fcc에서는 공격자점 기구가 가장 잘 일어나고, bcc에서는 공격자점 기구 외에 링기구가 제시되고 있다.

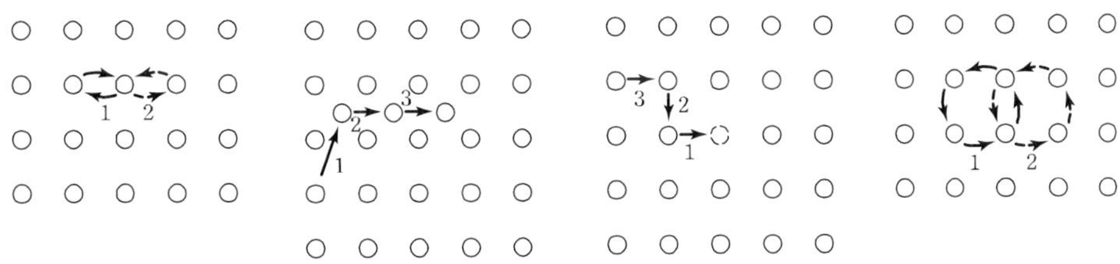

(a) 직접교환기구 (b) 격자간원자기구 (c) 공격자점기구 (d) 링기구

‖그림 15‖ 확산의 기구

### (2) 확산의 법칙

확산량(단위시간에 일정면적을 지나는 용질량) $J$는 용질원자의 농도구배에 비례 :

$J \propto -\frac{dC}{dx}$ [-값은 확산거리 $x$가 커질수록 확산량이 작아짐]

① Fick의 확산 제1법칙 : $J = -D\frac{dC}{dx}$

⇒ 비례상수 D가 확산계수이고, 농도가 시간에 따라 불변이라 가정한 경우

② Fick의 확산 제2법칙 : $\frac{dC}{dt} = D\frac{d^2C}{dx^2}$

⇒ 실제의 경우 시간에 따른 농도변화를 표시한 식으로, 거리와 시간을 함께 고려한 것으로 제1법칙보다 정확한 표시라고 할 수 있다.

## 2.5.2 핵생성[nucleation] 및 성장[growth]

모든 상변태는 핵생성과 성장에 의해 진행되고 이 과정은 확산을 통해서 일어난다.

- 핵생성의 2가지 종류를 든다면?
  - ▸ 균일(homogeneous) 핵생성 : 모든 장소에서 핵이 균일하게 생성
  - ▸ 불균일(heterogeneous) 핵생성 : 결정립계, 전위, 개재물 등의 특정영역에서 우선적으로 핵이 생성
- 응고변태시의 핵생성과 성장을 에너지 변화적으로 설명한다면?
  - ▸ 구형입자의 생성에 필요한 표면 자유에너지의 증가

    $\Delta G_S = 4\pi R^2\gamma$ [$\gamma$ : 단위면적당 표면 자유에너지]
  - ▸ 단위체적당 방출되는 체적 자유에너지의 변화(감소)

    $\Delta G_V = \frac{4}{3}\pi R^3 \Delta G_v$ [$\Delta G_v$ : 단위체적당 액체와 고체간의 체적 자유에너지]
  - ▸ 따라서 고상형성에 의한 전체적인 자유에너지의 변화

    $\Delta G_T = \Delta G_S - \Delta G_V$
- 전체 자유에너지의 변화를 고상의 반지름 R에 대해 그래프로 표시하면?

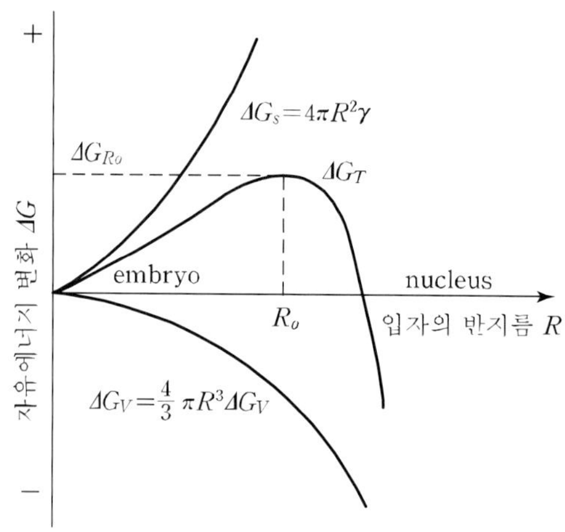


▌그림 16▌ 응고에 따른 자유에너지의 변화

⇒ $\Delta G_T$가 처음에는 증가하다가 최대값에 도달한 후에 다시 감소한다.

▸ 이 최대값에 해당하는 임계핵의 반지름 $R_0$까지의 고상은 자유에너지가 커지므로 더 이상 반응이 진행될 수 없어 소멸할 경향을 갖고, 이 $R_0$이하의 고상입자를 엠브리요(embryo)라 한다.

▸ $R_0$ 이상이 되면 자유에너지가 감소하므로 반응이 계속 진행될 수 있어 고상은 성장해 갈 수 있다. 이 $R_0$이상의 고상입자를 결정의 핵(nucleus)이라 한다.

- $\sum$상변태 전체의 속도 : 핵생성 속도와 성장 속도 둘다에 관계하고 그 중간온도에서 최대값이 존재한다.

### 2.5.3 산화[oxidation]와 부식[corrosion]

- 산화 : 금속이 O와 결합하는 반응 혹은 금속이 이온화되면서 전자를 잃는 과정

▸ 대표적인 예로서 철의 산화반응을 설명하면?

$Fe + \frac{1}{2}O_2 \rightarrow FeO$와 같이 산화철을 형성한다.

- 부식 : 금속이 주위분위기와 반응하여 다른 화합물로 변하거나 용손되는 현상

▸ 대표적인 예로서 철이 습기에 녹스는 부식반응을 설명하면?

$Fe^{3+} + 3(OH) \rightarrow Fe(OH)_3$과 같이 수산화철을 형성하면서 녹이 발생한다.

⇒ 이러한 부식은 경제적으로 많은 손해를 가져오므로 부식을 방지하는 수단이 방식(防蝕, anti-corrosion)이다.

- 철강의 방식법 종류를 들고 설명하면?
  도장을 하거나 기름을 쳐서 공기나 습기를 차단하여 녹슬지 않게 하는 기본적인 방법 외에 다음의 방식법이 있다.

#### (1) 금속으로 철강표면을 피복하는 방법

- 전기도금법 : 철강제품 표면에 Cr, Cd, Au, Ag 등의 도금피복층을 만드는 방법
- 용융도금법 : Zn을 피복하는 용융아연도금(galvanizing), Sn을 피복한 함석 등
- 금속침투법(cementation) : 표면에 Al, Cr, Zn 등을 고온에서 확산 침투시키는 방법

• 금속용사법(metallikon) : 용융금속을 압축공기로 분무화(spray)시켜 표면에 부착

### (2) 내식성 피막을 만드는 방법

철강표면에 치밀하고 안정한 화합물의 피막을 만드는 화성(formation) 처리이고, 인산수용액 중에 철강제품을 넣어 끓여서 표면에 인산염 피막을 만드는 파커라이징(parkerizing) 등이 있다.

### (3) 전기적 방식법

방식시키려는 구조물을 음극으로 하고, 흑연 또는 주철을 양극으로 되도록 약한 직류전압을 걸면, 양극이 소모되고 구조물은 보호된다. 예로서 철강보다 이온화경향이 큰 Zn 등을 도선으로 연결해 두면, Zn은 양극역할을 하고 철강제품은 음극으로 되어 보호된다.

## 2.6 재료의 공업적, 제작상 성질

• 재료를 공업적으로 이용할 때 중요한 성질로는?
  ▸ 기계적 성질 : 강도, 경도, 인성, 연성, 취성, 피로, 마모 등
  ▸ 물리적 성질 : 비중, 비열, 열 및 전기전도도, 열팽창계수, 자성, 융점, 용융잠열 등
  ▸ 화학적 성질 : 내식성(산화, 부식), 내열성 등

• 재료를 변형가공하여 제품을 만들 때 필요한 제작상 성질로는?
  ▸ 주조성(castability) : 주물을 만드는데 필요한 조형성, 유동성 등이 좋은 성질
  ▸ 소성(plasticity) : 소성가공에 필요한 굽힘, 전단, 압축, 연성 등의 성질
  ▸ 용접성(weldability) : 금속과 금속 및 비금속간의 결합성, 융합성, 용접저항 등의 성질
  ▸ 절삭성(machinability) : 절삭가공할 때에 필요한 절삭력, 절삭온도, 속도 등에 대한 영향인자와 공구에 대한 적합성과 경제성 등의 성질

## 2.7 재료의 물리적, 화학적 성질

### (1) 비중(specific gravity)

순도나 종류에 따라 다르며, 단조나 압연가공한 것이 주조한 것보다 일반적으로 크다.

⇒ 금속 중 최소 : Li=0.53, 최대 : Ir=22.5

- 비중이 4.5이하의 가벼운 금속을 경금속, 4.5이상을 중금속으로 분류한다.
- 비강도(specific strength)란?

  인장강도와 비중의 비로서 항공재료 등에 중요하다.

  $$K = \frac{\sigma_B(\text{인장강도})}{\rho(\text{비중})}$$

### (2) 용융점(melting point)

재료를 가열하면 용융되어 용체로 되는 온도로서, 그 반대가 응고점이다.

⇒ 금속 중 최대 : W=3400℃, 최소 : Hg=-38.8℃,

- 저융점합금(fusible alloy)이란?

  Pb, Sn, Bi 등의 낮은 융점을 갖는 합금 → 전기의 퓨즈(fuse) 등에 사용

### (3) 비열((specific heat)

물질 1g을 1℃ 올리는데 필요한 열량으로, 순금속은 작고 합금에서 크다.

⇒ 비열이 큰 금속 : Mg, Al, Mn 등,

비열이 작은 금속 : Pt, Au, Pb 등

### (4) 열팽창계수(coefficiency of thermal expansion)

온도가 1℃ 상승함에 따라 늘어나는 길이의 양을 선팽창계수라 하고 열팽창계수로서 많이 사용된다.

⇒ 금속 중 열팽창계수가 큰 것 : Zn, Pb, Mg, Al 등

금속 중 열팽창계수가 작은 것 : Ir, W, Mo 등

### (5) 열전도율(coefficiency of heat conductivity)

길이 1cm에 대하여 1℃의 온도차가 있을 때, $1cm^2$의 단면적을 통하여 1초 사이에 전달되는 열량으로, 일반적으로 금속은 열전도율이 큰 도체이며 순도가 높을수록 좋고 불순물이 많을수록 나빠진다.

⇒ 열전도율이 좋은 금속의 순서는? Ag, Cu, Au, Pt, Al 등

### (6) 전기전도율(electric conductivity)

순도가 높을수록 좋고 불순물이 많을수록 불량하므로, 순금속보다 합금의 경우가 좋지 않다. 일반적으로 전기전도율이 좋은 순서는 열전도율 순서와 동일하다.

### (7) 자성(magnetic properties)

자계에 두었을 때 자기를 띠어 자석으로 되는 자화의 강도가 큰 성질

⇒ 강자성체 : 자화의 강도가 특히 큰 재료로서, 자석에 가까이 하면 붙는 성질

예 Fe, Ni, Co, 호이슬러 합금(Cu-26.3%Mn-13%Al)

- 이력곡선(hysteresis loop) : 자화력과 자속밀도의 관계인 폐곡선 모양의 자화곡선

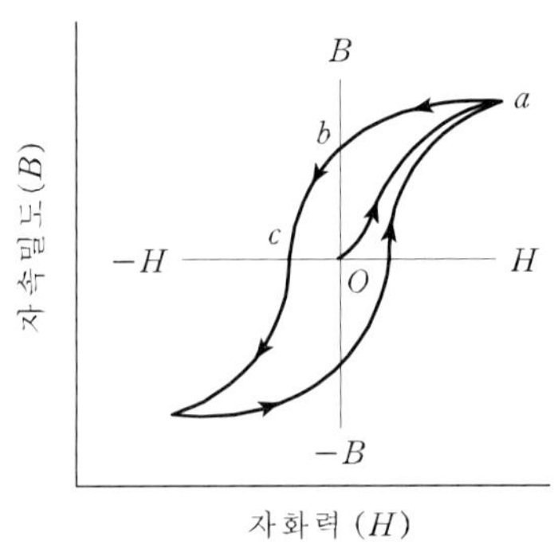


그림 17 자기 이력곡선

- 잔류자속밀도 : 강하게 자화한 다음에 자화력을 0으로 했을 때의 남은 자속밀도
- 보자력(coercive force) : 자속밀도를 0으로 했을 때의 자화력의 세기

- 연질자성재료 : 작은 자화력에서 쉽게 자화되는 재료 : 고투자율이므로 → 주로 철심 또는 자심재료로 사용
- 경질자성재료 : 자화하는 데에 큰 자화력이 필요한 재료 : 잔류자속밀도와 보자력이 큼 → 영구자석재료로 사용

### (8) 화학적 성질

산화와 부식에 관계되는 내식성과 고온산화 등에 관계되는 내열성이 있다. 내식성에는 내녹성, 내해수성, 내후성 및 내산성 등이 포함된다.

- 화학적 부식 : 산화, 질화와 같은 수분이 없는 건조상태에서 직접 가스와 접촉하여 생기는 녹발생
- 전기화학적 부식 : 금속이 수분 또는 전해질과의 사이에 생기는 전기화학적 작용으로 발생하는 부식으로 화학적 부식보다 더 많다.
- 이온화경향(ionization)이 큰 금속일수록 부식되기 쉽고 그 배열순서는 다음과 같다.
  (순서 : 卑금속 ← K, Ca, Na, Mg, Al, Zn, Fe ...... Au → 貴금속)

## 2.8 조직검사

재료의 성질은 조직과 밀접한 관계 → 같은 성분이라도 응고조건, 가공방법, 열처리 등에 의해 조직이 다르게 되어 성질이 변화된다.

- 조직검사를 통해 알 수 있는 것은?
  상의 종류와 합금원소의 유무, 결정입자의 크기, 편석 상황, 기공 및 균열의 유무, 불순물의 위치와 양 등을 조사할 수 있다.
- 조직검사의 방법을 크게 분류하면?
  - 매크로검사법(macro test) 또는 육안검사
  - 마이크로검사법(micro test) 또는 현미경조직검사
  - 결함검사법(defect test) 또는 비파괴검사(non-destructive test)

### 2.8.1 매크로 조직검사(육안검사)

육안이나 10배 이내의 확대경을 사용하여 거시적으로 조직을 검사 → 결정립의 크기, 비금속 개재물의 유무, 기공, 편석, 불순물 등 파악

- 매크로 조직검사의 종류에는?
  - ▸ 파면검사 : 파단시켜 파면모양(조질여부, 색깔 등)에 의해 재질 및 품위를 판정
  - ▸ 설퍼프린트(sulfur print, 황인화법) : 황화물의 분포, 편석과 흠의 검출
  - ▸ 매크로 에칭(검사시약의 부식제 사용) : 미세균열, 백점, 편석을 검출

### 2.8.2 마이크로 조직검사(현미경검사)

배율이 높은 현미경(microscope)으로 확대하여 미시적인 내부조직을 검사

#### (1) 현미경 시편의 준비

시편채취 → 연삭 및 사포작업(papering) → 연마작업(polishing) → 부식(etching)→ 관찰

#### (2) 금속현미경의 원리와 종류

광원 → 반사판 유리 → 수직조명장치 → 대물렌즈 → 시편 → 접안렌즈 → 눈 : 조직관찰

- 조직검사용 현미경의 종류에는?
  - ▸ 일반광학(optical) 금속현미경 : 빛의 반사광선을 이용, 20~2,000배로 관찰
  - ▸ 투과전자현미경(TEM) : 광선 대신에 전자빔을 사용하여 얇은 박막을 투과하여 내부조직을 검사, 2,000~수십만 배의 확대율로 관찰
  - ▸ 주사전자현미경(SEM) : 표면이나 파단면에 전자빔을 주사(scanning)하여 미소조직을 관찰하며, 그 외에 고온 금속현미경, 편광 금속현미경, 위상차 현미경 등이 있다.

#### (3) 시편의 부식 및 부식제

- 시편의 부식은 왜 필요할까요?

  잘 연마된 금속표면은 점성유동에 의해 얇은 금속막으로 덮여 있어 금속고유의 조직

을 얻기 위해서는 이 층을 제거해야 되고, 현미경의 원리상 경면만으로 되어 있으면 입사광이 전부 정반사를 일으켜 명암이 나타나지 않는다.

- 부식(腐蝕, 에칭, etching)이란?
  연마시의 유동한 표면층을 녹이고 하부금속을 침식, 용해시켜 금속 본래의 조직을 노출시킴 → 적게 부식되면 정반사되어 밝게 보이고, 많이 부식된 곳은 난반사되어 어둡게 보여 명암이 나타나서 조직을 관찰할 수 있다.

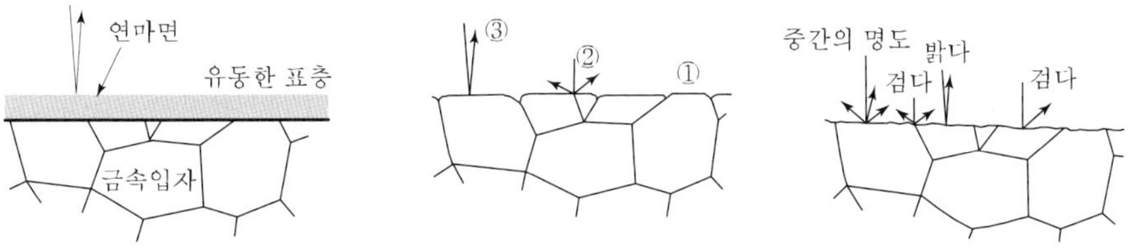


(a) 부식되지 않은 것　(b) 조금 부식된 것　(c) 심하게 부식된 것

| 그림 18 | 금속의 부식과 현미경조직과의 관계

- 각종 금속재료에 대한 중요한 부식제로는?
  - ▸ 철강 및 주철용 부식제 : 나이탈(질산알코올) 용액, 피크랄(피크린산 알콜) 용액 등
  - ▸ 구리 및 그 합금 부식제 : 암모니아 과산화수소 용액, 염화제2철 용액 등
  - ▸ Al합금용 부식제 : 불화수소 용액, Barrett용액, 수산화나트륨 용액 등

## 2.8.3 비파괴 검사(NDT, non-destructive inspection or test)

- 파괴 검사 : 일반 기계적 성질을 시험하는 재료시험법 및 조직검사에서는 시편을 파괴하여 검사
- 비파괴 검사 : 시편을 파괴하지 않고 금속재료의 내부 및 표면의 결함을 주로 검사
- 비파괴 검사의 종류에는?
  방사선 시험(RT, radiographic test), 초음파 시험(UT, ultrasonic test), 자분 시험(MT, magnetic test), 와류 시험(ET, eddy current test), 침투 시험(PT, penetration test), 음향 탐상시험(AE, accoustic emission) 등이 있다.

# 연습문제

## 객관식

1. 다음 금속의 성질 중 뜻이 잘못된 것은?

① 인성 : 질기고 강한 성질 ② 연성 : 가늘고 길게 늘어나는 성질
③ 취성 : 판재와 같이 퍼지는 성질 ④ 소성 : 변형가공이 잘 되는 성질

2. 융액+$\alpha$고용체⇔$\beta$고용체의 불변계반응은?

① 공정반응 ② 공석반응
③ 포정반응 ④ 편정반응

3. 공정합금계에서 공정성분에 가까울수록 변화하는 성질 중 틀린 것은?

① 전기 및 열전도율이 적어진다. ② 인장강도, 경도가 커진다.
③ 융점이 점차 상승한다. ④ 연신율, 단면수축률이 감소한다.

4. 다음 중 포정반응을 하는 합금은?

① Al–Pb ② Ag–Ni ③ Bi–Cr ④ Fe–Au

5. 다음 금속 중에서 가장 용융점이 높은 금속은?

① 이리듐(Ir) ② 필라듐(Pd) ③ 텅스텐(W) ④ 몰리브덴(Mo)

6. 2원합금에서 상(phase)의 수가 3이면 자유도의 수는 얼마인가?

① 0 ② 1 ③ 2 ④ 3

7. 다음 중 기계적 성질로만 짝지어져 있는 것은?

① 비중, 용융점, 비열, 선 팽창계수 ② 인장강도, 연신율, 피로, 경도
③ 내열성, 내식성, 충격, 자성 ④ 주조성, 단조성, 용접성, 절삭성

8. 다음 금속 중 선팽창계수가 가장 큰 것은?

① 몰리브덴(Mo) ② 텅스텐(W
③ 마그네슘(Mg) ④ 이리듐(Ir)

9. 다음 금속 중 비중이 가장 큰 것은?

① 금 ② 수은
③ 철 ④ 알루미늄

10. 다음 중 기계적 성질과 가장 먼 항목은?

① 용융점 ② 경도
③ 충격값 ④ 신연율

11. 다음 중 상온에서의 열전도율이 큰 것부터 작은 것의 순으로 올바른 것은?

① Ag→Al→Zn→Fe→Pb ② Au→Cu→Sn→Ni→Fe
③ Al→Ag→Pt→Sn→Zn ④ Ni→Ag→Pb→Zn→Sn

12. 평형상태도의 작성에 가장 근본적인 관계를 가지고 있는 것은?

① 변태온도 ② 액상선과 고상선
③ 고정조성 ④ 냉각곡선

13. 다음 중 기계적 성질에 해당되는 것은?

① 전기저항 ② 탄성계수
③ 열팽창계수 ④ 비중

14. 물체의 단위 길이에 대하여 1℃ 높여지는데 마다 늘어나는 양을 선팽창계수라 하는데 다음 중 선팽창계수가 가장 작은 것은?

① Pb ② Mg
③ Mo ④ Zn

15. 실온 20℃에서 전기 전도율이 높은 것에서 낮은 것으로 올바른 것은?

① Pb-Fe-Ni-Cu-Al-Mg ② Al-Cu-Zn-Mg-Ni-Fe
③ Fe-Cu-Ni-Mg-Zn-Al ④ Cu-Al-Mg-Zn-Ni-Fe

16. 금의 조직검사법 중 황에 묽은 산을 혼합해 표면에 묻히고 이것을 인화지에 묻혀서 조직을 검사하는 방법은?

① 메크로 부식법 ② 설퍼 프린트법
③ 타진법 ④ 불꽃 시험법

17. 다음 중 철강의 부식제로 가장 많이 사용되는 것은?

① 질산초산용액
② 염산용액
③ 수산화나트륨용액
④ 피크린산용액

18. 다음 중 알루미늄과 그 합금의 조직시험에서 그 부식제로 가장 적합한 것은?

① 피크린산 알콜 용액
② 염화제이철 용액
③ 수산화나트륨 용액
④ 질산용액 및 나이탈

19. 기계재료의 조직검사법 중 결함검사법에 해당되지 않는 것은?

① 자력결함검사법
② 형광검사법
③ X-선 검사법
④ 에릭슨 검사법

20. 다음 중 선팽창계수가 큰 것부터 작은 것의 순서로 올바른 것은?

① 아연-마그네슘-텅스텐-몰리브덴
② 마그네슘-아연-몰리브덴-텅스텐
③ 이리듐-마그네슘-아연-텅스텐
④ 텅스텐-아연-이리듐-마그네슘

21. 금속을 두드려서 나오는 음향으로 결함을 검사하는 방법은?

① 타진법
② 강압법
③ 침지법
④ 초음파법

22. 형광시험법으로 검사할 수 있는 것은?

① 편석
② 균열
③ 결정 용액
④ 내부 기공

23. 호이슬러 합금의 주성분은?

① Cu-Mn에 Al, Si 등을 첨가한 것
② Cu-Ni에 Al, Be 등을 첨가한 것
③ Cu-Sn에 Sb, Pb 등을 첨가한 것
④ Cu-Si에 Zn, Ag 등을 첨가한 것

**정답**

1. ③ 2. ③ 3. ③ 4. ④ 5. ③ 6. ① 7. ② 8. ③ 9. ① 10. ①
11. ① 12. ① 13. ② 14. ③ 15. ④ 16. ② 17. ④ 18. ③ 19. ④ 20. ①
21. ① 22. ② 23. ①

## 주관식

1. 금속합금이 응고할 때, 또는 응고도중에 일어나는 다음의 반응에 대해 설명하시오.

   ① $L \rightarrow \alpha + \beta$ ② $L + \alpha \rightarrow \beta$

   ③ $\gamma \rightarrow \alpha + \beta$ ④ $L_1 \rightarrow \alpha + L_2$

2. 다음 문장으로 표시되는 상태도의 대략적인 모양을 그려보시오.

   「A-B의 2원합금에서 순금속 A는 1000℃, 순금속 B는 400℃에서 용해한다. 이 계에는 600℃에서 융액 L, 고상 $\alpha$, $\beta$간에 $\alpha$(20 % B)+L(80 % B) $\rightleftarrows \beta$(50 % B)의 반응이 있다. 또 A-20 % B 합금의 상온상(相)은 $\alpha$(5 % B)와 $\beta$(55 % B)의 2상조직이다.」

3. 금속간화합물의 정의와 그 특징을 쓰시오,

4. 응축계의 상률이란 Gibbs의 상률과 어떻게 다르며, 그 식을 써서 설명하시오.

5. 3성분계의 농도표시법 두 가지를 들고 표시하는 방법을 적어보시오.

6. ① 확산을 위한 활성화에너지 Q 와 확산계수 D 의 열평형적인 관계식과 ② 확산의 제 1 법칙과 제 2 법칙을 비교 설명하시오.

7. 핵생성에 대한 전체 자유에너지의 변화를 고상의 반지름 $R$ 에 대해 그래프로 나타내고, 각 곡선의 에너지 성분을 표시하면서 설명하시오.

8. 다음의 용어를 설명하시오.

   ① lever relation ② 확산기구 ③ embryo

   ④ cementation법 ⑤ metallikon

9. 자화 이력곡선을 그려 설명하고, 연질자성의 철심재료와 경질자성의 영구자석으로 쓰이는 loop의 모양에 대한 특징을 드시오.

10. 현미경 시편의 준비과정과 순서를 설명하시오.

11. 현미경 시편을 부식시키는 원리와 대표적인 부식제를 드시오.

CHAPTER 3

# 기계적 시험법

- 재료시험(materials test)이란?
  재료의 기계적 성질을 시험 또는 검사하는 것이며, KS D 0801~0811에 규정되어 있다.
- 재료의 기계적 시험법의 종류에는?
  인장시험, 압축시험, 굽힘시험, 전단시험, 비틀림시험, 충격시험, 피로시험, 경도시험, 크리프시험, 마모시험 등이 있다.
- 강도(strength)의 정의와 분류는?
  재료에 외력이 작용할 때 단면적에 대한 변형저항의 대소를 말하고
  ⇒ 정적강도 : 인장강도, 압축강도, 굽힘강도, 전단강도, 비틀림강도
  동적강도 : 충격강도, 피로강도 등이 있다.

# 3.1 인장, 압축, 굽힘시험

## 3.1.1 인장시험(tensile test)

재료에 축방향의 인장력을 가하여 파괴되기까지의 변형과 주어진 힘을 측정하여 항복점, 인장강도, 탄성계수, 연신율, 단면수축률 등을 결정한다.

### (1) 인장시험편

종류 : 판상과 봉상 시편 등이 있고, 시험편의 표점을 펀치로 표시한 표점간의 길이를 표점거리(gauge length)라 하며 연신율 측정의 기준으로 사용한다,

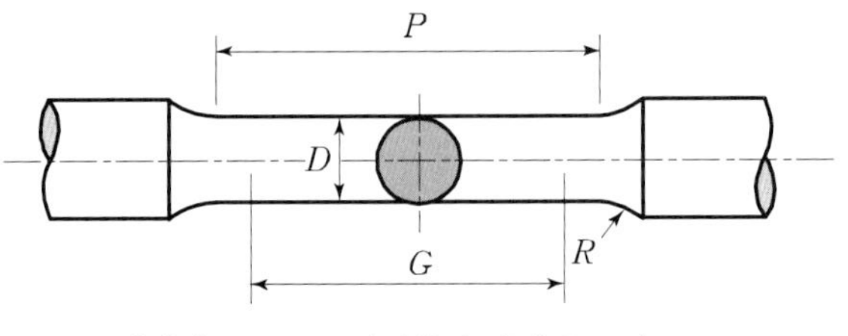


표점거리 $G=50$, 평행부의 길이 $P=$약 60
시험편의 지름 $D=14$, 턱의 반지름 $R>15$

‖그림 1‖ 인장시험편 (KS 4호)

### (2) 인장시험곡선

- 응력-변형률곡선(stress-strain curve)이란?
  재료에 인장하중을 증가하면서 시편의 늘어난 길이를 기록한 하중-연신곡선 이라고도 한다.

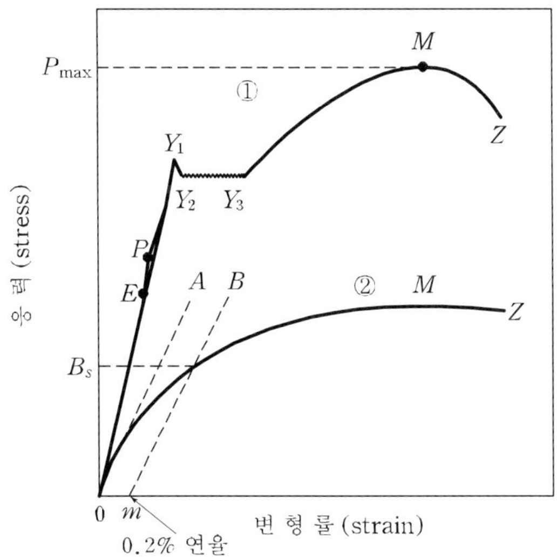


▮그림 2▮ 인장시험곡선

① 탄성한계 및 비례한도

- 탄성한계(elastic limit) : 하중을 제거하면 시편 본래의 길이로 돌아가는 E점의 하중을 원단면적으로 나눈 값($\frac{P}{A_0}=\mathrm{kg/mm^2}$)
- 비례한도 : 응력과 변형률이 비례관계를 유지하는 한계의 하중을 원단면적으로 나눈 값이나 탄성한계와 거의 같이 사용한다.
- Hook의 법칙이란?
  탄성한계 내에서 변형률이 응력에 비례하여 증가하는 관계

$$\sigma = E\epsilon$$

⇒ $\sigma$ : 응력, $\epsilon$ : 변형률이고, 이때의 비례상수 $E$ : 영율 또는 종탄성계수

- 포아손의 비(Poisson's ratio) : 탄성한계 내에서 가로변형과 세로변형의 비를 말하고, 그 재료에 대해서 항상 일정하고, 금속의 경우 약 0.2~0.4 정도이다. $\left(\nu = \frac{-\epsilon'}{\epsilon}\right)$

② 항복점(yielding point)

- 상항복점 : 증가하던 하중이 $Y_1$ 점에서와 같이 갑자기 감소되면서 쉽게 늘어나는 점
- 하항복점 : $Y_2$ 점과 같이 하중을 증가시키지 않아도 많이 늘어나기 시작하는 점
- 항복강도(yield strength) : 주로 상항복점의 하중을 원단면적으로 나눈 값
- 0.2% 내력(耐力, proof stress) : 항복점이 뚜렷하지 않을 때, 0.2%의 탄성변형에 대한 하중을 원단면적으로 나눈 값 → 항복강도로 취급하고 $\sigma_{0.2}$로 표시한다.

③ 인장강도(UTS, ultimate tensile strength)

최대하중 $P_{max}$을 시편의 원단면적 $A_0$로 나눈 값

$$\sigma_{max} \text{ 혹은 } \sigma_B = \frac{P_{max}}{A_0} \ (\text{kg/mm}^2)$$

- 네킹(necking) 현상이란?
  최대하중점까지 균일하게 늘어나다가 이 점을 지나면 단면에 잘록한 모양이 생기면서 하중이 감소되면서 곧 파단에 이르는 현상
  - ▸ 파괴강도(fracture strength) : 최종 파단점에서의 응력을 원단면적으로 나눈 값($\sigma_f$)

④ 연신율(elongation)

시편이 절단된 후의 표점거리와 시험 전의 표점거리와의 차이를 원래 길이로 나눈 값을 %로 표시한 것

$$\epsilon = \frac{l - l_0}{l_0} \times 100 \ (\%)$$

⑤ 단면수축률(reduction of area)

시편 절단부의 단면적과 시험 전의 단면적의 차이를 원래 단면적으로 나눈 값을 %로 표시한 것

$$\phi = \frac{A_0 - A}{A_0} \times 100\ (\%)$$

Σ 인장시험 ⇒

- 탄성계수, 항복점, 인장강도 : 재료의 외력에 대한 강도를 나타내는 값
- 연신율, 단면수축률 : 재료의 변형에 대한 능력을 나타내는 성질의 값

### 3.1.2 압축시험(compression test)

재료에 작용하는 압축력에 대한 저항력, 즉 항압력을 시험하여 압축강도, 비례한도, 항복점, 탄성계수 등을 결정하며, 주로 취성재료 및 내압재료에 응용된다.

압축시험에 의해 각종 값을 구하는 공식은 인장시험과 대략 동일하다.

필요한 시편의 길이 $h$와 단면의 길이 $d$의 비 : $h$=(1.5~2) $d$정도가 적당하다.

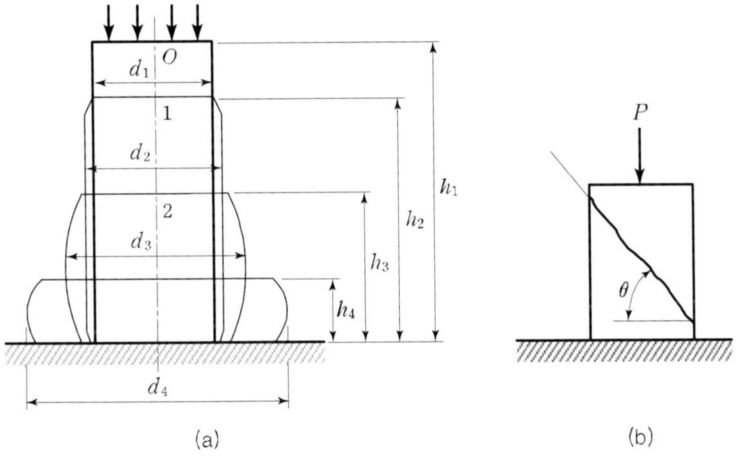


┃그림 3┃ 압축시험의 변형

### 3.1.3 굽힘시험(bending test)

재료의 굽힘력에 대한 저항력을 결정하기 위한 굽힘저항(항절)시험과, 심하게 굽힌 때에 균열(crack)의 발생여부를 시험하여 재료의 성형성을 측정하는 굴곡시험이 있다.

$$굽힘응력 : \sigma_B = \frac{FL}{4Z}$$

$F$ : 하중, $L$ : 지지점간의 거리, $Z$ : 모양에 따른 단면계수

## 3.2 경도시험(hardness test)

압자를 시편표면에 일정하중으로 압입시켜 생긴 압흔의 대소에 의해 재료의 경도를 평가

### 3.2.1 경도시험 방법의 종류

- 압입경도 - 브리넬, 로크웰, 비커스, 마이어 경도
- 반발경도 - 쇼어 경도
- 긋기경도 - 시편표면을 긁어서 생기는 흠(scractch)에 의해 측정하는 모스경도와 마르텐스 긋기경도가 있다. 주로 암석류에 시험한다.
- 펜듈럼(진자) 경도 - 허버트진자의 진동에 대한 진폭이나 진동시간으로 측정하는 허버트 펜듈럼 경도가 있다.

### 3.2.2 대표적인 경도 측정법

#### (1) 브리넬(Brinell) 경도

담금질한 강철볼을 시편에 압입하여 압입된 자국의 표면적으로 하중을 나눈 값으로 표시

$$H_B = \frac{P}{\pi Dt} = \frac{2P}{\pi D\ (D - \sqrt{D^2 - d^2}\ )}\ (\mathrm{kg/mm^2})$$

$P$ : 하중, $D$; 압입자의 지름, $d$ : 압흔의 지름, $t$ : 압흔의 깊이

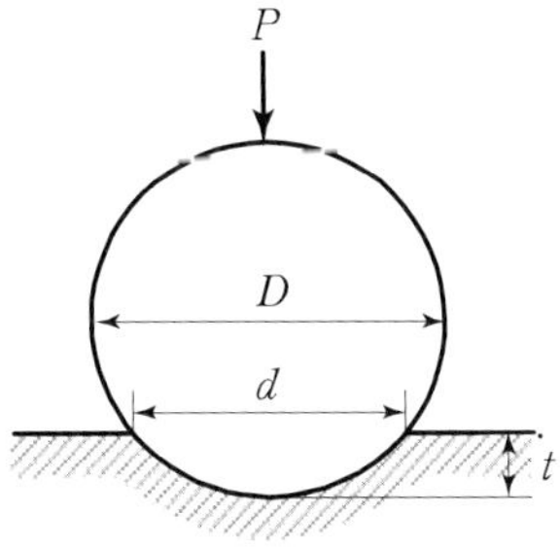


▌그림 4▐ 브리넬 경도의 강구와 압흔과의 관계

자국의 지름 $d$는 계측 확대경으로 읽고, 비치된 환산표를 찾아 경도값을 구한다. 하중 작용시간은 15~30초, 시편의 두께는 압입구멍 지름의 10배 이상이 요구되며, 단위를 붙이지 않고 경도수를 정수값으로 나타낸다. 주로 연한 금속재료에 적용된다.

- 풀림처리한 기계구조용 탄소강의 인장강도와 브리넬 경도와의 대략 관계식 :
  $\sigma_B = 0.23\ H_B$ (뜨임한 재료의 경우 : 0.21, 아공석강 : 0.36)

### (2) 로크웰(Rockwell) 경도

지름 1/16인치의 담금질된 강구(B스케일, 연한 재료)나 120도의 다이아몬드 원추(C스케일, 경한 재료)를 시험편의 압입시에 생기는 압흔의 깊이로 직접 경도를 표시한다.

- 측정방법 : 측정조건을 일정하게 하기 위해 측정의 기준으로 예비하중 = 10kg을 작용시키고, 측정하중으로 변형시킨 후 다시 기준하중으로 만들었을 때, 자국의 깊이 t를 다이얼 게이지로 측정한다.

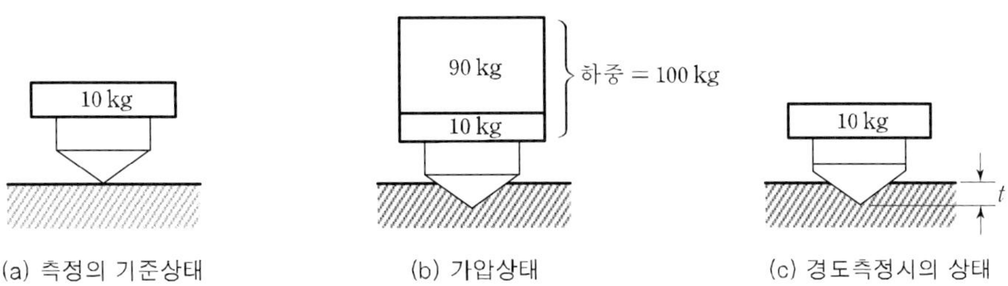


▌그림 5▐ 로크웰 경도(B스케일)의 측정

$$\Rightarrow \text{B스케일의 경도 } H_{R_B} = 130 - \frac{t}{0.002} = 130 - 500t$$

$$\text{C스케일의 경도 } H_{R_C} = 100 - \frac{t}{0.002} = 100 - 500t$$

#### (3) 비커스(Vicker's) 경도

압입체로서 대면각 $\theta$=136°의 다이아몬드 피라미드를 시험편에 압입시 생기는 압흔면적으로 하중(P)을 나눈 값으로 표시

$$H_V = \frac{2P\sin\frac{\theta}{2}}{d^2} = \frac{1.8544P}{d^2}$$

압흔 대각선의 길이($d$)를 부속된 현미경으로 측정 → 경도환산표에서 찾거나 또는 디지털로 바로 표시됨

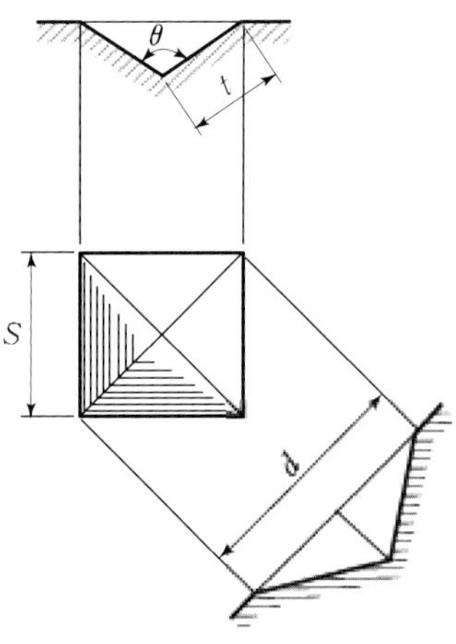


‖ 그림 6 ‖ 비커스 경도시험기의 자국

#### (4) 쇼어(Shore) 경도

작은 다이아몬드를 끝에 고정시킨 낙하체를 일정한 높이 $h_0$에서 시험편 위에 낙하시켰을 때, 반발하여 올라간 높이 $h$를 측정하여 표시

$$H_s = \frac{10,000}{65} \times \frac{h}{h_0}$$

## 3.3 충격시험(impact test)

충격력에 대한 재료의 충격저항을 평가하기 위해, 재료가 파괴할 때까지의 에너지를 흡수할 수 있는 능력인 재료의 인성 또는 취성을 시험

- 시편과 지지방법에 따른 충격시험의 2종류는?
  - ▸ 샤르피(Charpy) 시험 : 시험편을 단순보 상태에서 충격힘을 가하는 시험
  - ▸ 아이조드(Izod) 시험 : 시험편을 내다지보(cantilever, 외팔보) 상태에서 충격시험

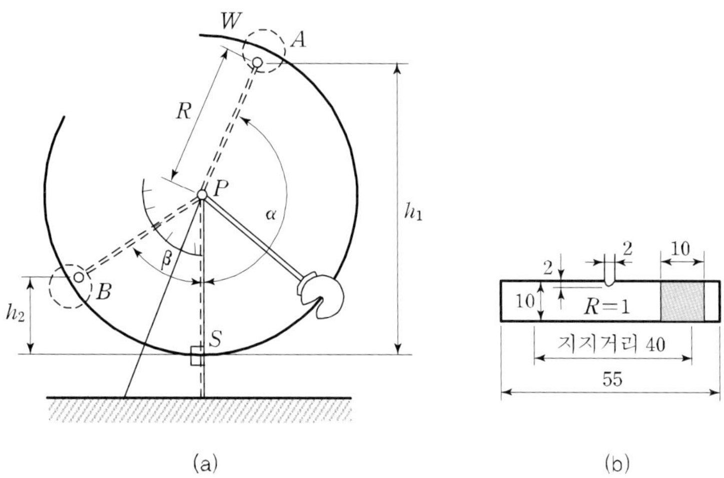


▮그림 7▮ 충격시험기의 원리

- 충격값(U)은 어떻게 구하나?

  시편의 파괴에 필요한 에너지($E$)를 시편 노치부 단면적($A$)으로 나눈 값

$$U = \frac{WR(\cos\beta - \cos\alpha)}{A} \ (\text{kg·m/cm}^2)$$

- 파괴인성 $K_{IC}$ 이란?

  파괴를 위한 균열의 전파에 대한 재료의 저항력 → 이 값이 클수록 균열을 진전시키기 위해 큰 에너지가 필요

- 표준시험편 : 3점굽힘 시험편, CT(콤팩트인장, compact tension) 시험편을 사용

# 3.4 피로, 크리프시험

## 3.4.1 피로(fatigue) 시험

- 피로파괴 : 항복점 이하의 작은 하중으로도 계속적인 반복작용에 의해 파괴되는 것
- 피로한도(fatigue limit, 내구한) : 아무리 많은 반복하중에서도 영구히 파단하지 않는 가장 큰 응력을 말하고, 피로시험에서는 이것을 구한다.

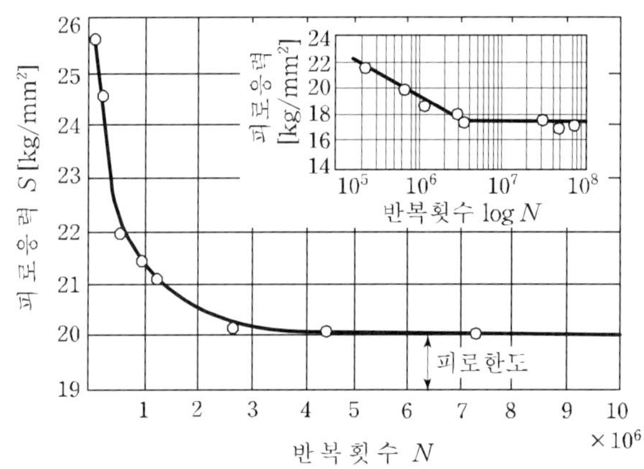


‖ 그림 8 ‖ S-N곡선

- S-N 곡선이란?

  피로시험에 의해 얻어지는 곡선으로 반복응력(stress) S와 반복횟수(number) N의 관계를 나타낸 곡선 → 반복횟수≒ $10^6$~$10^7$ 정도에서 곡선 수평부의 응력이 피로한도이다.

## 3.4.2 크리프(creep) 시험

고온의 일정응력 상태에서 시간이 지남에 따라 변형이 진행되는 것을 크리프라 하고, 이 현상은 온도가 높을수록 응력이 클수록 현저하며, 고온재료에서 크리프특성이 중요하다.

- 크리프곡선(creep curve)이란 무엇이며, 이를 3단계로 나눈다면?

  시편을 일정온도에 유지하고 일정하중을 걸었을 때, 시간에 따른 연신율을 나타낸 곡선

  ▸ I단계(제1차 크리프, 천이크리프) : OA의 탄성연신 후 AB와 같이 시간이 지남에 따

라 연신변형이 점차 증가하는 영역

▸ II단계(제2차 크리프, 정상크리프) : BC와 같이 연신율이 거의 일정해지는 영역

▸ III단계(제3차 크리프, 가속크리프) : CD와 같이 연신율이 시간과 더불어 증가해서 최종 파단에 이르는 영역

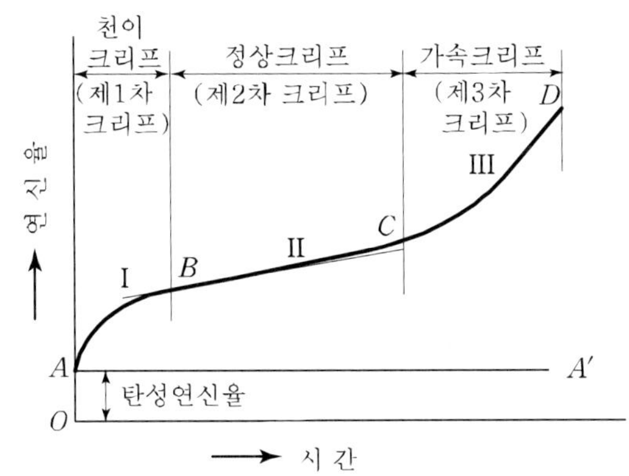


‖ 그림 9 ‖ 크리프곡선

## 3.5 비틀림, 전단, 마모, 에릭슨시험

### 3.5.1 비틀림(torsion) 시험

비틀림 하중을 가하여 비틀림 모멘트인 토크(torque)에 대한 저항력($T$), 전단강도($\tau$), 비틀림각($\theta$), 탄성계수($G$) 등을 구하는 시험

- 원형단면의 전단 탄성계수 : $G = \frac{32}{\pi} \times \frac{l}{d^4} \times \frac{T}{\theta}$

  $l$ : 표점거리, $d$ : 시편의 지름

- 비틀림의 전단응력 : $\tau = \frac{16T}{\pi d^3}$

### 3.5.2 전단(shear) 시험

전단응력($\tau$, shear stress)- 전단하려는 면에 평행으로 서로 어긋나게 작용하는 힘에 의해 생기는 응력으로, 슬라이딩을 생기게 하는 경향이 있다.

$$\tau = G\gamma$$

$G$ : 전단 탄성계수, $\gamma$ : 전단 스트레인

⇒ 전단응력의 작용하중에 따라 각각의 식으로 계산된다.

### 3.5.3 마모(wear) 시험

마모(wear)= 재료가 다른 물체와 마찰하여 그 표면이 소모되는 현상

- 마모의 분류와 그 종류에는?

▸ 미끄럼 마모(sliding wear)

- 윤활유를 사용할 때

예 축과 베어링

- 윤활유를 사용하지 않을 때

예 브레이크와 타이어

▸ 회전 마모(rolling wear)

- 윤활유를 사용할 때

예 롤러와 베어링

- 윤활유를 사용하지 않을 때

예 타이어와 레일

⇒ 마모시험 : 대부분 시험편과 다른 물체를 접촉시켜서 일정한 회전수 또는 일정한 거리까지 마모시킨 후, 마찰로 인하여 손실된 중량의 감소를 측정하며, 마찰계수나 표면 변형 및 재료의 수명 등도 고찰할 수 있다.

### 3.5.4 에릭슨(Erichsen) 시험

판재의 연성(stretch forming성)을 평가하기 위해 판재를 가압 성형하여 변형능력을 시험하는 것으로, 컵 시험(cupping test)이라고도 한다.

⇒ 에릭슨 시험 : 원판시편에 펀치로 가압하여(stretch forming) 파단면이 보이기까지 펀치의 들어간 깊이를 ㎜로 나타내어, 이것을 에릭슨값으로 하며 이 값이 클수록 stretch forming성이 좋다.

## 연습문제

### 객관식

1. 인장시험편에서 고려하지 않아도 되는 것은 다음 중 어느 것인가?
① 시험편의 무게 ② 표점거리
③ 평행부의 길이 ④ 평행부의 단면적

2. 다음 중 브리넬경도를 나타내는 식에 해당되는 것은?
① $130-500h$ ② $\frac{P}{\pi Dt}$
③ $\frac{1000}{65}\times\frac{h}{h_0}$ ④ $\frac{1.8544\,W}{d^2}$

3. 강의 인장시험에서 시험 전 평행부의 길이 55mm, 표점거리 50mm인 시험편을 시험한 후 절단된 표점거리를 측정하였더니 70mm이었다. 연신율은 얼마인가?
① 20% ② 25%
③ 30% ④ 40%

4. 항복점이 일어나지 않는 재료는 항복점 대신 무엇을 쓰는가?
① 0.2% 내력 ② 비례한도
③ 탄성한도 ④ 인장강도

5. 다음 중 낙하체를 이용하는 경도시험법은?
① 로크웰경도 ② 쇼어경도
③ 비커스경도 ④ 브리넬경도

6. 인장시험(tensile test)에서 얻은 응력-변형곡선(stressstrain curve)으로부터 얻을 수 없는 성질은?
① 연신율(elongation) ② 인성(toughness)
③ 영율(young's modulus) ④ 피로한계(fatigue limit)

7. 다음 중 경도시험법이 아닌 것은?

① 로크웰 ② 브리넬
③ 비커즈 ④ 샤르피

8. 시험편의 절단부 단면적이 14mm$^2$이고 시험편의 원단면적이 20mm$^2$일 때, 단면수축률은 얼마인가?

① 20% ② 30%
③ 40% ④ 50%

9. 완성된 제품의 측정시험에 가장 적당한 경도측정 방법은?

① 로크웰 경도 ② 쇼어 경도
③ 비커스 경도 ④ 브리넬 경도

10. 재료시험법에 관한 설명 중 틀린 것은?

① 브리넬 경도시험 : 정적시험 ② 충격시험 : 동적시험
③ 로크웰 경도는 B.C 스케일이 있다. ④ 쇼어 경도시험은 압입시험이다.

11. 꼭지각 120°인 원뿔형 다이아몬드 압입체로 경도를 측정하는 시험법은?

① 로크웰경도 ② 비거스경도
③ 브리넬경도 ④ 쇼어경도

12. 연강과 같은 재료에 상온에서 하중을 작용시킬 때 생기는 변형률은 비례한도 이하에서는 하중에 비례하고, 하중을 증가시키지 않으면 증가하지 않으나, 온도가 350℃이상의 고온이 되면 하중이 일정하더라도 시간이 지남에 따라 변형률이 조금씩 증가한다. 이와 같은 현상을 무엇이라 하는가?

① 크리프(creep) ② 피로(fatlgue)
③ 초소성(superplasticity) ④ 항복점 연신(yield point elongation)

13. 기계재료의 극한강도를 허용응력으로 나눈 값을 무엇이라고 하는가?

① 안전율 ② 강도율
③ 탄성율 ④ 점도율

14. Creep 시험이란?

① 응력과 시간과의 관계 ② 온도와 시간과의 관계
③ 온도, 응력, 시간과의 관계 ④ 온도, 취성, 시간과의 관계

15. 로크웰경도 C스케일로 시편에 압입된 깊이가 0.083mm이었다. 이 때의 경도값을 공식으로 구하면?

① 12.4 ② 58.5
③ 88.5 ④ 108.5

16. 다음 중 비파괴시험법은?

① 초음파탐상법 ② 에릭슨시험법
③ 굴곡시험법 ④ 크리프시험법

17. 충격시험은 주로 재료의 어떤 성질을 조사하기 위한 시험인가?

① 인성과 메짐 ② 전성과 연성
③ 경도와 강도 ④ 비중과 연신율

18. 다음 중 충격값의 단위는?

① $kg/cm^2$ ② $kg/mm^2$
③ kg/m·sec ④ $kg \cdot m/cm^2$

19. 표점거리 50mm, 원래 단면의 지름 14mm, 시험 후의 표점거리 65mm, 시험 후의 단면의 반지름 5mm일 때 단면수축률은 얼마인가?

① 약 25% ② 약 50%
③ 약 35% ④ 약 40%

20. 피로시험에서 S-N 곡선은 어느 것인가?

① 응력과 변형 ② 응력과 반복횟수
③ 반복횟수와 시험기간 ④ 반복횟수와 변형

21. 매끈하게 가공된 표면에 경도시험 결과 압입흔적이 가장 크게 나타나는 것은?

① 브리넬경도 ② 쇼어경도
③ 로크웰경도 ④ 비커스경도

**정답**

1. ① 2. ② 3. ④ 4. ① 5. ② 6. ④ 7. ④ 8. ② 9. ② 10. ④
11. ① 12. ① 13. ① 14. ③ 15. ② 16. ① 17. ① 18. ④ 19. ② 20. ②
21. ①

## 주관식

1. 연강의 하중-연신곡선을 그리고 각부의 명칭을 설명하시오.

2. Hook의 법칙과 성립범위에 대한 한계를 쓰시오.

3. 평행부의 지름 14 mm, 표점거리 50 mm의 환봉시험편에 대하여 인장시험을 실시하여 다음의 결과를 얻었다. 이 재료의 ① 항복점, ② 인장강도, ③ 연신율, ④ 단면수축률을 구하시오. (단, 항복점하중 46,980 N, 최대하중 69,970 N, 파단 후 표점거리 66.4 mm, 파단부 최소지름 9.6 mm)

4. 포아손의 비는 무엇이고 금속의 경우 보통 얼마인가?

5. 경도시험의 종류를 들고, 각 방법으로 경도를 정하는 법을 설명하시오.

6. 샤르피충격치란 무엇이며, 인장시험에서 이에 상당하는 것은 무엇인가?

7. S-N 곡선을 그리고 설명하시오.

8. Creep 현상과 그 곡선에 대해 쓰시오.

CHAPTER 4

# 재료의 소성변형

# 4.1 소성변형과 변형기구

- 금속을 변형하기 위한 금속가공(metal working)을 분류하면?
  절삭가공과 비절삭가공(또는 소성가공)으로 구분되고, 가공을 위해서는 외력이 가해져야 하고 이것에 의해 재료 내부에 응력(stress)가 생긴다.
- 재료의 변형 2종류를 들고 설명하면?
  - ▸ 탄성변형(elastic deformation) : 변형을 일으켰던 외력이 제거되면 재료가 원래의 모양으로 복구하는 변형
  - ▸ 소성변형(plastic deformation) : 외력이 제거되어도 영구적인 변형이 남게되는 변형

## 4.1.1 단결정의 소성변형 기구(mechanism)

### (1) 슬립변형(slip deformation)

탄성한도 이상의 외력이 가해지면 재료 내부에서 어느 원자면과 방향을 따라 미끄럼을 일으키는 변형

- 슬립이 어떤 면과 방향으로 잘 일어날 수 있을까?
  - ▸ 슬립면(slip plane) : 결정 내의 원자밀도가 가장 조밀하거나 그에 가까운 면
  - ▸ 슬립방향(slip direction) : 원자간격이 가장 작은, 가장 조밀한 방향으로 미끄러지는 것이 가장 에너지가 적게 들기 때문이다.
- 결정구조별로 슬립이 잘 일어날 수 있는 면과 방향이 있을까?
  - ▸ 슬립계(slip system) = 결정형에 따른 슬립면과 슬립방향의 조합의 수
    - FCC : {111}*⟨110⟩ = 4*3 = 12개(가장 많다 → 소성변형이 가장 용이)
    - BCC : {110}*⟨111⟩ 이외에도 슬립 → 소성변형이 중간 정도
    - HCP : {0001}*3축방향 = 3개(가장 적다 → 소성변형이 가장 곤란)

⇒ 결국 금속은 슬립계가 많을수록 소성변형하기 쉬우므로, fcc가 가장 가공이 용이하고 bcc가 그 다음이며 hcp가 가장 가공하기 어렵게 된다.

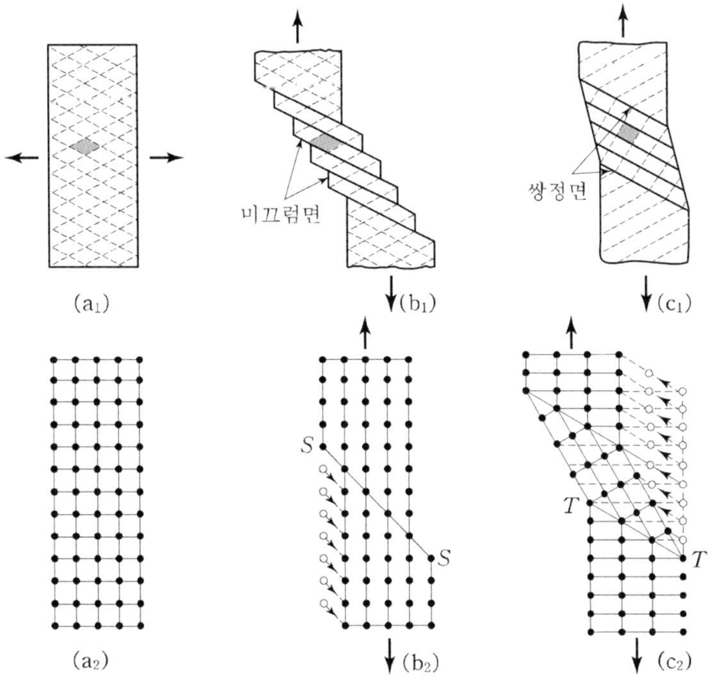


(a) 변형 전의 결정　(b) 미끄럼변형　(c) 쌍정변형

그림 1 소성변형 모형도

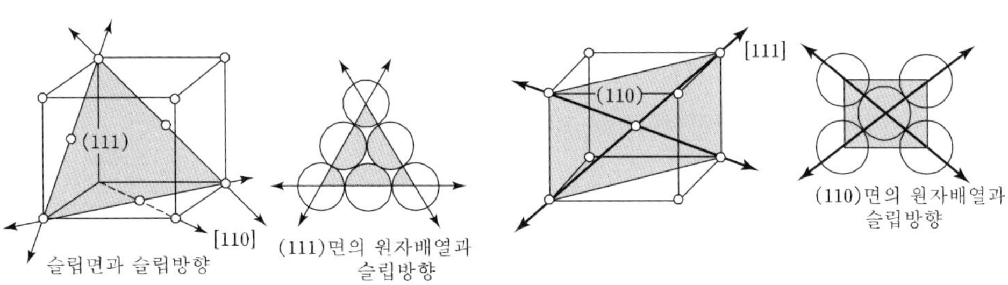


(a) 면심입방구조　(b) 체심입방구조

그림 2 슬립면과 방향

- 슬립띠(slip band) : 좁은 간격의 여러 슬립선의 집합
- 교차슬립(cross slip) : 단결정의 방향에 따라 슬립면은 달라도 슬립변형이 공통인 경우
- 임계전단응력(critical shear stress) : 슬립을 일으키기 위한 한계의 전단응력에 해당되는 힘의 값

(2) 쌍정(twin) 변형

특정의 결정면을 경계로 하여 처음의 결정과 똑같은 원자배열을 가진 쌍둥이 결정의 부분을 만들면서 변형하는 것

- 쌍정면(twin plane) : 양쪽의 원자가 서로 대칭적인 관계로 배열되어 있는 결정 내의 이와 같은 거울면
- 쌍정방향(twin direction) : 쌍정이 형성되기 위해서 원자의 전단이동이 일어나는 방향

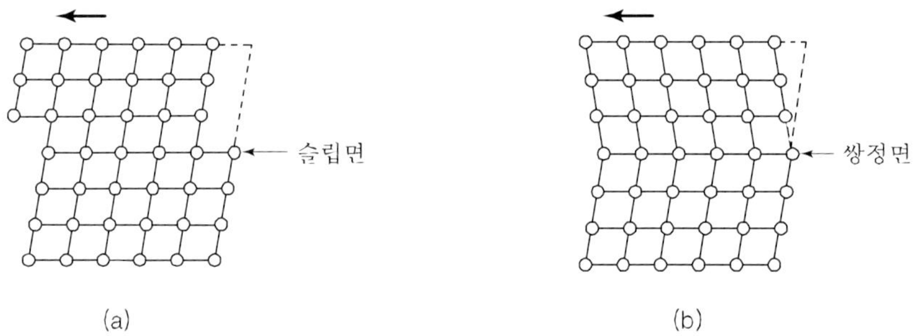


▌그림 3▐ 슬립과 쌍정변형

- 쌍정이 형성되기 위한 특징으로는?
  - ▸ 원자의 전단적 이동에 의해 순간적(10-6sec)으로 매우 짧은 시간에 형성
  - ▸ 슬립계가 적어서 소성변형하기 어려운 HCP에 많고 BCC엔 가끔 나타남
- 쌍정이 발생되기 위한 2가지 형식은?
  - ▸ 기계적(mechanical) 혹은 변형(deformation) 쌍정 : 기계적인 외력에 의해 결정이 전단변형됨으로써 발생
  - ▸ 풀림 쌍정(annealing twin) : 가공한 금속을 풀림할 때 결정립계의 이동에 의해 형성되며, 주로 fcc(Cu합금, 오스테나이트강) 금속에서 가끔 나타남

## 4.1.2 다결정체의 소성변형은?

대부분의 금속재료는 많은 결정립으로 구성된 다결정체(poly crystal)이고, 소성변형하

면 각 결정립 내부로 슬립이 일어나지만, 결정립경계는 슬립을 저지하는 성질을 가짐 → 결정립의 크기가 작을수록 결정립의 수가 많을수록 소성변형되기 곤란하여 재료는 단단하고 강하다.

## 4.2 소성가공의 종류와 영향

### 4.2.1 가공온도에 따른 소성가공의 분류는?

- 열간가공(hot working, 고온가공) : 재료의 재결정온도보다 높은 온도에서 가공
  → 적은 변형응력으로 가공이 용이, 표면이 불량, 치수 정밀도가 저하
- 냉간가공(cold working, 상온가공) : 재료의 재결정온도보다 낮은 온도에서 가공
  → 큰 변형응력이 요구, 표면이 미려, 정밀한 치수, 가공경화를 이용한 강도의 상승효과

### 4.2.2 상온가공에 따른 기계적 성질의 변화는?

- 가공경화(work hardening) : 상온가공을 할수록 인장강도, 항복점, 경도는 증가하고 연신율과 단면수축률은 감소하는 경화현상
- 가공도 : 소성가공의 정도로서, 압연 인발 압출가공의 경우 가공 전후의 단면감소율로 표시된다.

$$\text{가공도} = \frac{A_0 - A_1}{A_0} \times 100\ [\%]$$

$A_0$, $A_1$ : 각각 가공 전후의 단면적

⇒ 가공경화의 정도는 가공온도가 높아지면 그 경향이 작아지므로 열간가공에서는 가공경화가 생기지 않는다.

- Nadai의 식 : 소성구역에서의 가공경화곡선에 대한 관계식

$$\sigma = \alpha\,\epsilon^{m}$$

$\sigma$ : 응력, $\epsilon$ : 연신율, $\alpha$, $m$은 재질에 따른 상수, 특히 $m$은 가공경화지수라 한다.

### 4.2.3 내부응력(internal stress)

재료에 가해진 가공응력이 변형중 열에너지 형태로 대부분 소비되지만, 가공 후에도 재료 내에 남게 되는 응력을 내부응력 혹은 잔류응력(residual stress) → 가공도가 클수록 증가한다.

⇒ 내부응력이 존재하면 재료의 사용 중이나 나중에 변형을 초래하는 등 재질에 나쁜 영향을 끼치므로 제거해주는 것이 좋다.

## 4.3 냉간가공과 회복, 재결정

### 4.3.1 냉간가공재의 풀림

냉간가공에 의해 심하게 가공경화된 재료에 더 이상 가공이 되어지면 파괴를 일으킨다.

⇒ 냉간 가공경화된 재료를 어느 일정온도 이상으로 가열하면 재질이 다시 연화되어 전연성이 증가되고 가공성이 회복된다.
풀림(annealing) =가공경화재를 가열에 의해 가공전의 상태로 회복시키는 열적 인 조작

- 가공경화재의 풀림에 따른 3단계의 변화과정은?
  회복 → 재결정 → 결정립성장의 순서로 재질적인 변화가 일어난다.

### 4.3.2 회복과 재결정

- 회복(recovery) : 기계적 성질은 그다지 변하지 않으면서 냉간가공으로 생긴 내부응력이 감소되고, 전기저항과 같은 물리적 성질이 가공전의 상태로 돌아가는 단계
- 재결정(recrystallization) : 가공에 의해 변형된 결정 중에 내부응력이 없는 새로운 결정핵이 생겨 점차 성장하여, 변형된 결정이 새로운 결정립으로 교체되어 가는 단계 → 재결정이 시작하는 온도에서 강도와 경도는 급격히 저하, 연신율과 단면수축률은 증가

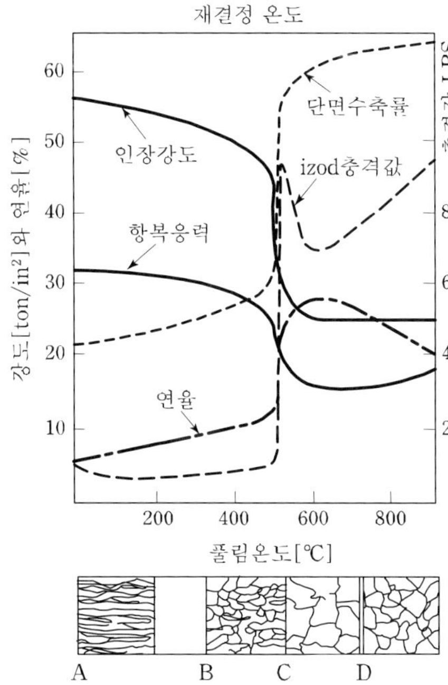


‖ 그림 4 ‖ 상온가공된 연강의 기계적 성질과 풀림온도

▸ 재결정온도(recrystallization temperature) 란?

재결정이 시작하여 1hr 이내로 전체 재결정이 완료되는 온도로 재료의 고유성질에 해당 → 열간가공과 냉간가공의 구분온도.

예 Fe(순철)= 450℃

‖ 표 1 ‖ 금속의 재결정온도

| 금속 | Fe | Ni | Cu | Al | W | Mo |
|---|---|---|---|---|---|---|
| 재결정 온도 | 450 | 600 | 200 | 180 | 1000 | 900 |
| 금속 | Au | Ag | Pt | Zn | Pb | Sn |
| 재결정 온도 | 200 | 200 | 450 | 18 | −3 | −10 |

▸ 응력제거소둔(stess relief annealing. 저온풀림) : 가공경화재를 가열하여 회복이나 재결정을 일어나게 하는 저온에서의 풀림처리

- 결정립성장(grain growth) : 계속 더 고온으로 풀림하면 재결정 후에도 서로 인접한 결정립을 병합하여 조대화(coarsening)되어 가는 과정

⇒ 결정립이 커지면 기계적 성질이 저하되므로 필요 이상으로 풀림온도를 높게 하는 것은 좋지 않으며, 가공도가 클수록 풀림온도가 높을수록 결정립도는 커진다.

## 4.4 소성가공의 응용

### 4.4.1 고온가공의 효과

재료의 고온가공에서는 변형과 동시에 재결정이 일어남 → 연화되어 소성변형능이 크고 변형응력이 적게 요구됨

- Σ 고온가공의 5가지 효과를 열거하면?
  - ▸ 결정입자의 미세화
  - ▸ 방향성 주조조직의 제거
  - ▸ 합금원소의 확산에 의한 재질의 균일화
  - ▸ 내부의 미세균열과 기공 등을 단접한다.
  - ▸ 연신율, 충격치 등의 기계적 성질이 개선

### 4.4.2 고온가공 완료온도(finishing temperature)는?

미세결정의 형성이 끝나는 재결정온도보다 (강의 경우 $A_1$의 변태온도) 약간 높은 온도이어야 하고, 이보다 너무 높으면 냉각되는 동안에 결정성장이 되어서 재질이 저하되고, 이보다 낮으면 냉간가공의 영향을 받게 되므로 좋지 않다.

⇒ 강의 고온가공 및 냉간가공의 온도구역은 그림에서와 같이 탄소량에 의해 변화한다.

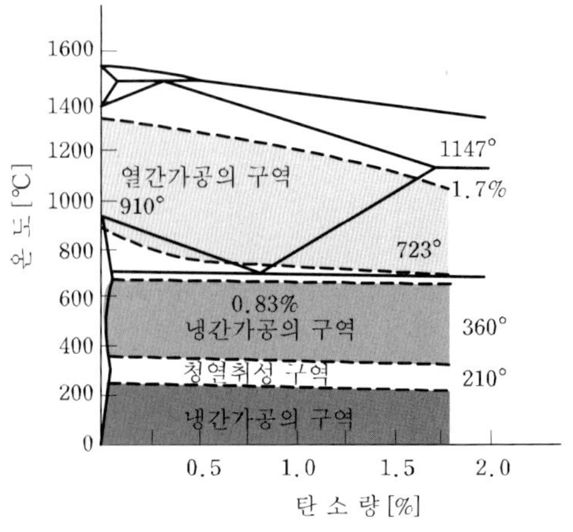


그림 5 가공온도와 탄소량

### 4.4.3 소성가공법의 종류로는?

- 단조(forging) : 열간에서 소성가공하여 조직미세화와 균질상태로 성형
- 압연(rolling) : 회전하는 롤러 사이를 통과시켜 얇은 두께로 만듬

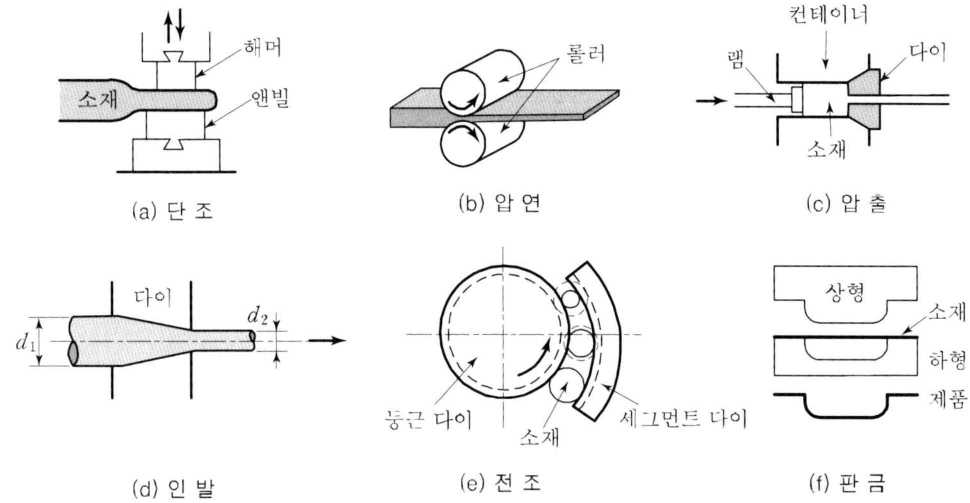


| 그림 4 | 소성가공의 예

- 인발(drawing) : 인발다이를 통과시켜 지름을 감소시키는 가공법
- 압출(extrusion) : 실린더 내의 속을 램에 압력을 가해 밀어내는 방법
- 판금(sheet metal working) : 프레스, 전단, 벤딩가공, 디프드로잉 등
- 전조(roll forming) : 전조공구를 사용하여 나사, 기어 등을 성형하는 가공

# 연습문제

## 객관식

1. 금속소재에 외력을 가해 변형된 후 외력을 제거해도 변형된 상태로 남아 있는 성질은 어느 것인가?

   ① 소성 ② 탄성 ③ 인성 ④ 취성

2. 탄소강의 고온(열간)가공과 상온가공이 기계적 성질에 미치는 영향을 옳게 표현한 것은?

   ① 고온가공하면 강도, 경도는 증가하고 탄성한계, 신율은 감소
   ② 고온가공하면 재결정되므로 기계적 성질의 큰 변화는 없다.
   ③ 상온가공하면 강도, 경도는 증가하고 단면수축율, 신율은 감소
   ④ 상온가공하면 재결정되지 않으므로 강도, 경도, 신율, 단면수축률이 증가

3. 냉간가공을 하면 일반적으로 감소하는 성질은?

   ① 연신율 ② 인장강도 ③ 경도 ④ 충격값

4. 다음 중 재결정에 관하여 틀리게 설명한 것은?

   ① 가공도가 클수록 재결정 온도는 낮다.
   ② 결정입자가 미세할수록 재결정 온도는 낮다.
   ③ 재결정 과정과 동시에 약간의 성분변화가 일어난다.
   ④ 재결정을 일으키는 추진력은 냉간가공시 재료에 축적된 에너지이다.

5. 금속의 결정격자가 불안정하거나 결함이 있을 때 외력에 의하여 원자이동이 생기는 현상을 무엇이라 하는가?

   ① 슬립 ② 쌍정 ③ 전위 ④ 적층결함

6. 다음 중 금속의 재결정 온도가 가장 높은 것은?

   ① Au ② Ni ③ Ag ④ Fe

7. 금속의 슬립(slip)에 대한 설명 중 틀린 것은?

   ① 슬립선은 변형이 진행됨에 따라 그 수가 많아진다.
   ② 슬립은 금속고유의 슬립면에 따라 이동이 생긴다.
   ③ 소성변형이 진행되면 슬립저항이 점점 증가하고 경도는 감소한다.
   ④ 슬립의 방향은 원자밀도가 가장 큰 방향이다.

8. 금속재료의 소성가공시 열간가공과 냉간가공의 기준이 되는 온도는?

① 변태온도 ② 단조온도 ③ 담금질온도 ④ 재결정온도

9. 슬립계(slip system)에 대한 설명이 옳지 않은 것은?

① 슬립이 일어날 수 있는 면과 방향의 조합의 수를 말한다.
② FCC의 경우가 슬립계의 수가 가장 많아 소성변형이 쉽다
③ BCC의 경우가 슬립계의 수가 가장 적어 가공하기 힘들다.
④ HCP의 경우는 슬립계의 수가 3개이다.

10. 쌍정(twin) 변형에 대해 틀리게 설명한 것은?

① 특정면을 경계로 처음의 결정과 똑같은 결정의 부분을 만들면서 변형한다.
② 쌍정의 형성은 원자의 전단적인 이동에 의해 일어난다.
③ 소성변형이 어려운 HCP에 많고 BCC에도 가끔 나타난다.
④ 쌍정변형은 확산에 의해 시간을 두고 서서히 진행된다.

11. 다결정체의 소성변형에 대해 잘못된 설명은?

① 각 결정립의 내부로 슬립이 일어난다.
② 결정립계는 슬립을 저지하는 성질을 갖는다.
③ 결정립의 크기가 클수록 소성변형하기 곤란하다.]
④ 결정립의 수가 많을수록 재료는 단단해지고 강하다.

12. 냉간가공재의 풀림에 의한 재결정을 바르게 설명한 것은?

① 가공으로 변형된 결정 중에 내부응력이 감소하는 단계이다.
② 재결정이 시작하여 30분 이내로 완료되는 온도가 재결정온도이다.
③ 재결정의 시작온도에서 강도와 경도는 급격히 저하된다.
④ Fe의 경우 재결정온도는 800℃ 정도이다.

13. 적당한 피니싱(finishing, 고온가공 완료) 온도에 대한 설명이 아닌 것은?

① 재결정온도보다 약간 낮은 온도이어야 한다.
② 강의 경우 $A_1$변태온도 부근이 된다.
③ 재결정온도보다 높으면 결정성장이 일어나서 재질이 저하된다.
④ 재결정온도보다 낮으면 냉간가공의 영향을 받아 좋지 않다.

**정답**
1. ① 2. ③ 3. ① 4. ③ 5. ① 6. ② 7. ③ 8. ④ 9. ③ 10. ④
11. ③ 12. ③ 13. ①

## 주관식

1. 외력에 의한 재료의 2가지 변형을 나누고 설명하시오.

2. 슬립변형과 쌍정변형을 구별 설명하고, 그 슬립면과 방향 및 쌍정면과 방향을 적어보시오.

3. 슬립계란 무엇이며 결정구조별로 구하고 가공성과 연관시켜 보시오.

4. 쌍정형성의 특징에 대해 쓰시오.

5. 쌍정의 발생에 의한 2가지 형식을 나누고 설명하시오.

6. 고온가공과 상온가공을 구별하고, 각 특징을 들어보시오.

7. 가공경화란 무엇인가?

8. 냉간가공에 의해 경화된 금속을 가열하면, 어떤 변화가 일어나는지 3단계별로 설명하시오.

9. 재결정온도란 무엇이며 각 금속의 종류별 그 온도를 적으시오.

10. 소성가공의 방법에 대한 종류를 들고 설명하시오.

CHAPTER 5

# 재료의 파괴와 재질강화법

## 5.1 강도와 파괴의 개론

- 재료의 강도(strength) : 외력에 저항하는 단위면적당의 힘인 응력(stress)으로 표시 → 형상, 크기, 온도, 환경, 하중속도 등에 의해 변화
- 재료의 설계응력으로 사용되는 것은?
  상온(20℃)의 재료시험에서 측정된 공칭응력을 사용

  ⇒ 허용응력의 결정은?
  측정된 인장강도에 안전율을 적용하여 구하나, 환경인자의 영향이 중요
- 파괴(fracture) : 물체가 외력에 의해 2개 이상의 파면을 형성하여 분리되는 현상으로, 궁극적으로 구성원자간의 결합을 해제함으로써 일어난다.
- 파괴의 단계 : 균열의 발생과 성장(또는 합체), 최종파괴에 의해 단계적으로 진행된다.

  ⇒ 파괴는 구조물의 안전성과 관련되므로, 사용재료는 파괴가 일어나지 않을 만큼의 강도와 인성이 요구된다.

## 5.2 이론적 파괴강도

- 이상결정에서 외력에 의해 슬립이 일어나기 위한 임계전단응력 $\tau_c$는 다음과 같이 유도된다.

$$\tau_c \fallingdotseq \frac{G}{2\pi}$$

여기서, $G$ : 전단탄성계수 혹은 강성율이다.

즉 이상결정체는 $G$의 1/6~1/10의 전단응력을 가하면 슬립이 일어나는 것으로, $G$가 클수록 변형하기 어렵다.⇒ 이 $\tau_c$를 완전결정의 파괴강도 또는 이론적 파괴강도라 한다.

- 실제 금속의 임계전단응력에 대한 실측치는 이론적인 계산치보다 수천 분의 1정도로 낮은 경향을 보이는데, 이것은 재료 중에 많은 결함, 노치(notch), 불순물 등의 취약한 부분이 존재하므로 이론적 강도보다 훨씬 낮은 응력에서 파괴의 핵(microcrack)을 형

성하여 최종 파괴에 이른다.

- 실측 강도가 이론강도보다 크게 낮은 이유의 설명 ← 슬립면상에서 많은 원자가 동시에 슬립되는 것이 아니고, 뱀이나 누에의 이동처럼 부분적인 슬립의 진행에 의해 일어나면 훨씬 적은 응력으로도 가능하고, 슬립된 부분과 슬립되지 않은 영역사이에 존재하는 선상결함인 전위의 도입으로 설명될 수 있다는 것이 전위론적 해석이다.

## 5.3 파괴의 종류와 형식

- 파괴까지의 소성변형 또는 흡수에너지의 다소에 따라 - 연성파괴와 취성파괴
- 금속조직학적인 파괴의 경로에 따라 - 결정립내 파괴와 결정립계 파괴
- 결정학적인 양상에 따라 - 전단형 파괴와 벽개형 파괴
- 외관상의 파면형태에 따라 - 섬유상 파괴와 결정립상 파괴
- 환경 등에 의한 외적 조건에 따라 - 정적파괴, 피로파괴, 충격파괴, 크리프파괴 등

### 5.3.1 연성파괴와 취성파괴

- 연성파괴(ductile fracture) : 파괴에 이르기까지 균열의 형성, 성장에 많은 흡수에너지가 소요되어 큰 소성변형을 동반한 파괴

  ▸ 연성파괴의 3단계로는?

  공동(void)의 형성 → 균열로 성장 및 합체 → 전파되어 최종 파단

  ▸ cup-cone형 파단면이란?

  연성파괴에 의한 최종 파단모양이 시편의 한쪽은 컵처럼 쑥 들어가고, 다른 쪽은 cone처럼 튀어나온 것 같은 모양의 파단면

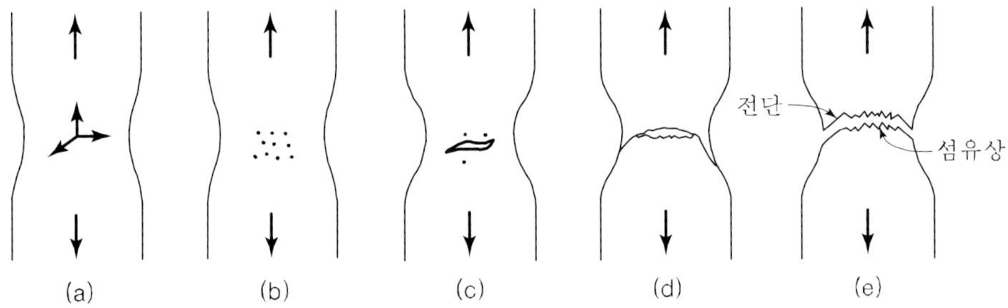


그림 1 연성파괴의 형성과정

- 취성파괴(brittle fracture) : 균열이 발생하면 소성변형이 없이 매우 빠르게 전파되어 파단에 이르는 파괴로서, 소성변형하기 어려운 재료인 hcp나 bcc에서 일어나기 쉽다.

  ▸ 벽개면 파괴(cleavage plane fracture)란?
  취성파괴에 의한 파단모양이 벽처럼 갈라지면서 파단되어 물흐름 모양(river pattern)이 나타나는 파괴

### 5.3.2 입계파괴와 입내파괴

- 입계파괴(intergranular fracture) : 석출물 등에 의해 입계가 취화된 경우 균열이 결정립계를 따라 성장하여 파괴
- 입내파괴(transgranular fracture) : 결정립내를 관통하여 균열이 진전되어 일어나는 파괴 → 슬립면을 따라 슬립에 의해 일어나는 전단형 파괴와 벽개면상으로 일어나는 벽개형 파괴로 분류된다.

## 5.4 피로 및 환경파괴

### 5.4.1 피로파괴(fatigue fracture)

기계나 구조물이 반복 또는 변동하중이 원인이 되어 발생되는 파괴

- 피로파괴에 대한 특성으로는?
  - ▸ 항복점 훨씬 아래 탄성한계 이하의 반복응력에서도 파괴된다.
  - ▸ 연성재에서도 소성변형없이 균열이 진행되어 파괴된다.
  - ▸ 반복응력과 반복횟수는 $S-N$곡선을 나타내며 파괴된다.
  - ▸ 강의 경우, 파괴를 일으키지 않는 내구한도(혹은 피로한도)가 존재한다.

### 5.4.2 환경파괴(environment fracture)

기계 및 구조물이 액체나 기체의 환경 분위기에서 이상하게 낮은 하중 또는 짧은 수명 내에 파괴하는 현상의 총칭 → 정하중 하에서 발생하는 응력부식파괴, 반복하중 하에서의 부식피로파괴 등이 있다.

## 5.5 재료의 강화법

강한 재료란 소성변형을 위한 슬립이 일어나기 힘든 재료이므로, 그 조건을 만들기 위한 원리적 방법에는?

- 전위가 완전히 없는 이상결정에 가까운 재료로 하든가

  예 수염결정〈whisker〉은 이론강도에 가까운 높은 강도를 갖고 주로 복합재료에 사용된다.

- 전위의 운동을 힘들게 장애물이나 장애조건을 생성시켜 주는 방법

  예 가공경화, 결정립 미세화, 합금원소첨가, 석출경화, 분산강화, 열처리 등이 있다.

### 5.5.1 가공경화(work hardening)

냉간가공(또는 소성변형)에 의해 재료가 단단해져서 강도, 경도는 상승하고 연신율, 단면수축률은 저하하는 현상으로 변형경화(strain hardening)라고도 한다.

**예** 철사를 굽혔다 폈다하면 취화되어 파단되는 이유가 가공경화 때문이다.

- 가공경화의 기구(혹은 원인)는?

  재료를 냉간가공하면 전위밀도가 증가하여 전위가 서로 엉킴으로써 전위의 이동이 방해되어 재료가 강화되는 것이다.

  응력-변형율 선도의 소성구역(소성변형 개시~오목부까지의 곡선부분)에서의 근사식

$$\sigma_t = K\ \epsilon_t^n$$

  상수 $K$ : 강도계수, 상수 $n$ : 가공경화지수이고 1보다 작은 값이며 이 값이 클수록 가공경화 정도는 커진다.

## 5.5.2 고용강화(solid solution hardening)

용매원자에 용질원자가 침입형 또는 치환형으로 들어가서 고용체로 되면 단단해지는 현상

**예** 저탄소강, 황동, 스테인리스강 등의 실용합금

- 고용이 되면 왜 강화가 되어질까?

  고용에 의해 결정격자 내의 격자변형 → 전위의 운동에 방해 → 전위이동에 보다 더 큰 힘이 필요로 하므로 강화된다.

  - 고용강화의 정도는 고용량이 많을수록, 용질원자와 용매원자의 원자반경차가 클수록 그 효과가 커진다.
  - Cottrel 효과 : 용질원자와 전위간의 상호작용(전위 주위에 용질원자가 모인 상태의 분위기 형성으로 인하여 전위가 움직이지 않게 되는 고착작용)에 의해 강화되는 효과

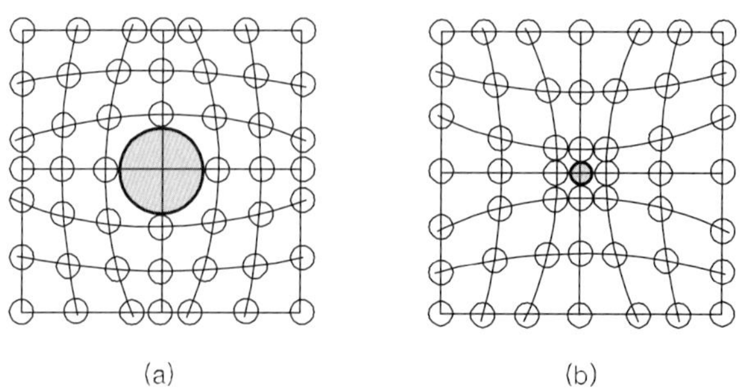

(a) (b)

▌그림 3▐ 치환형 고용원자에 의한 격자변형

### 5.5.3 결정립미세화 강화(refinement strenthening)

다결정체에서 결정립이 미세할수록 강도가 높아지는 현상

- 강화의 원인 : 결정립계가 전위의 운동에 대해 장애물 역할을 하기 때문이다.
- Hall-Petch의 식이란?
  결정립의 지름 $d$와 항복강도 $\sigma_y$사이의 관계를 나타내는 실험식

$$\sigma_y = \sigma_0 + K\ d^{-1/2}$$

$\sigma_0$ : 재료 고유의 마찰응력으로 전위운동에 대한 저항의 양, $K$: 상수

⇒ 결정립경 d가 미세할수록 항복강도 $\sigma_y$가 증가한다.

### 5.5.4 석출강화(precipitation hardening) 또는 시효경화(age hardening)

모상의 고용체 기지 중에 제2상 석출물의 형성에 의해 전위운동의 장애물로 작용되어 강화되는 기구

- 시효석출 처리를 위한 순서 및 과정은?
  - 용체화처리(solution treatment) : 고용도선 이상으로 가열하여 균일한 고용체로 만듦
  - 급랭(또는 퀜칭, quenching) : 고온에서 고용된 상태를 상온에 그대로 가져오기 위해 급냉한다.
  - 과포화고용체 : 합금원소가 과포화 이상으로 고용된 상태를 얻는다.
  - 시효(ageing) : 과포화된 상태는 불안정하므로 시간이 지남에 따라 석출상이 미세하게 석출되어 강화되므로, 이를 석출강화 또는 시효경화라 한다.
    시효온도에 따라 → 다소 높은 온도로 가열해주는 인공(또는 고온) 시효와 그냥 상온에 방치하는 자연(또는 상온) 시효가 있다.

  예 두랄루민 합금(Al-Cu-Mg계), Cu-Be합금, PH 스테인리스강, 마르에이징강 등

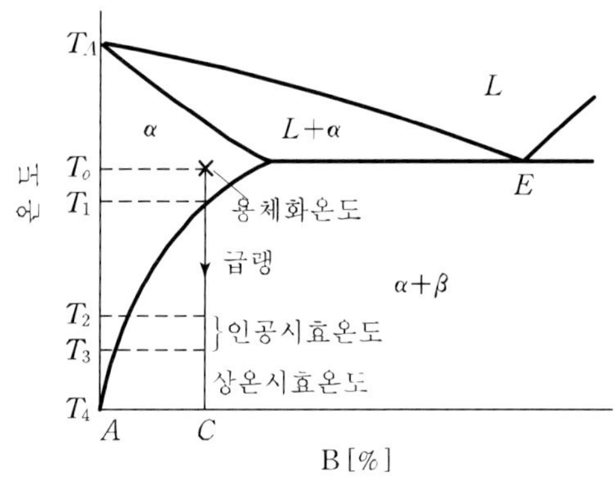


‖ 그림 4 ‖ 용체화처리와 시효처리

### 5.5.5 기타의 강화법

#### (1) 마르텐자이트 변태에 의한 강화

철강을 오스테나이트 구역의 온도까지 가열한 후 급랭(담금질)시키면 martensite변태에 의해 단단한 마르텐자이트 조직이 나타나면서 크게 경화되는 현상

- 마르텐자이트 변태의 강화원인은?
  강을 오스테나이트 구역에서 가열하여 C 등을 고용시킨 후 급냉하면 fcc에서 체심정방구조(bct)로 격자변태를 하는 과정에서 C원자의 확산이 저지되어 과포화고용에 의한 고용효과에 의해 강화된다.
- 마르텐자이트 변태의 특색은?
  수많은 원자가 순간적으로 새로운 결정구조로 바뀌는 원자의 전단적인 이동현상으로, 전위나 쌍정 등의 많은 결함이 결정 중에 도입된다. 따라서 앞의 고용강화와 고전위밀도에 의한 강화가 중첩되어 큰 강화가 얻어진다고 볼 수 있다.

#### (2) 분산강화(dispersion strengthening)

결정 중에 모상보다 더 경한 미세입자를 균일하게 분산시키면 금속이 강화되는 현상

⇒ 이 형의 합금 : 입자분산강화형 합금

- 강화원인 : 분산입자가 전위의 이동에 장애물로 작용되어 변형이 곤란하여 강화됨

예 SAP(sintered Aluminium powder, 알루미늄 분말 소결체) 합금 : $Al_2O_3$ 입자를 Al 중에 미세분산시킨 소결합금으로 분말야금에 의해 제소된다.

### (3) 복합재료 강화(composite materials)

복합재료 : 서로 다른 2가지 이상의 재료를 조합해서 만든 재료

예 FRP(섬유강화플라스틱, fiber reinforce plastic) : 플라스틱에 섬유를 넣어서 강화
FRM(섬유강화금속, fiber reinforced metal) : 금속에 섬유를 넣어서 강화시킨 재료

# 연습문제

## 객관식

1. 고도로 산화된 Al 분말을 만들고, 이것을 가압, 성형, 소결한 후 압출한 알미늄분말 소결체는?
① SAP(Sintered Aluminum Powder) ② Y-alloy
③ Almin ④ Alclad

2. 24K 금반지보다 18K 금반지의 경도 및 강도가 크다. 관계 깊은 것은?
① 고용경화 ② 가공경화 ③ 시효경화 ④ 분산경화

3. 철사를 연속으로 굽혔다 폈다 할 때 철사가 단단해져서 결국 절단되는 현상은?
① 가단성 현상 ② 재결정 현상 ③ 가공경화 ④ 결정립미세화 강화

4. 다음 중에서 가공경화 현상이 나타나는 이유로 가장 큰 것은?
① 응력감소 ② 결정 결함수의 감소
③ 결정 결함수의 증가 ④ 전위의 수 감소

5. 이상결정체에서 슬립이 일어나기 위한 임계전단응력은 전단계수의 어느 정도인가?
① 약 1.6~2배 ② 약 6~10배
③ 약 1/6~1/10배 ④ 약 1/60~1/100배

6. 실제 금속의 이론강도보다 실측강도가 크게 낮은 이유의 설명에 들지 않는 것은?
① 슬립면상에서 많은 원자가 동시에 슬립을 일으킨다.
② 누에의 이동처럼 부분적인 슬립의 진행으로 훨씬 적게 힘이 든다.
③ 슬립된 부분과 되지 않은 영역사이에 존재하는 전위의 도입으로 설명된다.
④ 실제 결정은 완전결정이 아니고 많은 결함을 포함하기 때문이다.

7. 재료의 파괴 종류와 형식을 잘못 나눈 것은?
① 금속조직학적인 파괴경로에 따라 결정립내 파괴와 결정립계 파괴
② 파괴까지의 소성변형의 다소에 따라 전단형 파괴와 벽개형 파괴
③ 외관상의 파면형태에 따라 섬유상 파괴와 결정립상 파괴
④ 환경 등 외적조건에 따라 피로파괴와 충격파괴, 크리프파괴 등

8. cup-cone형 파단면을 나타내는 파괴의 종류인 것은?

① 결정입내 파괴 ② 결정립계 파괴
③ 연성파괴 ④ 취성파괴

9. 재료의 강화법 중 고용강화에 대한 설명이 잘못된 것은?

① 용질원자가 용매원자에 들어가서 고용체로 되면 단단해지는 현상이다.
② 고용강화의 정도는 용질원자와 용매원자의 반경차가 작을수록 커진다.
③ 고용이 되면 격자변형이 일어나 전위의 이동에 방해를 받기 때문이다.
④ 용질원자와 전위간의 상호작용인 Cottrel효과에 의해 강화되어진다.

10. 결정립미세화 강화를 틀리게 설명한 것은?

① 다결정체에서 결정립이 클수록 강도가 높아지는 현상이다.
② 결정립계가 전위의 운동에 대해 장애물 역할을 하므로 강화된다.
③ 결정립경과 항복강도와의 관계가 Hall-Petch 실험식이다.
④ 결정립경 D가 미세할수록 항복강도 $\sigma$ y가 증가한다.

11. 석출강화를 위한 시효석출 처리의 순서과정에서 제일 먼저 해야 할 것은?

① 급랭(quenching) ② 용체화처리(solution treatment)
③ 시효(ageing) ④ 과포화고용체 상태

12. 마르텐자이트 변태에 의한 강화를 잘못 설명한 것은?

① 순간적으로 수많은 원자의 전단이동에 의한 현상이다.
② $\gamma \rightarrow \alpha$로의 격자변태 과정에서 C원자의 확산이 저지된다.
③ 과포화고용으로 인한 고용효과에 의해 강화된다.
④ 변태시 전위나 쌍정 등의 많은 결함이 소멸된다.

13. 석출강화를 이용해 제조한 합금이 아닌 것은?

① 마르에이징강 ② 고속도강
③ PH 스테인리스강 ④ u-Be합금

정답 1. ① 2. ① 3. ③ 4. ③ 5. ③ 6. ① 7. ② 8. ③ 9. ② 10. ① 11. ② 12. ④ 13. ②

## 주관식

1. 다음의 A 그룹은 금속재료를 강화하는 것에 관계되는 말이다. 이것과 관계있는 강화방법을 B그룹에서 선택해 보시오.

   A 그룹 : ① Hall-Petch식 ( ) ② Cottrell 효과 ( )
   ③ G.P zone ( ) ④ SAP ( )

   B 그룹 : ㉮ 분산강화 ㉯ 고용강화
   ㉰ 결정립미세화강화 ㉱ 시효강화

2. 시효열처리의 과정과 석출과정시 나오는 석출상의 종류별로 설명하시오.

3. 완전결정의 이론적 파괴강도란 무엇이며, 실측강도가 이 보다 크게 낮은 이유를 설명하시오.

4. 연성파괴가 일어나는 3단계를 적으시오.

5. Hall-Petch 관계식을 쓰고 설명하시오.

6. 연성파괴와 취성파괴에 대해 형성과정과 모양의 특징 등을 설명하시오.

7. 재료의 강도를 높일 수 있는 방법을 들고 간단히 설명하시오.

8. 마르텐사이트 강화와 변태특징을 적으시오.

CHAPTER 6

# 철강의 제조와 탄소강

## 6.1 철과 강의 분류

철강은 우리의 일상생활에 널리 사용되어 인간과는 밀접한 관계를 갖는다.

- 철강이 많이 사용되어지는 이유는? 다음의 7가지 특징 때문이다.
  - ▸ 원료자원이 풍부하다. clarke 수가 4위(O, Si, Al, Fe, Ca 순)를 차지함
  - ▸ 생산량이 많고 값이 싸다.
  - ▸ 타 재료에 비해 강도와 인성이 좋다.
  - ▸ 성분조정이나 열처리로서 특성을 다양하게 변화시킬 수 있다.
  - ▸ 기계가공, 용접 등의 가공이 쉽다.
  - ▸ 피복성이 좋아 녹의 발생을 개선할 수 있다.
  - ▸ 합금원소를 첨가시켜 각종 특수성질을 가진 합금강으로 할 수 있다.
- 철강의 5대 원소? = C, Si, Mn, P, S
  철강의 성질에 많은 영향을 주고, 그 중 가장 중요한 원소가 탄소이다.
- 탄소함유량에 따른 철강을 3가지로 대별하면?
  순철(pure iron), 강(steel), 주철(cast iron)로 대분류한다.
  이 중에서 가장 많이 사용되고 중요한 것이 강이다.
- 강을 크게 2가지로 분류하면?
  - ▸ 보통강(탄소강, carbon steel) : 탄소이외의 합금원소를 넣지 않은 일반적인 보통의 강
  - ▸ 특수강(합금강, alloy steel) : 특수한 성질을 얻기 위해 합금원소를 첨가한 강
- 철강재료를 서로 구별할 수 있는 방법은?
  - ▸ 주철과 선철 : 주된 용도가 주조용이면 주철(cast iron), 제강용이면 선철(pig iron)
  - ▸ 순철과 강 : 소입성(燒入性)이 있으면 강이고, 없으면 순철
  - ▸ 강과 선철 : 단연성(鍛延性)이 좋으면 강이고, 주조성이 양호하면 선철

‖ 표 1 ‖ 각종 철강재료의 세분류

| 명칭 | 탄소함유량 [%] | 표준경도 [HB] | 용도 |
|---|---|---|---|
| 순철 (純鐵) 및 Armco철 | 0.01~0.02 | 40~70 | 자동차철판, 범랑기구, 기타, 전선, |
| 특별극연강(特別極軟鋼) | 0.03~0.08 | 70~90 | 가스판, 대철 |
| 극연강(極軟綱) | 0.08~0.12 | 80~120 | 아연도금강판, 함석판,리벳, 일반 건 |
| 연강(軟鋼) | 0.12~0.20 | 100~130 | 축용강재, 강판, 차륜, 볼트, 강판, 강 |
| 반연강(半軟鋼) | 0.20~0.30 | 120~145 | 주물 |
| 반경강(半硬綱) | 0.30~0.40 | 140~170 | 차축, 철공, 강철판 |
| 경강(硬綱) | 0.40~0.50 | 160~200 | 차륜, 레일, 기어, 캠 |
| 최경강(最硬綱) | 0.50~0.70 | 180~235 | 레일, 스프링, 타이어 |
| 고탄소강(高炭素鋼) | 0.6 이상 | 180 이상 | 공구재료, 단조용공구, |
| 탄소 공구강(高炭素工具鋼) | 0.70~1.50 | 180~320 | dies, drill, bite, punch |
| 가단주철 | 2.5~2.8 | 100~150 | 소형주철물, 자동차부품, 강력기계부 |
| 고급주철 | 2.8~3.2 | 200~220 | 품, 수도관, 실린더, 수도관, 기타 일 |
| 보통주철 | 3.2~4.0 | 150~180 | 반주물 |

## 6.2 철강의 제조법

- 선강일관공정 : 한 제철소내에서 제선, 제강, 압연의 3개공정을 통해 철강을 생산하는 조업방식
- 독립제강공정 : 고철이나 환원철을 전기로에서 제강한 다음 압연가공하여 강재를 제조

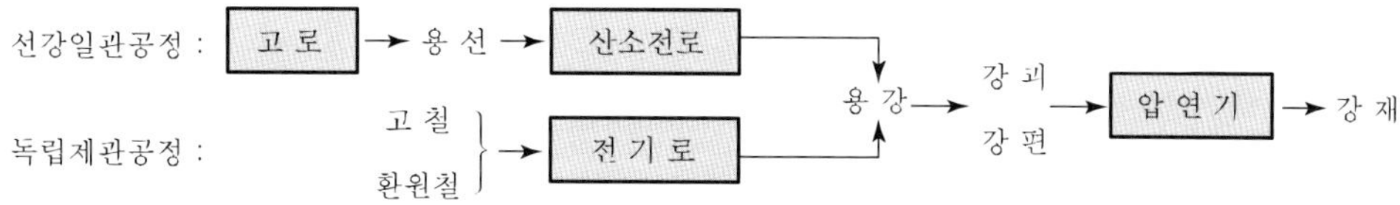


‖ 그림 1 ‖ 철강제조공정

### (1) 제철(iron making)

용광로에 철광석, 석회석, 코크스를 장입하고 열풍을 불어넣으면 코크스의 연소에 의해 생긴 CO가스에 의해 철광석이 환원제련되어 슬래그(slag)를 분리하고 용융선철(melt iron)을 얻는 과정

### (2) 제강(steel making)

선철은 주조성은 좋으나 아직 불순물을 많이 포함하여 기계적 성질이 불량하거나 취약하므로, 다시 전로, 전기로 등의 제강로에 장입 후 산소를 불어넣어 산화정련 반응에 의해 C와 기타 불순물을 산화물 슬래그로 제거하여 강인한 강(steel)을 제조하는 과정

### (3) 연속주조법(continuous casting)

제강공정에서 정련 후의 용강에 대해 강괴제조-균일가열-압연의 3공정을 생략하고 쇳물받이인 레이들(ladle) 내의 용강을 주입하여 직접 강편 등을 연속적으로 제조하는 방법

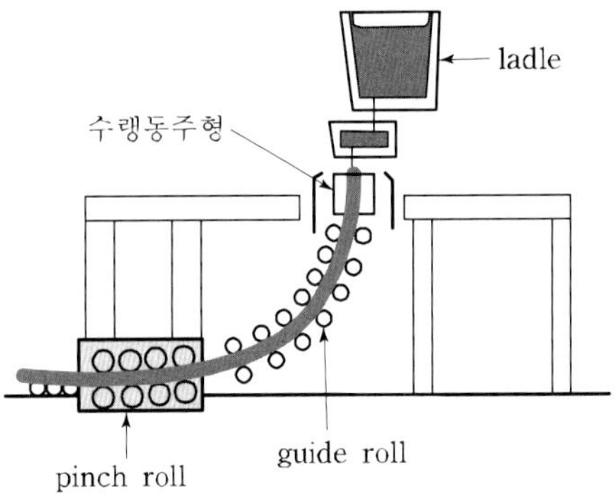


‖그림 2‖ 연속주조법 설명도

### (4) 강괴제조(ingot making)

제강로에서 나온 용강은 레이들에 받아서 주형에 주입하여 강괴 또는 주괴를 만든다.

- 용강의 탈산정도에 따른 강괴의 3가지 종류는?
    - ▸ 림드강(rimmed steel, 불완전 탈산강) : 용강 중의 탄소가 산화되어 $2C+O_2 \rightarrow 2CO$의 반응으로 용강이 끓는 현상의 리밍작용(rimming action)이 진행중이거나 혹은 Fe-Mn으로 가볍게 탈산시킨 강괴 → 가스함유, 기포, 기공이 많이 존재하므로 성질이 불량
    - ▸ 킬드강(killed steel, 탈산강, 진정강) : Al, Fe-Si 등의 강력탈산제로 충분히 탈산시켜 진정(killed)한 강 → 기공은 적으나 수축공과 헤어크랙이 발생하므로 이 부분을 절단 후 사용, 재질이 양호하여 고급강, 특수강에 이용

▸ 세미킬드강(semi-killed steel, 약탈산강) : 탈산정도를 적당히 하여 킬드강보다 수축공의 절단제거를 적게 한 킬드강과 림드강의 중간에 해당되는 강괴

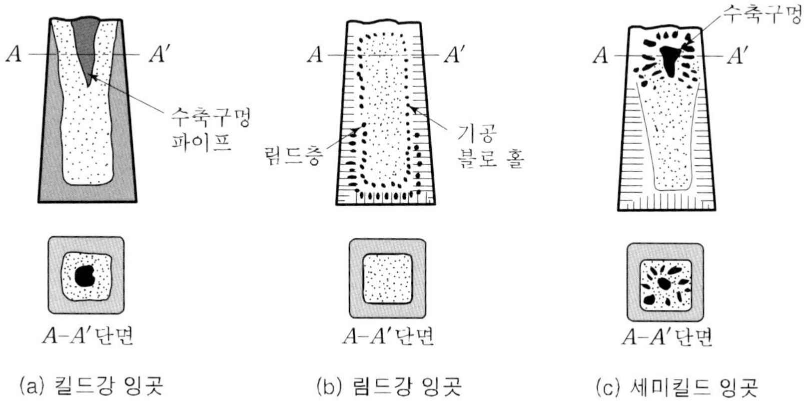


▌그림 3▐ 각종 강괴의 특성

## 6.3 순철

### 6.3.1 순철(pure iron)

- 정의 : C량이 0~0.025%로 적게 함유하고 있는 순수한 철이며, $\alpha$-Fe의 BCC구조이고 조직명으로 페라이트(ferrite)라 한다.
- 종류 : 암코철(Armco iron), 전해철, 카보닐철 등
- 고순도 정제법 : 대용해법(zone melting or refining) : 순철재를 고주파로에 의해 국부적인 zone 용해를 반복함으로서 고순도의 철을 얻는다.

### 6.3.2 순철의 변태 : $A_4$, $A_3$, $A_2$의 3개 변태

순철의 변태 종류에는 2가지로 동소변태와 자기변태가 있다.

(1) 동소변태(allotropic transformation)란?

동일원소 내에서 온도에 따라 원자배열, 즉 결정구조가 변하는 현상.

이 같은 동일원소의 다른 형태 : 동소체(allotrope)라 하고, Fe의 경우 $\alpha, \gamma, \delta$의 3개가 존재한다.

예 $A_3$변태(910℃ 온도) : $\alpha$-Fe(BCC구조) ⇄ $\gamma$-Fe(FCC구조)

$A_4$변태(1400℃ 온도) : $\gamma$-Fe(FCC구조) ⇄ $\beta$-Fe(BCC구조)

∑ 물리적 변화로서 격자상수는 가열시 $A_3$변태에 의해 급격히 증가되었다가, $A_4$변태에 의해 그만큼 감소하게 된다(선의 길이변화는 반대로 수축되었다가 팽창한다).

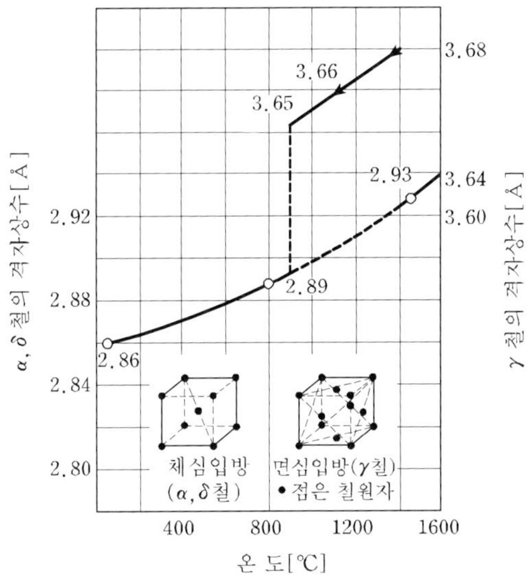


| 그림 4 | 철의 격자상수와 온도와의 관계

(2) 자기변태(magnetic transformation)란?

어느 특정온도에서 원자배열은 변하지 않고 강자성체에서 상자성체로 자기의 강도가 바뀌는 현상

예 $A_2$변태(768℃ 온도) : 철강의 자기변태 [강자성체 ⇄ 상자성체]

$A_0$변태(210℃ 온도) : $Fe_3C$의 자기변태이고,

그 외 : Ni=353℃, Co=1160℃, $Fe_3P$=420℃, $Fe_3O_4$=580℃ 등이 있다.

### 6.3.3 순철의 조직과 성질

순철의 표준조직 : 나각형 모양의 ferrite(α 고용체) 결정입자로 구성되어 있다.

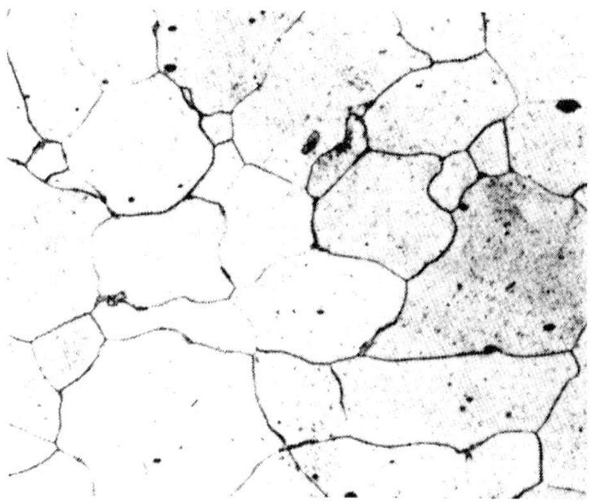

∥그림 5∥ 순철의 표준조직

- 순철의 성질과 용도는?

  전자기적 성질이 강하고 투자율이 높아 철심재료, 용접봉 피복재 등으로 사용된다.

∥표 2∥ 순철의 물리적 성질

| | | | |
|---|---|---|---|
| 융점 | 1539℃ | 열전도율(25℃) | 80.4 W/m · K |
| 원자번호 | 26 | 용융잠열 | 247±7 kJ/kg |
| 원자량 | 55.847 | 전기전도율(25℃) | 17.59 % IACS* |
| 비중(20℃) | 7.870 g/cm3 | 전기저항(20℃) | 97 nΩ · m |
| 비열(25℃) | 24.98 J/mol · K | | |

*IACS : International Annealed Copper Standard(국제 연동 표준)

∥표 3∥ 순철의 기계적 성질

| 명칭 | 기계적 성질 | | | | |
|---|---|---|---|---|---|
| | 항복응력 [MPa] | 인장강도 [MPa] | 연신율 [%] | 단면수축률 [%] | 브리넬경도 [HB] |
| 전해철 | 68~137 | 235~274 | 40~60 | 70~90 | 45~90 |
| Armco철 | 131 | 265 | 43~48 | 70~77 | 67 |

# 6.4 탄소강의 상태도와 조직

## 6.4.1 탄소강의 분류

- 철강을 (Fe-C상태도의 C량에 따라) 조직학적으로 분류하면?
  - ▸ 순철 : 0~0.025% C 함유
  - ▸ 탄소강 : 0.025~2.0% C 함유
    - 아공석강 : 0.025~0.8% C → 초석페라이트+펄라이트의 조직
    - 공석강 : 0.8% C의 공석조성 → 전부 펄라이트의 조직
    - 과공석강 : 0.8~2.0% C → 초석시멘타이트+펄라이트의 조직
  - ▸ 주철 : 2.0~6.67% C 함유
    - 아공정주철 : 2.0~4.3% C
    - 공정주철 : 4.3% C의 공정조성
    - 과공정주철 : 4.3~6.67% C
- 탄소강을 탄소함유량의 고저에 따라 나누면?
  - ▸ 저탄소강 : 0.3% 이하의 C량 → 주로 극연강, 연강, 반연강
  - ▸ 중탄소강 : 0.3~0.5%의 C량 → 주로 경강, 반경강
  - ▸ 고탄소강 : 0.5% 이상의 C량 → 주로 최경강, 탄소공구강

  ⇒ 0.6% 이상의 C를 함유한 강은 매우 단단하므로 공구로 많이 사용되므로 탄소공구강이라 한다.
- C량에 따라 탄소공구강을 분류하면?
  - ▸ 저탄소공구강 : 0.6~0.8%의 C량
  - ▸ 중탄소공구강 : 0.8~1.0%의 C량
  - ▸ 고탄소공구강 : 1.0~1.5%의 C량

- 용도별 탄소강의 분류와 그 KS재료기호는?
  - ▸ 일반구조용 압연강재(SS_)
  - ▸ 기계구조용 탄소강재(SM_C)
  - ▸ 용접구조용 압연강재(SWS_)
  - ▸ 보일러용 압연강재(SBB_)
  - ▸ 주강(SC_)
  - ▸ 단강(SF_)

## 6.4.2 Fe-C 평형상태도(phase diagram)

철강 속의 조성(C%)과 온도에 따라 존재하는 상의 상태를 나타내는 선도 → Fe와 C의 균일한 융액을 서냉할 경우 탄소함유량과 온도에 따른 조직성분이 변하는 것을 나타내며, 철강의 조직과 성질 및 열처리를 이해하는데 가장 중요하다.

- 상태도에 존재하는 5가지 상의 종류는?
  - ▸ 용체(M or L, melt) : 용융상태의 철
  - ▸ $Fe_3C$(탄화철) : Fe와 C가 화학결합한 사방정계의 금속간화합물= C를 6.67%까지 함유, 백색의 침상조직, 대단히 단단하고 취약, 강자성체, 조직명= 시멘타이트 (cementite)
  - ▸ $\alpha$고용체 : $\alpha$철이 C를 흡수하여 고용된 상태, 조직명= 페라이트(ferrite)
  - ▸ $\gamma$고용체 : $\gamma$철이 C를 흡수하여 고용된 상태, 조직명= 오스테나이트(austenite)
  - ▸ $\delta$고용체 : $\delta$철이 C를 흡수하여 고용된 상태, 조직명= $\delta$페라이트($\delta$-ferrite)
- 그 외의 금속조직으로는?
  - ▸ 레데뷰라이트(ledeburite) : $\gamma$+$Fe_3C$의 공정조직(C점 이하의 혼합조직)
  - ▸ 펄라이트(pearlite) : $\alpha$+$Fe_3C$의 공석조직(S점 이하의 물리적 혼합)
- 상태도에서 중요한 점과 선의 의미를 설명하면?
  - ▸ A : 순철의 응고점(freezing point) (1530℃)
  - ▸ AB : $\delta$고용체의 액상선, 여기서 B 점은 C = 0.51 %
  - ▸ AH : $\delta$고용체의 고상선, 그리고 H 점은 C = 0.07 %

- ▸ HJB : 포정(包晶, peritectic) 온도선으로 1490℃에서 포정반응(H의 $\delta$고용체+B의 용체 ⇄ J의 $\gamma$고용체), J 점은 C = 0.18 %의 포정조성
- ▸ BC : $\gamma$고용체의 액상선
- ▸ JE : $\gamma$고용체의 고상선
- ▸ N : 순철의 $A_4$ 변태점(1401℃에서 동소변태 $\delta$-Fe → $\gamma$-Fe)
- ▸ HN : $\delta$고용체에서 $\gamma$고용체를 석출하기 시작하는 온도선
- ▸ JN : $\delta$고용체에서 $\gamma$고용체를 석출 완료하는 온도선
- ▸ CD : $Fe_3C$의 액상선, melt에서 $Fe_3C$의 초정이 정출하는 온도선
- ▸ E : $\gamma$고용체에 대한 C의 최대고용 한도점(C = 1.7~2.0 %)
- ▸ C : 공정점으로서 C = 4.3 %에서 공정반응(eutectic reaction)이 생긴다.
- ▸ ECF : 공정온도선을 표시한다. 1130℃에서 공정반응(C의 용체[M] → E의 $\gamma$고용체+F의 $Fe_3C$)을 한다. F 점은 C = 6.67 %에서 시멘타이트 ($Fe_3C$) 100 %이다.
- ▸ ES : $Fe_3C$의 초석선이며 $\gamma$고용체에서 $Fe_3C$가 석출하기 시작하는 온도선으로 $A_{cm}$ 변태선이라고 한다.
- ▸ G : 순철의 $A_3$ 변태점으로 910℃에서 동소변태 $\gamma$-Fe → $\alpha$-Fe
- ▸ GOS : $\alpha$고용체의 초석선이며 $\gamma$고용체에서 $\alpha$고용체가 석출하기 시작하는 온도선 또는 C가 첨가된 강의 $A_3$ 변태점이 강하해 내려오는 선이므로 $A_3$ 선이라 한다.
- ▸ GP : $\gamma$고용체에서 $\alpha$고용체가 석출 완료하는 온도선
- ▸ M : 순철의 $A_2$ 자기변태점(curie point)으로서 768℃
- ▸ MO : 강의 $A_2$ 자기변태선
- ▸ S : 공석점(723℃에서 C = 0.80~0.85 % = 공석조성)
- ▸ P : $\alpha$ 고용체에 대한 C의 최대고용 한도점(C = 0.025 %)
- ▸ PSK : $A_1$(펄라이트)변태선 또는 공석온도선, 공석반응 : S의 $\gamma$고용체 → P의 $\alpha$고용체+K의 $Fe_3C$, 이 PSK 선의 온도(723℃)를 $A_1$ 점이라 한다.
- ▸ PQ : $\alpha$고용체에 대한 $Fe_3C$의 용해도 곡선, 상온에서 C = 0.008~0.01 %
- ▸ $A_0$선 : $Fe_3C$의 자기변태선(210℃)

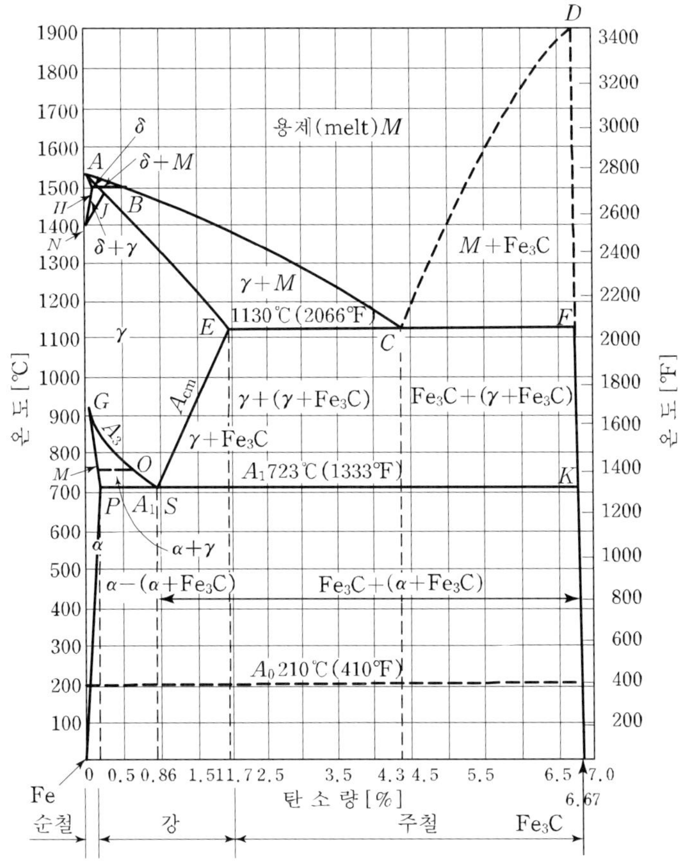


〈그림 6〉 Fe- C 평형상태도〉

## 6.4.3 탄소강의 변태와 조직

- 상태도의 임계구역에서 대표적인 3조성 강의 냉각시 변태와 표준조직은?

  ▸ X조성의 아공석강 경우 :

  - $t_1$온도 : $\gamma$의 입계에서 초석 페라이트가 석출되기 시작
  - $t_2$온도 : $a_2$조성의 페라이트와 $b_2$조성의 $\gamma$가 공존
  - $t_3$(723℃)온도 : 남아있는 $\gamma$가 공석반응하여 펄라이트 조직으로 된다.

  공석반응식 $\gamma \rightarrow \alpha + Fe_3C$

- 공석반응 후의 상온 표준조직은?

  초석 페라이트+펄라이트(공석 페라이트+공석 시멘타이트의 층상조직)

  ▸ Y조성의 공석강 경우 :

  - S점의 $t_5$ 온도에서 처음부터 공석반응이 일어나서 완료된다.
  - 상온 표준조직은? = 100% 전부 펄라이트 조직으로만 구성된다.

- 펄라이트의 생성과정 및 순서를 나타내면?

  ▸ $\gamma$ 의 입계에 $Fe_3C$ 의 핵이 발생한다.

  ▸ 생성된 $Fe_3C$ 의 입자가 성장한다.

  ▸ $Fe_3C$ 의 주위에 $\alpha$가 생성된다.

  ▸ $\alpha$ 입자가 성장하고 그 입계에 $Fe_3C$ 가 다시 생기면서 반복된 층상조직이 된다.

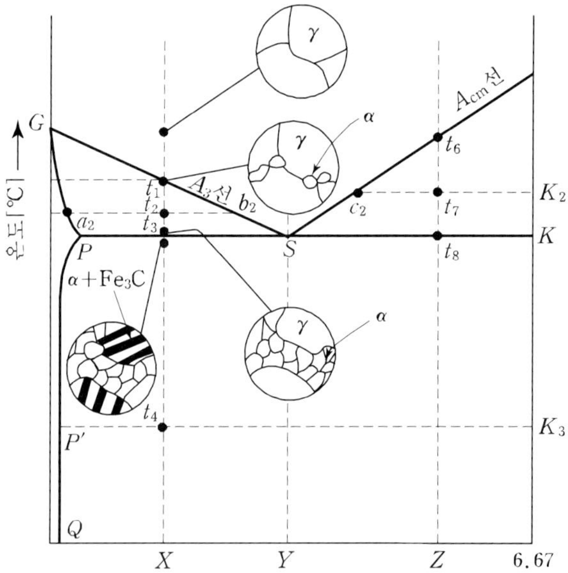


〈그림 7〉 Fe-$Fe_3C$ 계 상태도의 임계구역〉

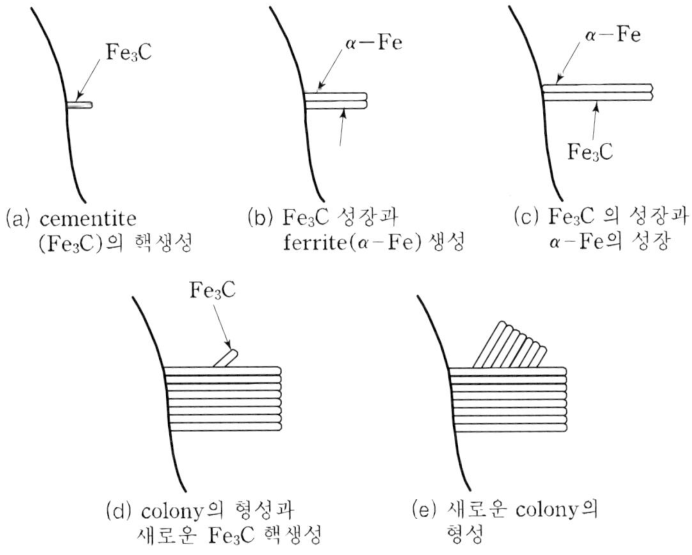


▌그림 8▐ 펄라이트의 생성 및 성장과정

▸ Z조성의 과공석강 경우 :

- $t_6$온도 : $\gamma$의 입계에서 초석 $Fe_3C$가 석출되기 시작하는 것만 다르고, 나머지는 X 조성의 경우와 동일하다.

  상온 표준조직= 초석 시멘타이트+ 펄라이트의 혼합조직

- 소준(불림, normalizing) 처리란?

강을 고온의 균일한 $\gamma$상태에서 공냉시켜서 표준조직을 얻는 열처리 조작

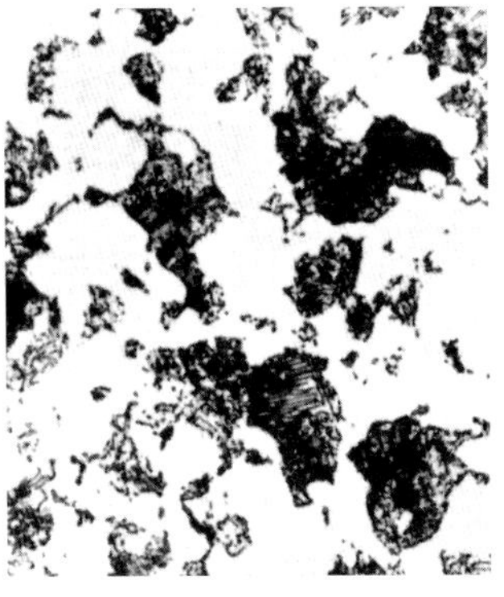

▌그림 9▐ 아공석강(0.38 wt% C)의 현미경조직

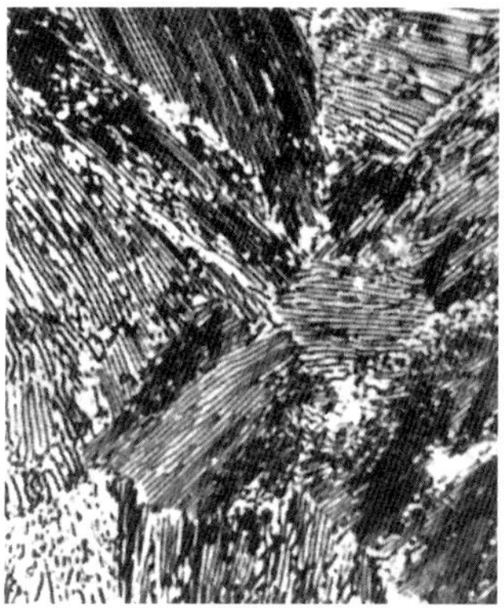

‖그림 10‖ 공석강(0.8wt% C)의 현미경조직

‖그림 11‖ 과공석강(1.4 wt% C)의 현미경조직

- 현미경 조직사진의 설명
  - ▸아공석강 : 흰 부분은 초석페라이트이고 검은 부분은 펄라이트 조직
  - ▸공석강 : 전부 펄라이트의 층상조직중 흰 부분이 $\alpha$ 이고 검은 부분이 $Fe_3C$
  - ▸과공석강 : 흰색 띠부분이 초석 $Fe_3C$ 이고 검은 층상부분이 펄라이트 조직
- 강의 C%를 알면 상태도에 의해 그 구성조직의 량을 계산하는 방법은?

예 0.2% C강의 상온 표준조직량은?

▸초석 페라이트량 : $\dfrac{0.80-0.20}{0.80-0.025}\times 100 = 75\%$

▸펄라이트량 : $100-75=25\%$

⇒ 펄라이트 중의 $\alpha$(공석 페라이트)와 $Fe_3C$ (공석 시멘타이트)의 양은?

▸$\alpha$ 량 : $25\times\dfrac{6.67-0.80}{6.67-0.025}=22\%$

▸$Fe_3C$ 량 : $25-22=3\%$

Σ 따라서 전체 페라이트량 : 초석 페라이트+공석 페라이트 = 75+22 = 97% 이고, 나머지 3%가 시멘타이트량이다.

- 【별해】 두 단계를 거치지 않고 바로 한 단계로 $\alpha$ 량과 $Fe_3C$ 의 양의 비를 구할 수 있다.

▸ $\alpha$량 : $\dfrac{6.67-0.2}{6.67-0.025}\times 100 = 97\ \%$

▸ $Fe_3C$ 량 : 100-97 = 3 %

- 각 표준조직의 일반적 성질을 설명하면?

▸ 페라이트(ferrite) : 매우 연하고 연성이 크며 인장강도는 비교적 적다. 상온에서 강자성이며 전기전도도가 높다. 소입경화능이 없다.

▸ 시멘타이트(cementite) : 대단히 경하고 취약하여 연성이 거의 없는 백색의 침상조직, 상온 강자성, 담금질해도 경화하지 않음

▸ 오스테나이트(austenite) : $A_1$ 변태점이상의 고온상태에서 나타나는 조직으로 비자성체이며 인성이 크다.

▸ 펄라이트(pearlite) : 페라이트보다 훨씬 강하고 경한 층상조직이다. 담금질에 의해 현저히 강화되는 소입경화능이 큰 특성이 있다.

- 혼합법칙에 의한 아공석강의 기계적 성질의 개략값을 계산하는 공식은?

▸ 인장강도 [MPa] $= \sigma_p \cdot W_p + \sigma_f \cdot W_f = (780\times W_p)+270\times(1-W_p)$

▸ 연신율 [%] $= \delta_p \cdot W_p + \delta_f \cdot W_f = (10\times W_p)+40(1-W_p)$

▸ 경도 [$H_B$] $= H_p \cdot W_p + H_f \cdot W_f = (200\times W_p)+80\times(1-W_p)$

여기서 $\sigma_p, \sigma_f$ : 펄라이트, 페라이트의 인장강도
$W_p, W_f$ : 펄라이트, 페라이트의 부피분율
$\delta_p, \delta_f$ : 펄라이트, 페라이트의 연신율
$H_p, H_f$ : 펄라이트, 페라이트의 브리넬경도이다.

▸ 아공석강 압연강재의 평균 인장강도[kg/mm$^2$] : $\sigma_B$ = 20+100×C%

▸ 브리넬경도[$H_B$]와 인장강도의 관계 : $H_B = 2.8\times\sigma_B$

‖표 4‖ 각 조직의 기계적 성질

| 성질 \ 조직 | 페라이트 | 펄라이트 | 시멘타이트 |
|---|---|---|---|
| 인장강도 [MPa] | 270 | 780 | 34 |
| 연신율 [%] | 40 | 10 | 0 |
| 경도 ($H_B$) | 80 | 200 | 260 |

### 예제 6-1

0.4 wt% C의 탄소강이 (1) 723℃($+\Delta T$)에 도달했을 때의 초석 $\alpha$와 $\gamma$의 양을 구하고, (2) 이 재료의 인장강도를 구하라.

**해설**

(1) 각 조직량

$$\alpha\text{량}: \frac{0.80-0.40}{0.80-0.025}\times 100\% \fallingdotseq 51.6\%$$

$$\gamma\text{량}: 100\% - 51.6\% = 48.4\%$$

(2) 인장강도는 식 (9.1)에 의하여

$$\begin{aligned}\sigma_B\,[\text{MPa}] &= \sigma_p \cdot W_p + \sigma_f \cdot W_f \\ &= (780\times W_p) + 270\times(1-W_p) \\ &= (780\times 0.484) + (270\times 0.516) \fallingdotseq 517\ \text{MPa}\end{aligned}$$

### 예제 6-2

1.0 wt% C의 탄소강이 $A_1$ 변태를 종료한 후의 (1) 조직은 어떻게 구성되며, (2) 그 조직량을 계산하라.

**해설**

(1) 조직구성은 초석 시멘타이트+펄라이트의 혼합조직이다.

(2) 초석 시멘타이트량 : $\dfrac{1.0-0.80}{6.67-0.80}\times 100 \doteqdot 3.4\%$

펄라이트량 : $100\% - 3.4\% = 96.6\%$

## 6.5 탄소강의 성질과 원소의 영향

탄소강의 성질은 각 성분과 상태 및 조직에 따라 크게 달라진다.

### 6.5.1 탄소강의 물리적 성질

- 탄소량이 증가할수록 직선적으로 변화한다.
  - ▸ 감소 성질 : 비중, 열 및 전기전도도, 팽창계수, 저항의 온도계수
  - ▸ 증가 성질 : 비열, 전기저항, 항자력

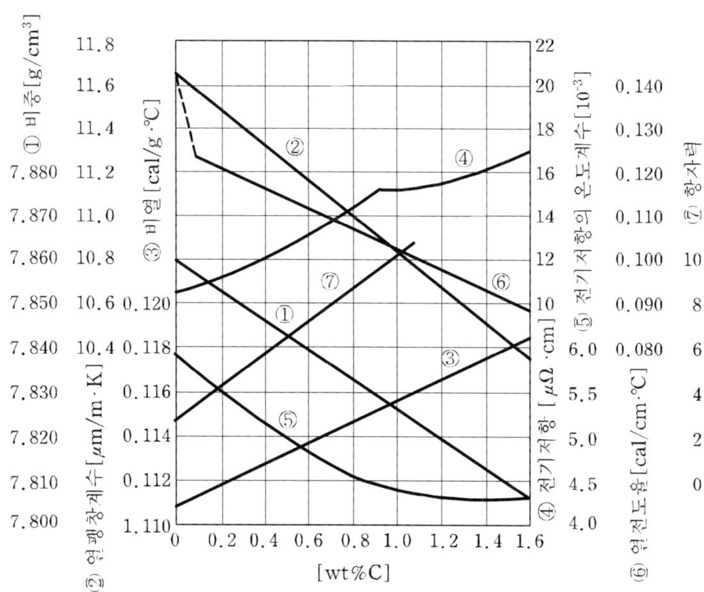


‖그림 12‖ 탄소강의 물리적 성질

| 표 5 | 일반 탄소강의 물리적 성질

| 비중 [g/cm²] | 비열 [kJ/kg · K] | 전기저항 [nΩ · m] | 열전도율 [W/m · K] | 열팽창계수 (20~100℃) [μm/m · K] | 융 점 [℃] |
|---|---|---|---|---|---|
| 7.876~7.789 | 0.43~0.45 | 100~190 | 37.3~56.1 | 10.8~12.0 | 1425~1530 |

## 6.5.2 탄소강의 기계적 성질

- 탄소량이 많을수록 가공변형은 어렵게 되어 냉간가공이 힘들게 되며, 0.8wt%C 까지는 성질이 직선적으로 변화한다.

  ▸ 증가 성질 : 강도, 경도

  ▸ 감소 성질 : 연신율, 충격치
  (C가 0.8wt% 이상 : 경도는 계속 증가, 인장강도는 감소)

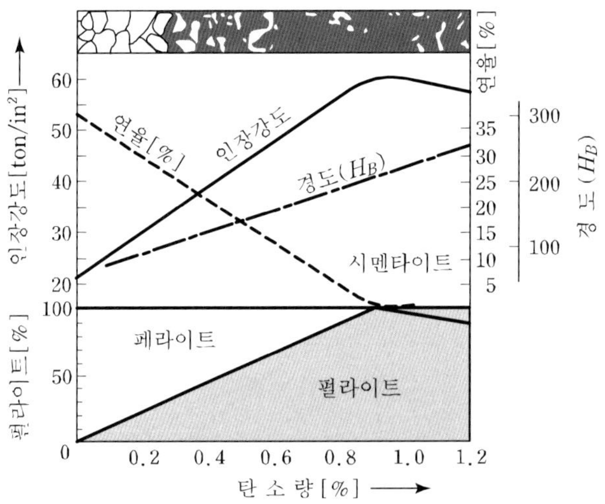


| 그림 13 | 탄소강의 기계적 성질

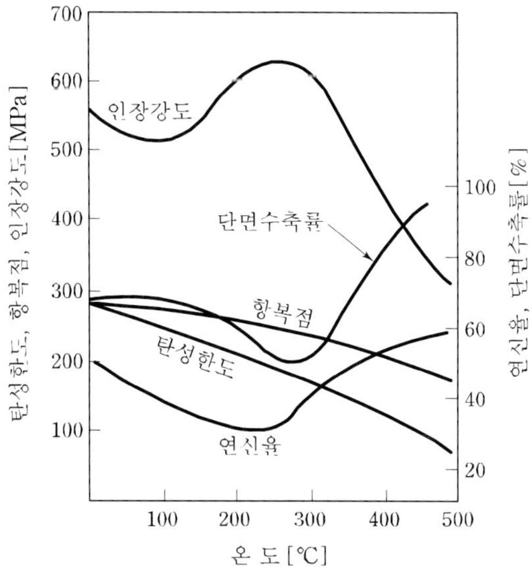


‖그림 14‖ 연강의 사용온도와 기계적 성질

- 온도가 증가할수록
  - ▸ 인장강도는 상온에서보다 200~300℃에서 가장 크고 충격값이 가장 작아 취약함
    ⇒ 이 현상을 청열취성(blue shortness)이라 하고, 가공을 피해야 한다.
  - ▸ 0℃ 이하의 저온 : 강도, 경도는 증가하지만, 연성, 충격값이 저하하여 취화된다.
    ⇒ 이 현상을 연성-취성 천이현상(ductile-brittle transition)이라 하며, 이 현상이 급격히 일어나는 온도 : 연성-취성 천이온도라고 한다.
- 탄소 이외의 원소에 따른 기계적 성질의 영향은?
  - ▸ Mn : 연신율 감소없이 강도 경도를 증가, 고온소성, 주조성 개선
  - ▸ Si : 경도와 강도를 증가, 연신율과 충격치는 감소, 입자조대화, 가단성 및 접합성이 감소
  - ▸ P : ① 상온취성(cold shortness)의 원인 [∵경도 강도는 다소 증가하나 연신율은 감소, 특히 상온에서의 충격치가 저하되기 때문]
    ② $Fe_3P$ 의 화합물로서 입계에 편석하여 대상조직(band structure)으로 남아 이것이 가공방향으로 늘어나서 파열의 중심이 된다.

③ $Fe_3P$는 MnS 또는 MnO와 집합하여 강의 파괴원인이 되는 유령과 같은 선 ⇒ ghost line(고우스트 라인)을 만든다.

▸ S : 고온 및 열간 혹은 적열취성(hot or red shortness)의 원인 [∵MnS가 되어 슬래그로 제거되나 남은 S는 FeS를 만들어 입계에 망상 분포 → 인장강도, 연신율, 충격치를 감소, 융점이 낮아(1193℃) 고온에서 취약하고 가공시 파괴의 원인]

▸ Cu : 인장강도, 경도, 탄성한계를 높이고, 부식저항이 증가되나 0.2%이상이면 고온 취성과 압연 균열의 원인

- 산소가스 : 적열취성의 원인이 되므로 0.1%이하가 한도
- 질소가스 : 경도, 강도가 증가되는 경향, Ti, V의 첨가로 해를 방지
- 수소가스 : 강 중에 흡수되면 취약해져서 백점, 헤어크랙의 원인, 산 알칼리에 약하다.
- 비금속개재물(각종 산화물, 황화물 및 규소염 등) : 기계적 성질을 저하
- 냉간취성 : 강의 충격치는 100℃ 근처에서 최대이고 상온이하에서는 현저히 여리게 되어 취약해지는 현상

### 6.5.3 탄소강의 화학적 성질

- C는 맑은 물 : 내식성에 큰 영향은 없으나 해수, 산류의 수용액 : C 많을수록 부식량 증가
- Mn과 S가 동시에 증가하면 MnS가 되어 부식성 증가
- 철강의 녹 방지 ← 표면피복이 가장 양호

## 6.6 탄소강의 종류와 용도

- 용도에 따라 탄소강을 나누면? 구조용, 공구용, 단강, 주강품 등
- 탄소량과 경한 정도에 따라 : 순철, 극연강, 연강, 경강 등
- 탄소량과 사용요구 성질에 따라 분류하면?

- ▸ 가공성만 요구할 때 : C=0.05~0.3%
- ▸ 가공성과 강인성을 동시에 요구할 때 : C=0.3~0.45%
- ▸ 강인성과 내마모성을 동시에 요구할 때 : C=0.45~0.65%
- ▸ 내마모성과 경도를 동시에 요구할 때 : C=0.65~1.2%

### 6.6.1 일반구조용 압연강재 (KS기호 : SS_〈인장강도값〉강재)

- 보통강 중에 사용량이 가장 많고, 0.3%이하의 림드강 혹은 세미킬드강으로 만들어 열처리를 하지 않고 압연한 그대로 사용
- 인장강도에 따른 KS에서의 종류- 4종(SS330, 400, 490, 540)
  → 이 중 SS400의 사용량이 압도적으로 많고 거의 모든 구조물과 기계 보조재로
- 강재의 구분 : 일반구조용 압연강판, 철골건축형 H형강(H-beam), 건축기둥용 ㄷ형강(channels), 철근콘크리트용 봉강(철근) 등

### 6.6.2 기계구조용 탄소강(SM_〈탄소량〉재)

- 각종 기계류의 구조용재, 킬드강의 고급강재, 일반구조용 강보다 강도 인성 높음
  → C량의 증가에 따라 강도는 증가하나 연성, 인성은 저하
- 종류 : SM10C~58C의 10강종, SM9CK, 15CK, 20CK의 침탄용3종
- C량에 따른 강의 용도 및 특징은?
  - ▸ 0.15~0.25% 탄소강 : 가장 많이 사용되는 것으로서 볼트, 너트, 핀 등에 이용
  - ▸ 0.25~0.35% 탄소강 : 단조, 주조, 절삭가공, 용접 등이 용이, 조질처리에 의해 재질개선, 차축 및 일반 기계부품용
  - ▸ 0.35~0.45% 탄소강 : 차축, 크랭크축 등의 강인성을 요하는 부품용, 표면경화를 하여 기어나 축으로 사용
  - ▸ 0.45~0.6% 탄소강 : 담금질경화성은 좋지만 담금질균열의 염려가 있으므로, 방지하

려면 마르템퍼링을 이용하는 것이 좋다.

## 6.6.3 용접구조용 압연강재(SWS_〈인장강도〉재)

- 용접하여 구조물로 조립하는데 적합한 강도와 용접성을 보증하는 강재, 주로 열간압연 하여 제조되며, 용접성이나 저온인성이 요구되는 교량, 선박, 석유저장용기 등에 이용
- 종류 : SWS400A~570의 11강종으로, 거의 C〈0.2%, Si〈0.55%, Mn〈1.6%이다.

‖표 6‖ 기계구조용 탄소강의 기계적 성질

| 종류 | 기호 | 열 처 리[℃] | | 기계적 성질 | | | 경도 (HB) |
|---|---|---|---|---|---|---|---|
| | | 담금질 | 뜨임 | 인장강도 [kg/mm²] | 연율 [%] | 항복점 [kg/mm²] | |
| 1종 | SM 10C | 1종~4종은 노멀라이징한 상태 | | 32 이상 | 33 이상 | 21 이상 | – |
| 2종 | SM 15C | | | 38 이상 | 30이상 | 24 이상 | – |
| 3종 | SM 20C | | | 41 이상 | 28 이상 | 25 이상 | – |
| 4종 | SM 25C | | | 45 이상 | 27 이상 | 27 이상 | – |
| 5종 | SM 30C | 850~900 수랭 | 550~650 급랭 | 55 이상 | 23 이상 | 34 이상 | 152~212 |
| 6종 | SM 35C | 840~890 수랭 | 550~650 급랭 | 58 이상 | 22 이상 | 40 이상 | 167~235 |
| 7종 | SM 40C | 830~880 수랭 | 550~650 급랭 | 62 이상 | 20 이상 | 45 이상 | 179~255 |
| 8종 | SM 45C | 820~870 수랭 | 550~650 급랭 | 70 이상 | 17 이상 | 50 이상 | 201~269 |
| 9종 | SM 50C | 810~860 수랭 | 550~650 급랭 | 75 이상 | 15 이상 | 55 이상 | 212 · 277 |
| 10종 | SM 55C | 800~850 수랭 | 550~650 급랭 | 80 이상 | 14 이상 | 60 이상 | 229~285 |
| 21종 | SM 9CK | 1차 880~920 유랭(수랭) 2차 750~800 수랭 | 150~200 공랭 | 40 이상 | 23 이상 | 25 이상 | – |
| 22종 | SM 15CK | 1차 870~920 유랭(수랭) 2차 750~800 수랭 | 150~200 공랭 | 50 이상 | 20 이상 | 35 이상 | – |

### 6.6.4 주강(SC_〈인장강도〉재)

- 주철주물로 강도가 부족한 경우 탄소강을 주조해서 만든 강제품으로 단조로 만들기 어려운 것에 대해 이용
- 종류 : (일반적)주강 : 탄소주강, 합금강의 경우- 특수주강 혹은 합금주강
  - ▸ 탄소량에 따라 : 저C주강(〈0.3%), 중C주강(0.3~0.5%), 고C주강(0.5%이상)
  - ▸ 저합금주강 : 약 2%이하의 Mn, Si, Cr, Ni 등을 합금시킨 것
  - ▸ 고합금주강 : 스테인리스 주강(내식용), 내열강 주강, 내마모 고Mn주강

### 6.6.5 단강(SF_〈인장강도〉재)

- 킬드강을 자유단조(대형 단조품) 혹은 형단조(중 소형단조품)하여 성형한 강제품
- 종류 : 탄소강 단강품, 기계부품 및 압력용기용 탄소강, 합금강 단강품

### 6.6.6 박강판

- 0.2% 이하의 저탄소강으로서 프레스 성형성, 표면평활성이 우수 → 자동차, 가전제품, 전기기계 등에 사용
- 종류 : 열간압연강판, 냉간압연강판, 표면처리강판, 고장력강판 등

### 6.6.7 선재용강

[1] 연강선재(MSWR_재) : C량이 0.06~0.25%의 연한 것 → 보통 철선, 전신전화선

[2] 경강선재(HSWR_재) : C량이 0.25~0.85%의 경한 것 → 와이어로프, 바늘 등

[3] 피아노선재(PW_재) : C량이 0.55~0.95%의 강인한 탄소강선 ← 소르바이트조직

- 퍼텐팅(patenting) 처리란?

$A_3$점 이상 보통 900℃ 정도로 가열해서 400~550℃의 열욕 담금질에 의해 강인한 소르바이트 조직을 얻는 열처리

•블루잉(blueing) 처리?

스프링재의 탄성한도나 피로한도를 높이기 위해 청색의 산화피막이 생길 정도의 250℃에서 저온풀림을 해 주는 처리 → 스프링, 조인트 등에 사용

▸ 각종 로의 크기를 어떻게 표시할까?

① 용광로 : 24hr 동안에 생산할 수 있는 선철의 무게를 톤(ton)으로 표시

② 용선로 : 1시간 당의 출선량을 톤으로 표시

③ 전로, 평로, 전기로 : 1회에 용해할 수 있는 제강량을 톤으로 표시

# 연습문제

## 객관식

1. 다음 공석강(eutectoid steel)에 대한 설명 중 맞지 않는 것은?
   ① 탄소함유량이 0.8 중량 퍼센트이다.
   ② 서냉조직은 층상의 펄라이트로 되어 있다
   ③ 현미경으로 관찰해보면 페라이트가 검게 나타난다.
   ④ 상온에서의 조직구성은 대략 88% 페라이트와 12%의 시멘타이트로 되어 있다.

2. 순철의 큐리점(Curie point)이란 무엇인가?
   ① 자기변태점 ② 동소변태점
   ③ 공정점 ④ 공석점

3. Fe-C 상태에서 공석반응을 일으키는 온도는 몇 도 정도인가?
   ① 821℃ ② 723℃
   ③ 621℃ ④ 521℃

4. 다음 중 철강의 공정조직에 해당되는 것은?
   ① 페라이트 ② 펄라이트
   ③ 소르바이트 ④ 레데뷰라이트

5. 금속이나 합금은 온도의 변화에 따라 내부상태 즉, 결정격자의 변화가 생기는데 이를 무엇이라 하는가?
   ① 공정변태 ② 공석변태
   ③ 동소변태 ④ 자기변태

6. $\gamma$철은 어떤 결정구조를 갖는가?
   ① 체심입방구조 ② 체심정방구조
   ③ 면심입방구조 ④ 조밀육방구조

7. 순철의 동소변태점과 자기변태점이 맞는 것은?

① $A_3$=520℃ $A_4$=910℃ $A_2$=768℃
② $A_3$=910℃ $A_4$=1150℃ $A_2$=520℃
③ $A_3$=910℃ $A_4$=1400℃ $A_2$=768℃
④ $A_3$=1150℃ $A_4$=1400℃ $A_2$=920℃

8. Fe-C상태도에서 $A_{cm}$ 변태는 다음 중 어느 것인가?

① 오스테나이트 → 오스테나이트 + 시멘타이트
② 오스테나이트 → 오스테나이트 + 페라이트
③ 오스테나이트 → 마르텐사이트 + 시멘타이트
④ 오스테나이트 → 펄라이트 + 마르텐사이트

9. 다음 중 탄소강의 조직 중 강도가 가장 큰 것은?

① 펄라이트
② 흑연
③ 페라이트
④ 오스테나이트

10. 펄라이트(pearlite)가 생성되는 과정에서 틀린 것은?

① $Fe_3C$이 핵이 성장한다.
② $\alpha$의 결정립계에 $Fe_3C$의 핵이 생긴다.
③ $\gamma$의 결정립계에 $Fe_3C$핵이 생긴다.
④ $Fe_3C$의 주위에 $\alpha$가 생긴다.

11. 탄소강에 탄소량이 증가됨에 따른 현상 중 틀린 것은?

① 열전도도의 감소
② 비열의 증가
③ 비중의 감소
④ 전기저항의 감소

12. 다음 금속 중에서 동소변태를 하지 않는 것은?

① Ni
② Co
③ Sn
④ Zr

13. 매 시간당 용해할 수 있는 톤(ton)수로 크기를 표시하는 노는?

① 용선로
② 용광로
③ 반사로
④ 전로

14. 탄소량의 0.80%인 강은?

① 자석강
② 아공석강
③ 공석강
④ 과공석강

15. 탄소강의 종류 중 탄소량이 0.13~0.20% 함유되어 있으며, 교량, 철교, 볼트, 리벳 등에 사용되는 것은?

① 연강 ② 반경강
③ 경강 ④ 탄소공구장

16. 순철의 동소변태에 의한 그 동소체의 종류가 맞는 것은?

① 2개($\alpha, \beta$) ② 3개($\alpha, \beta, \gamma$)
③ 3개($\alpha, \gamma, \delta$) ④ 4개($\alpha, \beta, \gamma, \delta$)

17. $\alpha$-Fe가 상온에서 탄소를 고용할 수 있는 최대 한도는 몇 %까지인가?

① 0.025% ② 0.1%
③ 0.85% ④ 4.3%

18. 순철의 물리적 성질 중 비중은 얼마인가?

① 7.87 ② 6.65
③ 5.58 ④ 4.78

19. 다음 중에서 자기변태에 대한 설명 중 맞는 것은?

① 결정구조가 바뀌는 변태이다. ② 원자 내부에서만 일어나는 변태이다.
③ 순금속의 경우 온도가 정지된다. ④ 변태점에서 열의 흡수나 방출이 심하다.

20. 순철에 관한 다음 사항 중 틀린 것은?

① 공업적으로 가장 순수한 철은 카보닐철이다.
② 순철에는 $\alpha$, $\gamma$, $\delta$철의 3개의 동소체가 있다.
③ 순철의 자기 변태점은 $A_2$ 변태로서 그 이상은 상자성체이다.
④ 순철은 기계구조용으로 많이 사용된다.

21. 강 중에 $Fe_3P$의 화합물로 인한 취성을 나타내는 것은?

① 고온취성 ② 청열취성
③ 상온취성 ④ 뜨임취성

22. 정련된 용강을 Fe-Mn으로 가볍게(불완전) 탈산시켜 제조된 강은?

① 킬드강 ② 림드강
③ 캐프드강 ④ 세미킬드강

23. Fe-C 상태도에서 $L+\delta \rightarrow \gamma$로 변화반응은?

① 공정(변화)반응
② 포정(변화)반응
③ 공석(변화)반응
④ 편정(변화)반응

24. 강의 성질에 고온취성을 일으키게 하는 영향이 가장 큰 성분은?

① 인(P)
② 수소(H)
③ 구리(Cu)
④ 산소(O)

25. 강 중의 펄라이트(pearlite) 조직이라 하는 것은?

① $\alpha$ 고용체와 $Fe_3C$의 혼합물
② $\gamma$ 고용체와 $Fe_3C$의 혼합물
③ $\alpha$ 고용체와 $\gamma$ 고용체의 혼합물
④ $\delta$ 고용체와 $\alpha$ 고용체의 혼합물

26. Fe-C 상태도 상에 나타나는 조직 중에서 금속간 화합물에 속하는 것은?

① Ferrite
② Cementite
③ Austenite
④ Pearlite

27. 시멘타이트 조직의 성분은?

① Fe+Mn
② Fe+S
③ Fe+C
④ Fe+P

28. 순철(pure iron)에는 전혀 없는 강(steel)의 특유한 변태는?

① $A_1$ 변태
② $A_2$ 변태
③ $A_3$ 변태
④ $A_4$ 변태

29. 다음 중 순철의 동소변태는?

① $\delta + B \rightleftarrows \gamma$
② $\delta - Fe \rightleftarrows \gamma - Fe$
③ $L \rightleftarrows \gamma + Fe_3C$
④ $\gamma \rightleftarrows \alpha + Fe_3C$

30. 적열취성의 원인이 되는 원소는?

① Mn ② Si ③ P ④ S

31. 탄소강에서 온도가 상승함에 따라 감소하지 않는 기계적 성질은?

① 탄성계수
② 탄성한계
③ 항복점
④ 단면수축률

32. 강의 레데뷰라이트를 구성하는 조직은?

① $\alpha+Fe_3C$ ② $\alpha$+pearlite
③ $\gamma$+pearlite ④ $\gamma+Fe_3C$

33. 다음 중 강의 상온취성의 원인이 되는 원소는?

① P ② S
③ Si ④ Ni

34. 다음 조직 중 2상 혼합물인 것은 어느 것인가?

① 펄라이트(pearlite) ② 세멘타이트(cementite)
③ 페라이트(ferrite) ④ 오스테나이트(austenite)

35. Fe-C상태도에서 냉각시 온도정체나 굴곡부가 일어나지 않는 곳은?

① 공정선상 ② 공석선상
③ 액상선상 ④ $\gamma$구역

36. 용융금속의 유동성을 좋게 하므로, 탄소강 중에는 보통 0.2~0.6%정도 함유되어 있으며, 또한 이것이 함유되면 단접성 및 냉간가공성을 해치고 충격저항을 감소시키는 원소는?

① Mn ② P
③ Si ④ S

37. 탄소강에서 적열 메짐성(red shortness)을 방지하고 담금질 효과를 해치고 충격저항을 감소시키는 원소는?

① 규소(Si) ② 망간(Mn)
③ 니켈(Ni) ④ 구리(Cu)

38. 철강 중에 함유된 5대 원소는?

① C, Ni, Cr, P, S ② C, Si, Mn, P, S
③ C, Si, Mo, P, S ④ Cr, Si, Mo, P, S

39. 탄소강에서 헤어 크랙의 발생에 가장 큰 영향을 주는 원소는?

① 산소 ② 수소
③ 질소 ④ 탄소

40. 탄화철로서 침상 또는 회백색으로 철강에 혼합되어 있고 브리넬 경도가 800정도로서 여린 성질을 갖는 조직은?

① 페라이트 ② 오스테나이트
③ 펄라이트 ④ 시멘타이트

41. 탄소강의 기계적 성질과 온도와의 관계에 대한 사항 중 올바르지 않는 것은?

① 인장강도는 150~300℃ 까지는 상승하지만 그후는 점차 감소한다.
② 충격값은 200~300℃ 부근에서 가장 적다.
③ 단면수축율은 200~300℃에서 최대값을 갖는다.
④ 연신율은 200~300℃에서 최소값을 갖는다.

42. 탄소강 중에 존재하여 경도, 탄성한계 및 입자크기를 증대시키며, 신률, 충격치 등을 감소시키는 원소는?

① S ② Si
③ O ④ P

43. 강철의 기계적 성질에서 200~300℃에서는 상온에서 보다 단단한 반면 여리고 약해지는 성질을 무엇이라 하는가?

① 청열메짐 ② 뜨임메짐
③ 상온메짐 ④ 적열메짐

44. 절삭공구를 연마할 때 상온에서 연마하는 것보다 300℃정도에서 연마하면 취성이 생기고 날이 쉽게 마모되는데 무슨 현상 때문인가?

① 청열취성 때문에 ② 재질이 불량해서
③ 고온취성 때문에 ④ 공구각을 잘못 연마해서

45. 강의 제조에서 전로의 용량을 가장 알맞게 나타낸 것은?

① 24시간 동안 용해할 수 있는 쇳물의 무게로 표시
② 1시간 동안 용해할 수 있는 쇳물의 무게로 표시
③ 1회당 제강할 수 있는 쇳물의 무게로 표시
④ 로의 지름의 크기로 표시

46. 철강의 대분류는 무엇에 의해서 분류하는가?

① 탄소함유량 ② 철강의 성질
③ 철강의 조직 ④ 제작방법

47. 염기성 내화물을 이용한 제강법은 어느 것인가?

① 베세머법 ② 토마스법
③ 고주파법 ④ 도가니법

48. 다음은 탄소강의 강괴를 만들 때 사용되는 탈산제들이다. 관계가 먼 것은?

① Fe-Si ② Fe-Ni
③ Fe-Mn ④ Al

49. 강을 제조공정에 따라 분류하였을 때 관계가 먼 것은?

① 압연강 ② 구조용강
③ 단조강 ④ 주조강

50. killed steel이란 무엇을 말하는가?

① 탈산하지 않은 강 ② 완전 탈산한 강
③ 중정도 탈산한 강 ④ 탈산 후 열처리한 강

51. 킬드강은 어떤 결함이 나타나는가?

① 내부의 수축공 ② 내부의 기포
③ 외부의 기포 ④ 상부중앙의 수축공

52. 노 안에서 페로실리콘, 알루미늄 등의 강력한 탈산제를 첨가하여 충분히 탈산을 시킨 강괴는?

① rimmed steel ② semi-killed steel
③ semi-rimmed steel ④ killed steel

53. rimmed steel에 대한 설명이다. 틀린 것은?

① 주형에 접한 부분은 천천히 냉각되므로 순도가 나쁘다.
② 평로나 전로에서 정련된 용강을 페로망간으로 가볍게 탈산시킨 것이다.
③ 탈산이 충분치 못하기 때문에 용강은 주형 내에서 비등한다.
④ 0.3%C 이하의 탄소강으로서 내부에는 많은 기공이 있다.

54. 강의 성질에 가장 큰 영향을 미치는 것은?

① 탄소(C) ② 규소(Si)
③ 망간(Mn) ④ 인(P)

55. 다음 금속 중 자기변태점이 가장 높은 것은?

① Fe ② Co ③ Ni ④ Mn

56. 탄소강의 기계적 성질 중 옳지 않은 것은?

① 탄소강의 기계적 성질에 가장 큰 영향을 주는 원소는 탄소이다.
② 탄소량이 많을수록 인성과 충격값은 증가한다.
③ 표준상태에서는 탄소가 많을수록 강도, 경도가 증가한다.
④ 탄소가 많을수록 가공 변형은 어렵게 된다.

57. 일반적으로 탄소강에서 탄소량이 증가할 경우 알맞은 사항은?

① 경도감소, 연성감소 ② 경도감소, 연성증가
③ 경도증가, 연성증가 ④ 경도증가, 연성감소

58. 탄소강의 종류와 용도 및 특성을 설명한 것 중 잘못 표현된 것은?

① 대량생산 및 가공변형이 쉽고 성질이 우수하며, 가장 널리 쓰인다.
② C량이 적은 것은 스프링, 공구강으로 쓰이고 많은 것은 구조용으로 쓰인다.
③ 극연강, 연강은 단접은 잘되나 열처리가 잘 되지 않는다.
④ 반경강, 경강은 단접이 잘되지 않는 대신 열처리 효과가 비교적 크다.

59. 탄소량이 변화하면 탄소강의 성질도 변화된다. 탄소량이 증가하면 어떠한 현상이 나타나는가?

① 열팽창계수가 증가한다. ② 열전도율이 증가한다.
③ 전기저항이 증가한다. ④ 비중이 증가한다.

60. 순철에서 순도를 높였을 때 나타나는 가장 중요한 성질은?

① 항자력이 작아지고 투자성이 높아지며 용접성이 좋아진다.
② 항자력이 작아지고 투자성이 낮아지며 용접성이 나빠진다.
③ 항자력이 커지고 투자성이 낮아지며 용접성이 좋아진다.
④ 항자력이 커지고 투자성이 높아지며 용접성이 나빠진다.

61. Fe-C 평행상태도에서의 $A_3$ 변태란 무엇을 말하는가?

① $\alpha$-고용체에서 $Fe_3C$가 석출하기 시작하는 온도선
② $\gamma$-고용체에서 $Fe_3C$가 석출하기 시작하는 온도선
③ 용액에서 $\alpha$-고용체가 초정으로 정출하는 온도선
④ $\gamma$-고용체에서 $\alpha$-고용체가 석출하기 시작하는 온도선

62. 형상이 복잡하여 단조로는 만들기가 곤란하고 또 주철로는 강도가 부족할 경우에 사용되며, 주조 후 반드시 풀림 열처리하는 탄소강은?

① 연강 ② 주강
③ 경강 ④ 용강

63. 주강(cast steel)이 주철(cast iron)보다 부족한 성질은 무엇인가?

① 충격값 ② 인장강도
③ 유동성 ④ 굽힘강도

64. 망간주강에서 해드필드강의 망간 함유량은?

① 1.2% ② 12%
③ 32% ④ 2.3%

65. 탄소량이 0.40~0.50%인 주강의 용도는?

① 각종 철도차량품, 농기구, 펌프 ② 조선재, 교량재, 보일러부품
③ 분괴롤, 운반기계, 기어 ④ 기어, 공작기계, 자동차 및 차량부품

66. 강에 Mn을 10%이상 다량 첨가하면 어떤 성질이 가장 많이 증가하는가?

① 내산성 증가 ② 내식성 증가
③ 인장강도 증가 ④ 내마모성 증가

67. 어떤 아공석강의 브리넬 경도값이 155일 때 인장강도($\sigma_B$)는?

① 55.35kg/mm$^2$ ② 51.21kg/mm$^2$
③ 63.42kg/mm$^2$ ④ 71.54kg/mm$^2$

68. 탄소가 0.3%인 강의 평균 인장강도는 얼마인가?

① 50kg/mm$^2$ ② 60kg/mm$^2$
③ 70kg/mm$^2$ ④ 80kg/mm$^2$

69. 탄소가 0.05%인 강의 브리넬 경도($H_B$)는 얼마인가?

① 25 ② 50
③ 70 ④ 90

70. 피니싱 온도란?

① 담금질 가공을 끝맺는 온도
② 상온가공을 끝맺는 온도
③ 고온가공을 끝맺는 온도
④ 주형에 쇳물을 주입하는 온도

71. 킬드강은 다음 어느 것을 만들 때 사용하는 것이 제일 좋은가?

① 봉
② 관재
③ 보일러용 강판
④ 판재

72. 단조작업을 할 수 없는 조직은?

① ferrite
② pearlite
③ cementite
④ austenite

73. 탄소강 중 인장강도가 최대인 것은 어느 것인가?

① 아공석강
② 공석강
③ 암코강
④ 과공석강

74. 자기변태를 하는 대표적인 금속에 속하지 않는 금속은?

① 철
② 니켈
③ 코발트
④ 텅스텐

**정답**

| | | | | | | | | | |
|---|---|---|---|---|---|---|---|---|---|
| 1. ③ | 2. ① | 3. ② | 4. ④ | 5. ③ | 6. ③ | 7. ③ | 8. ① | 9. ① | 10. ② |
| 11. ④ | 12. ① | 13. ① | 14. ③ | 15. ① | 16. ③ | 17. ① | 18. ① | 19. ② | 20. ④ |
| 21. ③ | 22. ② | 23. ② | 24. ③ | 25. ① | 26. ② | 27. ③ | 28. ① | 29. ② | 30. ④ |
| 31. ④ | 32. ④ | 33. ① | 34. ① | 35. ④ | 36. ③ | 37. ② | 38. ② | 39. ② | 40. ④ |
| 41. ③ | 42. ② | 43. ① | 44. ① | 45. ③ | 46. ① | 47. ② | 48. ② | 49. ② | 50. ② |
| 51. ④ | 52. ④ | 53. ① | 54. ① | 55. ② | 56. ② | 57. ④ | 58. ② | 59. ③ | 60. ① |
| 61. ④ | 62. ② | 63. ③ | 64. ② | 65. ④ | 66. ④ | 67. ① | 68. ① | 69. ③ | 70. ③ |
| 71. ③ | 72. ③ | 73. ② | 74. ④ | | | | | | |

## 주관식

1. 제선과 제강공정을 간단히 서로 비교 설명하시오.

2. 연속주조법의 개요를 적으시오.

3. 강괴의 종류를 탈산도에 따라 나누고 설명하시오.

4. 순철, 0.4 % C강, 0.8 % C강, 1.2 % C강의 상온에서 나타나는 각각의 표준조직을 적고, 그 현미경 조직을 스케치해 보시오.

5. 초석 페라이트가 30 %, 펄라이트가 70 %인 아공석강의 탄소량을 계산해 보시오.

6. 0.6 % C의 아공석강에서 대략의 브리넬경도, 인장강도를 추정 계산하시오.

7. 순철의 변태 두 가지를 구체적으로 들고 설명하시오.

8. Fe-C 평형상태도에 나타나는 세가지 불변계 반응의 종류와 반응식 등을 설명하시오.

9. 0.3 % C인 아공석강의 고온 오스테나이트 상태로부터, 상온까지의 냉각과정에서 나타나는 조직변화를 온도단계별로 설명하시오.

10. 탄소강에서 나타나는 취성의 종류를 들고 설명하시오.

11. 각종 탄소강재의 KS 재료기호를 종류별로 적으시오.

12. 강의-취성 천이온도란 무엇인가 ?

13. $Fe_3C$에서 Fe의 원자비가 얼마인지 계산하시오.

14. 탄소 0.06%의 압연강재의 평균 인장강도를 구하는 계산식을 써서 구해보시오.

15. 파텐팅(patenting)처리와 블루잉(blueing)처리란?

CHAPTER 7

# 강의 열처리와 표면경화처리

# 7.1 일반 열처리

## 7.1.1 열처리 기초이론

- 열처리(heat treatment)란?
  재료의 성질이나 조직을 변화시키기 위해 가열 및 냉각하는 처리조작을 말한다. 철강은 열처리 효과가 가장 큰 재료로서, 그 방법에 따라 조직과 성질을 크게 개선 및 변화시킬 수 있다.

- 열처리의 기본적 과정으로는? → 승온, 유지, 냉각의 3단계
  강재를 필요한 온도까지 가열해서 적당시간 유지한 후 적당한 방법으로 냉각한다.

- 냉각방법에 따른 2가지 분류는?
  - ▸ 연속냉각 : 노랭, 공랭, 유랭, 수랭 등
  - ▸ 항온냉각 : 냉각도중에 일정온도로 유지 후 다시 냉각
  - ▸ 계단냉각 : 냉각도중에 냉각속도를 바꾸는 냉각

- 열처리의 원리(목적)는? ← 강의 $A_1$(펄라이트) 변태를 이용
  고온으로 가열된 $\gamma$상태의 강을 서랭시킬 경우, $A_1$점에서 오스테나이트 → 펄라이트로의 변태가 생기면서 다음의 변화가 일어난다.
  - ▸ $\gamma$고용체(면심입방격자) ↔ $\alpha$고용체(체심입방격자)로의 격자변태
  - ▸ 고용탄소($\gamma$에 0.8%까지 고용) 상태 ↔ 유리탄소($\alpha$에 0.025%밖에 고용) 상태에 의해, 고용되지 못한 나머지는 떨어져 나와 $Fe_3C$(시멘타이트 : 가장 단단)를 형성 급랭시킬 경우는 펄라이트로의 변태 이외에 몇 가지 변태들이 더 나타난다.

- 냉각속도의 증가에 따라 나타나는 조직변화는?
  $\gamma$고용체의 오스테나이트 조직이 다음 단계로 변화한다.
  → 펄라이트(pearlite : 페라이트와 시멘타이트의 조대한 층상조직),
  소르바이트(sorbite : 페라이트와 시멘타이트의 미세한 층상조직),
  트루스타이트(troostite : $\gamma$에서 $Fe_3C$가 입상으로 석출된 조직),

마르텐자이트(martensite : $\gamma$입자 사이에 $Fe_3C$가 침상으로 석출된 조직)로 변화된다.

- 냉각에 따른 $A_1$변태($A_{r1}$)의 분열변태 2종류는?
  - ▸ Ar'변태 : $\gamma$고용체에서 트루스타이트 조직이 생성되는 변태
  - ▸ Ar''변태 : $\gamma$고용체에서 마르텐자이트 조직이 생성되는 변태
- 분열변태에 따른 임계냉각속도의 2종류에는?
  - ▸ 하부임계냉각속도 : Ar'변태도 일어나지만 Ar''변태가 시작하는 한계의 냉각속도
    → 트루스타이트와 마르텐자이트의 혼합조직이 생성(200~240℃/sec)
  - ▸ 상부임계냉각속도 : Ar'변태는 일어나지 않고, Ar''변태만이 일어나는 한계의 냉각속도
    → 마르텐자이트 조직만이 생성 (600℃/sec)

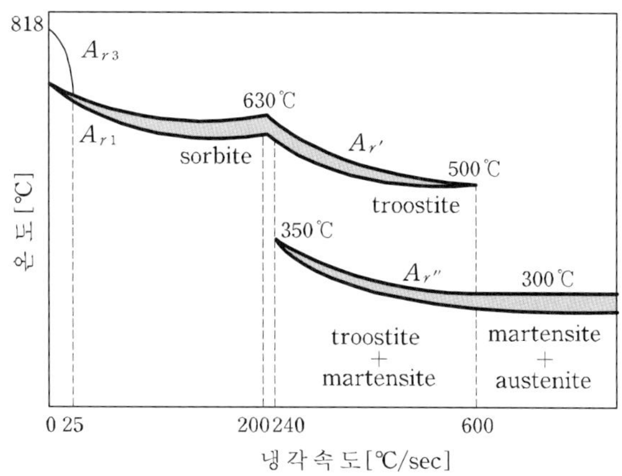


▌그림 1▐ 0.41% C강의 분열변태

## 7.1.2 항온변태곡선과 연속냉각곡선

- 항온변태(time temperature transformation)곡선, TTT곡선 혹은 Bain의 S곡선, C곡선은?
  $\gamma$상태에서 $A_1$변태점 이하의 온도로 급랭하여 일정시간 유지했을 때의 변태개시점과 변태완료점을 연결한 곡선을 나타낸 선도

▸ $A_1$점 이하~nose부 이상의 온도에서 항온변태 후의 조직은?

- 조대한 펄라이트 : rough pearlite ≡ Pearlite
- 중간 펄라이트 : medium pearlite ≡ Sorbite
- 미세한 펄라이트 : fine pearlite ≡ Troostite

▸ nose부 이하~Ms점 이상의 온도에서 항온변태 후의 조직은?

- 높은 온도 : 조대한 상부 베이나이트(upper Bainite)
- 낮은 온도 : 미세한 하부 베이나이트(lower Bainite)

▸ Ms(마르텐자이트 변태개시점) 이하~$M_f$사이의 온도에서 항온변태 후의 조직은?

→ 베이나이트와 마르텐자이트의 혼합조직

▸ Mf(마르텐자이트 변태완료점) 이하의 온도에서 항온변태 후의 조직은?

→ 마르텐자이트만의 조직이 나타난다.

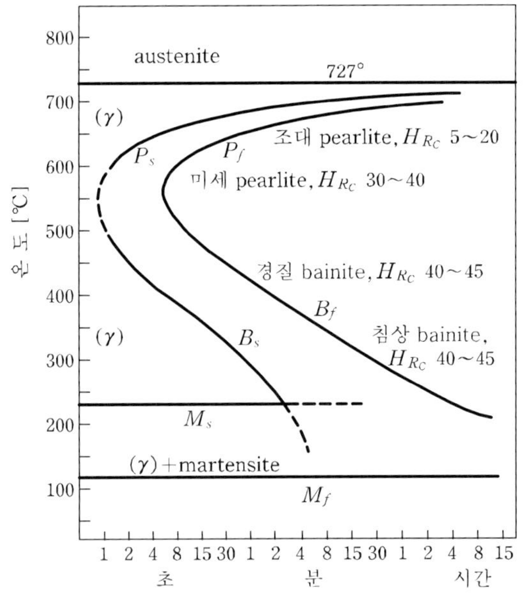


| 그림 2 | 공석강에 대한 Bain의 S곡선

- 연속냉각변태(continuous cooling transformation) 곡선 혹은 CCT곡선이란?
  $\gamma$온도에서 일정 냉각속도로 연속적으로 냉각했을 때의 변대개시섬과 변대완료점을 측정하여 온도와 시간과의 관계를 나타낸 선도로서, → TTT곡선보다 우측에 위치하여 변태는 더 낮은 온도에서 시간은 더 늦게 일어남
  - 우측 nose점(35℃/sec) 이하 냉각속도 : 펄라이트 또는 소르바이트 조직
  - 중간(35~140℃/sec)냉각속도 : 트루스타이트와 마르텐자이트의 혼합조직
  - 좌측 nose점(140℃/sec) 보다 빠른 냉각속도 : 과랭된 $\gamma$는 Ms점의 온도에서 마르텐자이트 변태를 개시하여, $M_f$점의 온도에서 마르텐자이트 변태를 완료하여 전부 마르텐자이트만의 조직으로 된다.

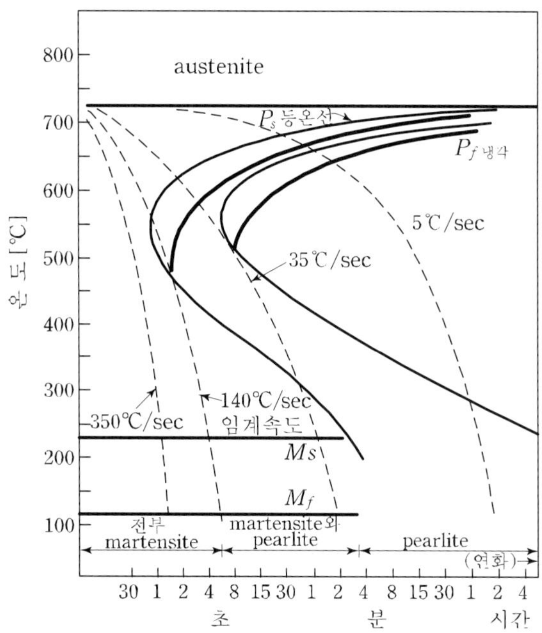


▌그림 3▐ 공석강의 CCT곡선

## 7.1.3 마르텐자이트 변태의 특징

1) 무확산변태로서 시간이 지나도 더 이상 변태가 진행되지 않음

2) 어느 일정온도 $M_s$에서 시작하여 $10^{-7}$sec 이내의 매우 짧은 시간에 순간적으로 일어남

3) 협동적인 원자운동에 의한 격자변태이므로 전위밀도가 대단히 높아짐

4) 마르텐자이트는 C를 과포화로 고용하여 c축이 길어진 체심정방격자의 $\alpha$고용체이다.

5) 마르텐자이트 변태 후에는 큰 체적팽창(약 4.3%)이 일어난다.

6) Co와 Al 이외의 원소는 대체로 $M_s$점을 저하시킨다.

▸ $M_S$점을 산출하는 실험식은?

$M_s$[℃] = 550-(360×% C)−(40×% Mn)−(35×% V)−(20×% Cr)−(17×% Ni)−{10×(% Cu +% Mo)}−(5×% W)+(1.5×% Co)+(30×% Al)

▸ 마르텐자이트가 큰 경도를 갖는 구체적인 원인은?

① (원자격자에 슬립이 일어나면서) 내부응력의 증가에 의한 강화

② 결정립미세화 및 초격자(super lattice) 생성에 의한 강화

③ 무확산변태에 의한 순간적인 체적팽창에 의한 경도 증가

▸ 강의 기본적인 4가지 일반열처리(계단열처리)의 종류와 목적은?

① 담금질(燒入, quenching) : 고온에서 급랭시켜 재질을 경화시킨다.

② 뜨임(燒戾, tempering) : 담금질한 것에 인성을 부여키 위해 재가열 한다.

③ 풀림(燒鈍, annealing) : 고온에서 서랭시켜 재질을 연하고 균일하게 한다.

④ 불림(燒準, normalizing) : 고온에서 공랭하여 조직을 표준화 한다.

이 열처리 과정은 가열단계, 고온 유지단계, 냉각단계 등의 일련의 계단과정을 거쳐 작업이 진행되므로, 위의 4가지 열처리를 계단열처리(階段熱處理)라고도 한다.

### 7.1.4 풀림(annealing, 소둔 燒鈍)과 불림(normalizing, 소준 燒準)

- 풀림과 불림의 개요와 구별은?
  - ▸ 풀림 : 강재를 일정온도까지 가열한 다음 비교적 느린 속도(노랭)로 냉각하는 조작
  - ▸ 불림 : 강재를 일정온도까지 가열한 다음 공기 중에서 냉각하는 조작
- 풀림과 불림의 일반적인 목적은?
  - ▸ 재료의 성질을 변화시킨다. 경도가 저하하며 연하게 된다.
  - ▸ 조직을 균일하게 한다. 즉 균질화, 미세화, 표준화시킨다.
  - ▸ 가스 또는 불순물의 방출, 확산이 일어나고, 내부응력이 제거된다.

#### (1) 완전풀림(full annealing)

강을 $Ac_3$(아공석강) 혹은 $Ac_1$(과공석강) 이상의 고온으로 적당시간 가열한 후 노랭시켜 결정입자를 미세화시키거나 연화시켜주는 열처리

#### (2) 연화풀림(softening annealing)

냉간가공재를 가공도중에 $A_1$점 이하(500~700℃)에서 풀림처리하여 내부응력을 저하시켜 연화시키는 열처리(회복과 재결정 현상이 일어남) ≡ 중간풀림(process annealing)

#### (3) 구상화풀림(spheroidizing annealing)

강 중의 탄화물을 구상화시켜 주는 처리로서, 아공석강의 경우는 펄라이트 중의 $Fe_3C$를 또는 과공석강이나 고탄소 합금공구강의 망상으로 석출된 $Fe_3C$를 구상화처리하여 가공성과 절삭성을 개선하고 인성, 피로강도를 향상시키는 열처리

#### (4) 확산풀림(diffusion annealing, homogenizing)

결정립이 조대화되지 않는 정도의 고온(1050~1300℃)에서 장시간 가열하여, 황화물의 편석과 적열취성을 확산 감소시키기 위한 작업≡ 균질화풀림 또는 안정화풀림

### (5) 응력제거풀림(stress relief annealing)

각종 가공, 담금질, 용접 등으로 생긴 잔류응력을 제거하기 위해 500~600℃의 저온에서 적당시간 유지 후 서랭하는 저온풀림으로서, 재결정온도 이하이므로 회복에 의해 잔류응력이 제거된다.

- 온도에 따른 풀림의 2종류는?
  - ▸ 고온풀림 : 재결정온도 이상의 풀림온도 → 완전풀림, 확산풀림, 항온풀림
  - ▸ 저온풀림 : 재결정온도 이하의 풀림온도 → 연화풀림, 구상화풀림, 응력제거풀림, 재결정풀림

### (6) 불림(소준, normalizing)

강을 $Ac_3$(아공석강) 혹은 $Ac_1$(과공석강) 이상 40~60℃까지 가열하여 균일한 $\gamma$상으로 한 후 공랭시켜 표준조직을 얻는 열처리조작 → 조직을 미세화하고 편석과 잔류응력을 제거하며, 풀림처리보다 미세 균질하기 때문에 항복점, 인장강도, 경도 등이 더 높다.

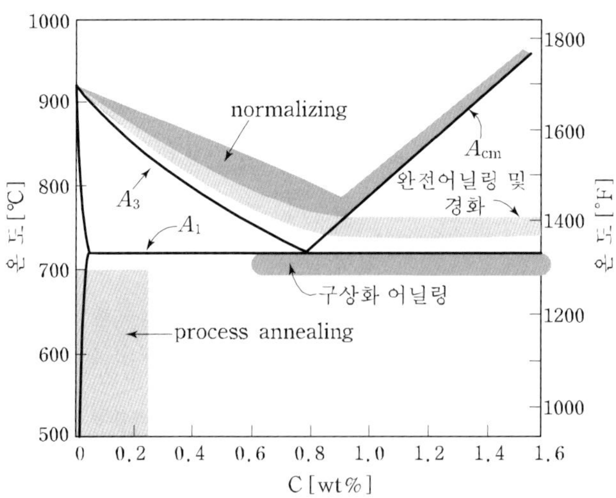


그림 4 각종 어닐링온도와 C의 관계

## 7.1.5 담금질(quenching, 소입 燒入)

### (1) 담금질작업

- 담금질이란?

강을 $Ac_3$ 또는 $Ac_1$점 이상 30~50℃의 온도에서 물이나 기름 등의 냉각제에 넣어서 급랭하여 경화시키는 작업

| 표 1 | 냉각속도에 따른 담금질조직과 성질

| 명칭 | 조직 | 변태상태 | 경도(HB) | 성질 |
|---|---|---|---|---|
| austenite | $\gamma$고용체 | – | 155 | 연합 |
| martensite | $\alpha$고용체+C고용 | $\gamma$→수랭 | 680 | 매우 단단함 |
| fine pearlite(troostite) | $\alpha$고용체+$Fe_3C$ 혼합물 | $\gamma$→유랭 | 400 | 단단함 |
| medium pearlite(sorbite) | " | $\gamma$→공랭 | 270 | 보통 단단함 |
| rough pearlite(pearlite) | " | $\gamma$→노랭 | 225 | 보통 연함 |

※ 공기 퀜칭강= 고Mn강, 고Ni강에서는 담금질에 의해 마르텐자이트가 아니라 오스테나이트가 생성되므로 공랭시켜 마르텐자이트로 하여 경화된 강

- 담금질작업에서 중요한 3인자는?
  - ▸ 담금질온도가 너무 높으면 산화, 탈탄이 일어나고, $\gamma$결정립이 성장하여 마르텐자이트 조직이 조대화하고 취화되어 기계적 성질이 저하된다.
  - ▸ 가열시간은 짧을수록 경제적이지만, 중심부까지 충분히 담금질온도에 도달되어야 하고. 너무 짧으면 $Fe_3C$가 남아서 완전한 $\gamma$가 되지 않고, 너무 길어도 산화, 탈탄, $\gamma$립의 조대화 현상이 일어난다.
  - ▸ 냉각제(담금질액)는 물, 기름, 염류의 수용액이 많이 사용되며, 값싸고 변질되지 않으며 냉각능력이 큰 것(식염수, 비눗물 등)이 좋다.

### (2) 담금질에 의한 잔류응력

- 질량효과(mass effect)란?

담금질시 재료의 두께에 따라 담금질효과의 차이가 나타나는 현상으로, 이것이 크면 내부까지 경화되기 어렵다. 일반적으로 탄소강은 질량효과가 크고, Ni, Cr, Mn, Mo 등

을 첨가한 특수강은 임계냉각속도를 늦추므로 질량효과가 적어진다.

- 강재의 고온 급랭시 잔류응력이 발생하는 원인과 결과는?

  표면부와 중심부간의 큰 온도차와 온도강하에 의한 수축과 마르텐자이트 변태에 의한 팽창의 시간적 차이가 현저하게 발생되어 열응력 또는 변태응력이 생기기 때문이고 → 잔류응력이 존재하면 담금질균열(quenching crack)의 형성이 용이하고, 담금질변형(quenching strain)의 원인이 된다.

- 잔류응력을 방지하기 위한 이상적인 담금질방법은?

  Ar'변태가 일어나는 임계구역은 급랭시키고, 균열이 발생될 경향이 있는 Ar''변태의 위험구역은 내외부의 온도차를 적게 하면서 서냉한다.

- 냉각의 3단계를 분류하고 설명하면?

  ▸ 증기막 단계(제1단계, 서냉구간) : 고열부품이 냉각액의 증기막에 포함되어 서냉하는 구간

  ▸ 비등 단계(제2단계, 급냉구간) : 냉각액이 비등하면서 급냉되는 단계

  ▸ 대류 단계(제3단계, 서냉구간) : 냉각액이 대류에 의해서 서냉되는 단계

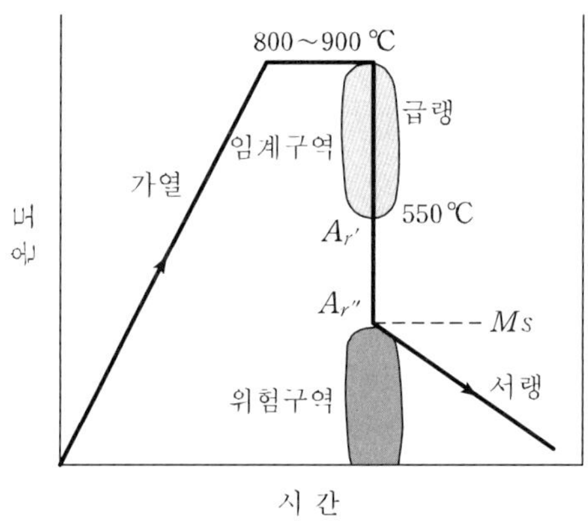


▌그림 5▐ 담금질작업

### (3) 그 외의 특수담금질 :

- 계단(혹은 중단) 담금질(step or interrupted quenching)

S곡선의 nose이하 $M_s$점 위의 온도로 수랭한 후 공랭 또는 유랭하여 마르텐자이트 생성구역을 서랭하는 담금질

- 오스템퍼링(austempering) 혹은 bainite quenching
  강을 nose이하 $M_s$점 위의 불안정 $\gamma$의 온도로 유지한 열욕에 담금질하여 항온열처리시켜 베이나이트 조직을 얻는 열처리로서 뜨임할 필요가 없다.

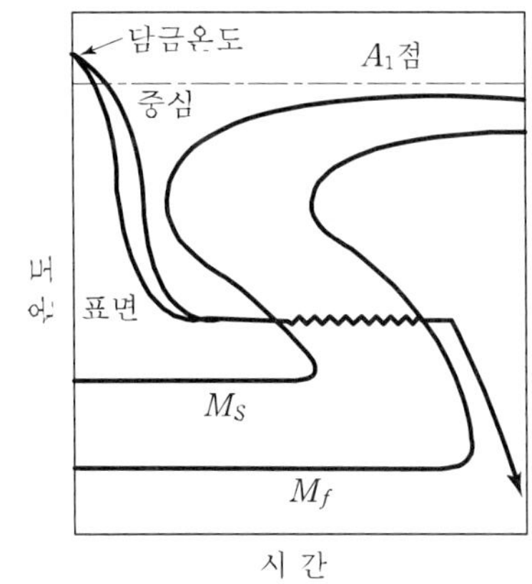


그림 6 오스템퍼링

- 마아퀜칭(marquenching)
  $M_s$점 직상의 열욕에 담금질하여 내외부가 동일한 온도가 될 때까지 항온유지 후 서랭하면서 Ar''변태를 진행시켜 담금균열이나 비틀림이 생기지 않으면서 마르텐자이트 조직을 얻는 열저리작업이고, 개량형으로 $M_s$점 이하의 온도로 유지하여 마르텐자이트의 자기뜨임 효과로 잔류응력을 피할 수 있는 방법도 있다.

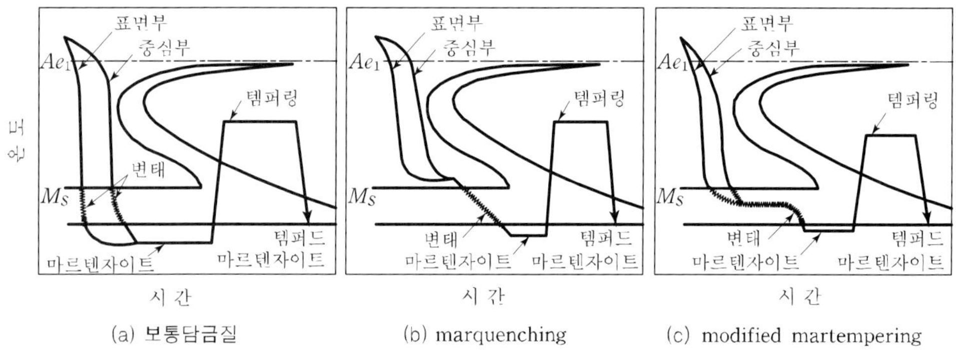


| 그림 7 | 담금질과 뜨임공정을 설명하는 S곡선

- 그 외의 균열이나 비틀림 방지대책의 방법으로는?
  - ▸ 담금질부품의 뾰족한 부분을 둥글게 한다.
  - ▸ 급격한 단면형상의 변화를 없게 한다.
  - ▸ 너무 고탄소강을 쓰지 않는다.
  - ▸ 담금질 후 빨리 뜨임처리하여 잔류응력을 제거한다.

### 7.1.6 뜨임(tempering, 소려 燒戾)

담금질한 상태의 강은 불안정하고 취약하므로 경도가 감소하더라도 적당한 강인성을 주기 위하여 $A_1$점 이하의 온도로 재가열한 후 냉각하여 안정화시키는 열처리

#### (1) 뜨임의 단계와 뜨임온도 판정

뜨임은 무확산변태로 C를 과포화로 고용한 마르텐자이트가 페라이트와 탄화물로 분해, 석출하면서 성질이 변화한다.

- 뜨임온도에 따라 2가지의 종류로 분류하면?
  - ▸ 저온뜨임 : 약 100~200℃로 뜨임하여 오스테나이트 → 마르텐자이트로, 400℃ 부근으로 뜨임하여 마르텐자이트→트루스타이트로 변화시키는 열처리이며, 담금질에

의한 내부응력이 제거되고 마르텐자이트의 취성이 없어진다.

▸ 고온뜨임 : 강인한 재질로 만들기 위하여 500~600℃의 고온에서 뜨임하여 트루스타이트 → 소르바이트 조직으로 변화시키는 열처리이다.

- 탄소강의 뜨임과정 4단계를 나타내면?

▸ 제 1단계 뜨임 : 80~200℃에서 과포화로 고용된 C가 미세한 $\eta$ 탄화물로 석출되면서 C농도가 감소하고 정방성이 저하한다. 이 마르텐자이트를 저탄소 마르텐자이트라 한다.

▸ 제 2단계 뜨임 : 200~300℃에서 잔류$\gamma$가 저탄소 마르텐자이트와 $\eta$ 탄화물로 분해하는 과정 → 조직은 침상 베이나이트로 변한다.

▸ 제 3단계 뜨임 : 350~400℃가 되면 $\eta$ 탄화물은 모상 중에 고용함과 동시에 새로운 입상의 $Fe_3C$가 석출하면서 수축하고, C가 더욱 저하하여 거의 페라이트가 되면서 연화되어 인성이 향상 → 트루스타이트 조직으로 가장 부식되기 쉽다.

▸ 제 4단계 뜨임 : 500~600℃가 되면 석출된 탄화물이 응집되어 커지면서 구상화되고 전위밀도가 급격히 감소하여 경도가 저하되고 강인성이 증가 → 소르바이트 조직으로 됨

⇒ 다시 700℃ 부근이면 최종 안정한 펄라이트 조직으로 변한다.

- 뜨임온도 증가에 따른 강의 조직변화과정을 요약하면?

오스테나이트→ 마르텐자이트→ 베이나이트→ 트루스타이트→ 소르바이트→ 펄라이트

‖ 표 2 ‖ 탄소강의 뜨임온도와 뜨임색

| 뜨임온도 [℃] | 뜨임색 | 뜨임온도 [℃] | 뜨임색 |
|---|---|---|---|
| 200 | 담황색 | 290 | 농청색(濃青色) |
| 220 | 볏짚 황색 | 300 | 중청색(中青色) |
| 240 | 갈색 | 320 | 담청색(淡青色) |
| 260 | 자색 | 350 | 청회색(青灰色) |
| 280 | 적자색 | 400 | 회 색(灰色) |

- 뜨임색(소려색, temper color)이란?
  뜨임함에 따라 강재표면에 생기는 산화피막의 색이 뜨임온도에 따라 변화하므로, 이 표면피막의 색을 뜨임색이라 하고 → 뜨임온도의 판정에 사용

#### (2) 뜨임에 따른 기계적 성질변화

저탄소강의 경우 뜨임온도에 따라 인장강도, 경도, 항복점은 200℃ 정도에서 최대이고, 이 온도를 넘으면 연화하는 것이 보통이다.

- 뜨임시 3종류의 뜨임취성(소려취성, temper brittleness)을 주의해야 한다.
  - ▸ 저온 뜨임취성(300℃취성) : 300℃로 뜨임하면 충격치가 현저히 감소하는 현상, 취화원인- 잔류 $\gamma$의 분해와 $\eta$탄화물이 편상 $Fe_3C$로 변화되기 때문
  - ▸ 고온 뜨임취성(500℃취성) : 500℃ 전후의 뜨임에서 충격치의 감소를 말하고, 급랭보다 서랭시에 현저하게 취화하고, 이 원인은 결정립계에 탄화물 등이 석출하기 때문
  - ▸ 제 2차 뜨임취성(2차경화) : 600℃ 전후의 뜨임에서 현저하게 경화하는 현상으로, 합금강의 경우 합금원소의 특수탄화물이 석출하여 석출경화가 되는 것이 취화의 원인

## 7.2 특수 열처리

### 7.2.1 서브-제로처리(sub-zero treatment, 심랭 또는 영하처리)

고탄소강이나 합금강의 경우 담금질에 의해서도 아직 변태를 하지 못한 잔류 오스테나이트를 없애기 위해 상온까지 퀜칭한 강을 계속하여 0℃이하의 $M_f$ 점까지 냉각하여 마르텐자이트로 변태시키는 열처리조작 → 공구강의 경도증가 및 성능향상, 조직이 안정화되어 시효에 의한 치수변화를 방지

- 서브-제로처리에 사용되는 냉각제로는?
  액체질소(-196℃), 액체산소(-183℃), 에테르, 알코올, 아세톤 등을 드라이아이스와 혼합시킨 액(-70 ~ -80℃) 등이 사용

### 7.2.2 염욕(salt bath) 열처리

공구강, 정밀기계부품, 고속도강 등의 열처리시 산화, 탈탄 등의 표면의 변화를 적게 하기 위한 가열로로 염욕이나 연욕(lead bath)을 사용하여 하는 열처리이고, 마르템퍼, 마르퀜칭도 염욕을 이용하는 항온열처리의 일종이다.

- 사용온도에 따른 염욕제의 3종류는?
  - ▸ 저온도용 염욕제(150~550℃) : $NaNO_2$, $KNO_2$, $NaNO_3$, $KNO_3$ 등
  - ▸ 중온도용 염욕제(550~1000℃) : $BaCl_2$, NaCl, $CaCl_2$, KCl, $NaCO_3$ 등
  - ▸ 고온도용 염욕제(1100~1350℃) : $BaCl_2$(963℃)를 주로 한 중온용 염욕제를 혼합사용 → 고온사용시 염류에서 발생하는 흰 연기는 표면광택을 해치므로 특히 주의를 요함

### 7.2.3 가공 열처리(thermomechanical treatment, TMT처리)

가공과 열처리를 조합실시하여 재료를 강인화시키는 재질개선법

#### (1) 제어압연(controlled rolling)

$\gamma$(오스테나이트)화의 저온역 또는 ($\gamma+\alpha$)의 2상영역에서 강한 가공과 $\gamma\rightarrow\alpha$ 변태에 의한 미세 펄라이트의 생성으로 강인화시키는 가공열처리법

⇒ 비조질형 고장력강 제조에 널리 이용

#### (2) 오스포밍(ausforming)

강을 재결정온도 이하에서 $M_s$점 이상의 준안정 $\gamma$의 온도범위에서 소성가공을 한 후 담금질하는 조작

⇒ 가공경화와 담금질경화를 조합한 가공열처리법 $\gamma$화 된 시편에 대해 nose구역을 급랭하고 내외부가 동일온도에 도달한 후 적당한 소성가공을 하고 공랭, 유랭 또는 수랭하여서 마르텐자이트 변태에 의해 경화

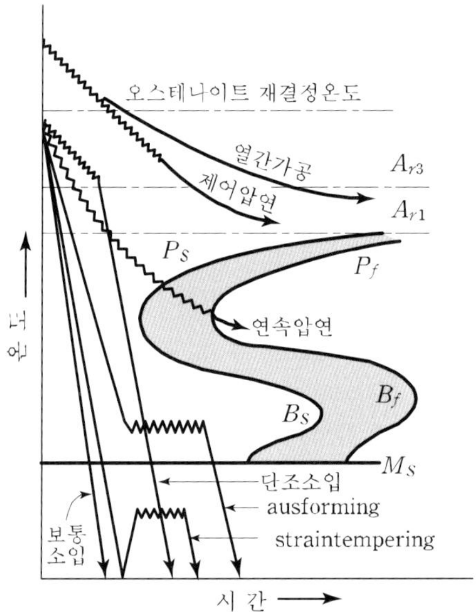


▮그림 8▮ 각종 가공열처리법

## 7.2.4 기타 항온열처리

### (1) 마아템터(martemper)

강을 $\gamma$구역에서 $M_s$와 $M_f$간의 열욕(100~200℃)에 담금질한 후, 변태가 완료할 때까지 항온유지한 다음 공랭 → Martensite와 Bainite의 혼합조직 : 경도저하 없이 높은 충격값

### (2) 타임퀜칭(time quenching)

담금질하여 재료가 300~400℃ 정도로 냉각된 후 꺼내어 다시 수중 또는 유중냉각 → 표면과 중심부의 온도가 접근되어 담금균열이나 변형을 방지하며, 두께 변화가 많은 탄소공구강에 이용, 유지시간은 두께 3mm당 1sec가 적당

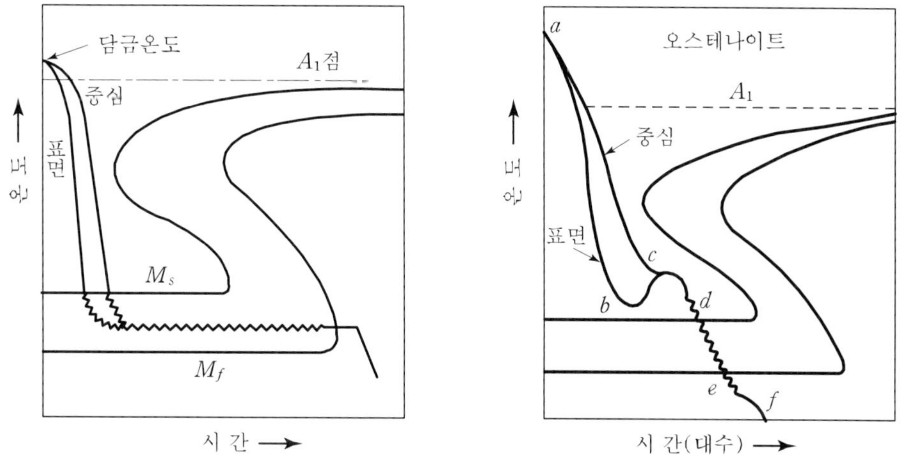


그림 9 마르템퍼와 타임퀜칭

### (3) 마레이징(maraging)

- 마르에이징강이란?

  극저 C강에 18~25% Ni과 Co, Mo, Ti, Al 등을 첨가한 합금강을 마르텐자이트 변태시킨 후에 뜨임처리를 하여 각종 금속간화합물을 석출시켜 그 석출강화에 의해 제조된 강으로 초강력강(인장강도가 140kg/mm$^2$ 정도 이상의 강) 중에서도 가장 우수

  → 200~250kg/mm$^2$의 인장강도에 달한다.

### (4) 항온풀림(isothermal annealing)

S곡선의 nose보다 높은 온도(600~700℃)로 급랭하여 항온변태시킨 후 꺼내어 공랭→ 연한 펄라이트가 얻어지며, 보통의 풀림에 비해 시간이 단축된다.

### (5) 항온뜨임(isothermal tempering)

뜨임에 의해 2차 경화현상을 일으키는 고속도강이나 다이스강에 대해, 뜨임온도에서 $M_s$점 부근의 열욕 중에 넣어 항온유지함으로써 일부 베이나이트(와 마르텐자이트)를 얻기 위한 것이므로, 일명 베이나이트 템퍼링이라고도 한다.

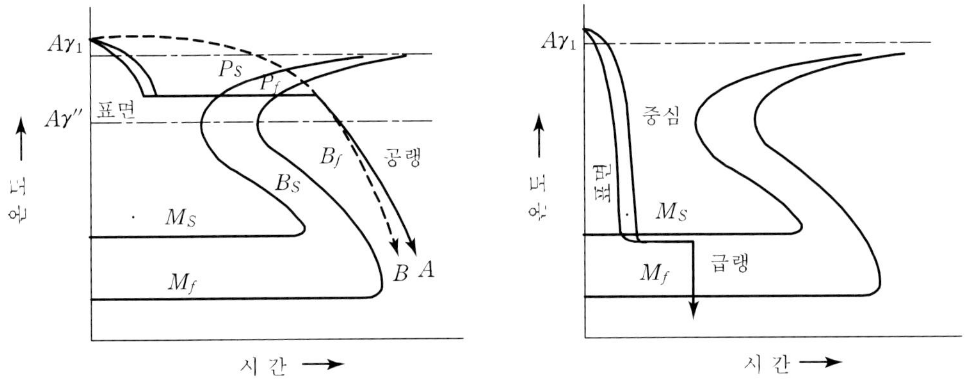


(a) 항 온 풀 림 (b) 항 온 뜨 임

그림 10 항온풀림과 항온뜨임

## 7.3 표면경화법

- 목적에 따른 철강의 표면경화법을 분류하면?

  ▸ 표면을 경화하여 내마모성을 주고, 내부는 인성을 주어 파손을 방지

  - 표면만을 담금질 경화하는 방법 : 고주파경화, 화염경화, 전해경화 등
  - 표면에 C, N 등을 침투시켜 경화 : 침탄법, 질화법, 침탄질화법 등

  ▸ 표면경화와 동시에 내식성, 내열성을 주고, 내부는 인성을 갖는 목적

  - 금속침투법(Zn, Al, Cr, B 등), 방전경화법 등

- 물리 화학적 현상에 따른 표면경화법을 분류하면?

  ▸ 물리적 표면경화법 : 강재의 화학성분은 변화시키지 않고 표면만 경화

  → 화염경화, 고주파경화, 하아드페이싱, 쇼트피닝, 전해경화, 방전경화 등

  ▸ 화학적 표면경화법 : 강재 표면의 화학성분을 원소의 확산에 의해 변화시켜 경화

  → 침탄법, 질화법, 청화법, 침유법, 금속침투법, 표면개질법 등

## 7.3.1 침탄경화법(carburizing)

0.2% 이하의 저탄소강을 침탄제 중에서 고온가열하여 C를 확산침투시켜 표면을 고C의 경강으로 하고 담금질에 의해 마르텐자이트 조직으로 하여 경화시키는 표면경화처리

### (1) 고체침탄(case hardening)

목탄 60~70%와 침탄촉진제로서 $BaCO_3$ 20~30%, $Na_2NO_3$ 10~20% 정도를 혼합한 침탄상자에 제품을 넣고 850~1000℃로 수시간 가열하여 C를 표면에 침투시켜 표면경화

⇒ 기어나 피스톤핀과 같이 마모와 충격에 대해 동시에 강해야 할 때 적용

- 침탄용 강에 미치는 원소의 영향을 2가지로 분류하면?
  - ▸ 침탄량 증가 원소 : Cr, Ni, Mo 등의 탄화물 생성경향이 강한 원소
  - ▸ 침탄량 감소 원소 : C, Si, W, V 등의 탄화물 생성경향이 약한 원소

### (2) 침탄강의 열처리 3단계

- 제 1차 담금질 : $Ac_3$보다 30℃ 정도 높은 온도에서 유랭하여 중심부의 조대화된 조직을 미세화시키는 목적
- 제 2차 담금질 : 표면의 침탄부를 경화시키기 위해 Ac1점 이상 가열한 후 수랭하여 마르텐자이트 조직으로 하여 경화
- 뜨임 : 담금질 후 150℃ 정도에서 10분 가량 가열하여 내부응력을 제거시킬 목적

### (3) 가스침탄

메탄($CH_4$) 등의 탄화수소계 침탄성 가스를 사용하여 침탄하는 방법 → 작업이 간단, 침탄이 균일, 표면광택을 유지하면서 처리, 연속작업에 적합

- 반송가스(carrier gas) : CO 20%, $H_2$ 40%, $N_2$ 40% 조성의 RX가스 등이 사용

## 7.3.2 질화경화법(nitriding)

### (1) 가스질화법

고온에서 $NH_3 \rightleftarrows 3H+N$의 분해반응에 의해 생긴 발생기의 N를 강 중에 침입확산시켜 경한 질화층($Fe_4N$, $Fe_2N$ 등)을 형성시켜 표면경화하는 방법 → 비교적 저온(500~550℃)에서 실시하므로 열처리 변형이 생기지 않고, 고온경도와 내마모성, 내식성이 좋으나 처리에 장시간을 요함

- 질화용 강의 첨가원소로는?

  Al, Cr, Mo, V, Ti, Mn 등의 질화물 형성원소

### (2) 연질화법(soft nitriding, tufftriding)

KCN(〉48%), KCNO(〉42%), $Na_2CO_3$ 등의 용융염욕 중에서 약 570℃로 질화하면 일반 질화법에 비해 경도가 훨씬 낮은 대신에 처리시간의 단축과 일반구조용 강에서도 가능, 내마모성, 내피로성은 현저히 향상

### (3) 이온질화법(ionic nitriding)

glow방전에 의해 이온화된 N+이온을 고속으로 부품에 충돌하여 가열되면서 동시에 질소를 표면에 침투시켜 질화층을 형성 → 가스연질화법, 이온연질화법 등으로 발전

## 7.3.3 침탄질화법(carbonnitriding)

### (1) 가스침탄질화

침탄가스에 10%이하의 $NH_3$가스를 섞어 650~850℃로 가열함으로써 침탄과 질화를 동시에 하는 방법 → 열변형이 적고 담금질성이 좋으며 경화깊이가 깊다.

### (2) 액체침탄질화(청화법, 시안화법 cyaniding)

NaCN, KCN 등 시안화합물의 용융염과 염화물(NaCl, KCl)이나 탄산염($Na_2CO_3$, $K_2CO_3$)의 염욕 중에서 600~900℃로 용해하여 그 분해로 생긴 발생기의 CO와 N에 의해 액체상

태에서 침탄과 질화를 동시에 하는 방법

### 7.3.4 고주파경화(induction hardening)

- 강재 표면에 Cu의 유도코일을 접근시켜 두고 고주파 유도전류에 의해 수초 내에 변태점 이상으로 가열한 후 담금질하여 표면층만을 경화시키는 처리 → 각종 축류, 기어, 핀류에 이용
- 사용되는 강은 경화능을 갖는 0.4~0.6% C의 구조용 탄소강 또는 합금강을 미리 조질처리하여 미세 펄라이트조직으로 되어 있어야 한다.

### 7.3.5 화염경화(flame hardening)

산소-아세틸렌(혼합비 1 : 1)의 불꽃으로 강재 표면을 급속히 가열하여 $\gamma$화 한 후 급랭해서 표면만을 경화시키는 방법 → 고조파경화보다 장치가 간단하고 저렴, 기어의 잇면, 크랭크 축, 스핀들, 캠, 체인 등에 이용

## 7.4 금속침투법과 표면개질법

### 7.4.1 금속침투법(cementation)

철강재의 표면에 각종 금속을 침투시켜 그 표면에 합금피복층을 만들어서 각종 성질을 부여하는 방법

#### (1) Zn 침투법(sheradizing)

Fe-Zn의 합금층을 표면에 형성하여 금속아연의 광택이 나타나고, 볼트 너트 등의 방청용으로 적합

#### (2) Al 침투법(calorizing, aluminizing)

Fe-Al의 합금 피복층을 형성하여 800℃ 정도까지 견딜 만큼 내고온 산화성이 우수하게 되는 방법

#### (3) Cr 침투법(chromizing)

Fe-Cr의 합금피복층을 만들어 내식성, 내산성, 내마모성을 향상시키며, 고체 분말법과 가스 크로마이징법이 있다.

#### (4) 침붕처리(boronizing, 붕화처리)

철강표면에 붕소(B)를  침투시켜 붕화층을 형성하여 표면경도와 내마모성이 가장 우수한 표면경화법으로, 전해붕화법이 많이 사용된다.

### 7.4.2 기타 표면경화법

#### (1) 방전경화

흑연봉을 양극, 강재를 음극으로 하여 공기중에서 방전시켜 양극의 C와 공기중의 N가 음극의 제품표면에 달라붙게 하여 얇은 침탄질화층이 생기게 하고, 방전열에 의한 순간적인 급열과 급랭으로 표면이 경화됨

#### (2) 전해경화

강제품을 적당한 전해액에 담그어 이것을 음극으로 하여 고전압으로 전해하면, 부품이 가열되어 적열상태가 되었을 때 전류를 차단하면 전해액이 냉각제가 되어 그대로 담금질되면서 경화됨

#### (3) 하드 페이싱(hard-facing)

강재표면에 내마모성이 좋은 금속이나 합금을 용착시켜 경질표면층을 얻는 방법

- 용사법(溶射法, metallizing, metal spraying) : 용사재료를 용융시켜 고속의 액체입자

로 만들어 기판에 충돌 적층시킴으로써 피막을 입히는 방법

- 쇼트 피닝(shot peening) : 단단한 작은 강구를 고속으로 표면에 충돌시켜 냉간가공한 것과 같이 경하게 하는 방법→ 스프링류의 피로한도를 높게 수명을 길게 하는데 적용
- 샌드 블라스트(sand blast) : 압축공기에 의해 모래를 강재 표면에 분사시켜 산화피막을 제거하거나 표면을 청소하는데 이용되는 방법

#### (4) 경질크롬도금

무수크롬산의 황산용액을 써서 직접 강표면에 Cr을 두껍게 석출시켜 내마모성의 피복층을 얻는 방법 → 방식용 Cr도금보다 두껍고 전류밀도가 높다.

### 7.4.3 표면개질법

#### (1) 표면개질의 개요

- 표면개질법이란?
  재료의 표면을 희망하는 성질을 갖도록 바꾸는 처리방법 → 일반적으로 각종 금속간 화합물 형태의 세라믹을 피복(coating)하여 뛰어난 내식성, 내열성, 내마모성 등의 세라믹 특성을 지니도록 제조 → 신소재(new materials)의 제조에 이용
- 사용되는 금속간 화합물의 종류에는 어떤 것이 있나?

▸ 탄화물 : $Cr_7C_3$, $Cr_{23}C_6$, $Mo_2C$, WC, VC, NbC, TiC, TaC, SiC, $B_4C$

▸ 질화물 : TiN, ZrN, VN, NbN, TaN, BN, AlN, $Si_3N_4$

▸ 산화물 : $Al_2O_3$, $Cr_2O_3$, TiOl, $ZrO_2$

▸ 붕화물 : FeB, $Fe_2B$, $Ni_3B$, CrB, $Cr_5B_3$, $TiB_2$, $ZrB_2$, $Mo_2B_5$

▸ 규화물(silicide) : $MoSi_2$, $TiSi_2$

▸ 인화물 : Ni의 인화물 등

이들의 코팅방법에는 용융염이나 pack제 중에서 가열확산시키는 방법, CVD법, PVD

법, 용사법(熔射法) 등의 여러 가지가 있다.

### (2) CVD법(화학기상석출법, chemical vapor deposition)

할로겐 화합물을 수백도로 가열하여 기화시켜 메탄, 질소 등의 반응기체와 혼합하여 Ar 같은 반송기체(carrier gas)에 의해 1000℃부근의 반응로 안에서 기상화학반응을 일으켜 기판상에 석출시켜 증착하는 방법 → 반도체 집적회로의 박막이나 초경공구에의 세라믹 코팅방법으로 널리 실용화

### (3) PVD법(물리기상석출법, physical vapor deposition)

피막재료를 가열, 증발시켜 기판상에 석출시키는 방법으로 기판의 처리온도가 500℃ 이하이므로 CVD법의 1000℃ 부근에 비하면 저온 코팅이 가능하나 작업성은 떨어진다. → 진공증착법, 이온플레이팅(ion plating), 스패터링(spattering), 레이저 코팅법 등이 있다.

# 연습문제

## 객관식

1. 강을 풀림(annealing) 열처리하는 목적은?

① 오스테나이트까지 가열시키고 공기 중에서 냉각하여 경화된 조직을 얻기 위하여
② 재료 표면을 굳게 하며, 담금질한 강철에 인성을 증가시키기 위하여
③ 가공경화된 재료를 연하게 하고, 내부응력을 제거시키기 위하여
④ $A_3$점 이상으로 가열하고 공기 중에서 방냉하여 강의 재질을 개선하기 위하여

2. 강의 뜨임열처리시 조직의 변화 순서는?

① 마르텐사이트 → 오스테나이트 → 소르바이트 → 트루스타이트
② 트루스타이트 → 소르바이트 → 오스테나이트 → 마르텐사이트
③ 오스테나이트 → 마르텐사이트 → 트루스타이트 → 소르바이트
④ 소르바이트 → 트루스타이트 → 오스테나이트 → 마르텐사이트

3. 다음은 표면경화의 효과를 얻기 위한 방법들을 기술한 것이다. 잘못된 것은?

① 청화법(시안화법) ② 질화법 ③ 탈탄법 ④ 화염경화법

4. 강의 TTT곡선과 관계가 있는 곡선은?

① 응력-변형률곡선 ② 탄소성곡선 ③ 항온변태곡선 ④ 연속냉각곡선

5. 재료를 가열한 다음 급속히 냉각시켜 재질을 경화시키기 위한 열처리는?

① 불림(normalizing) ② 풀림(annealing) ③ 뜨임(tempering) ④ 담금질(quenching)

6. 강의 표면경화법에서 침탄법은?

① 청화법 ② 질화법 ③ 고주파경화 ④ 화염경화

7. 다음 중 풀림의 목적과 관계가 없는 것은?

① 결정조직을 균일화시킨다. ② 강을 연화시킨다.
③ 내부응력을 제거한다. ④ 표준조직으로 만들어 준다.

8. S곡선에서 $M_f$점은 무엇을 의미하나?

① 항온변태가 개시되는 온도점
② 마르텐사이트변태가 개시되는 온도점
③ 항온변태가 완료되는 온도점
④ 마르텐사이트변태가 완료되는 온도점

9. 다음 중 질화처리한 것의 특징으로 적합하지 않은 사항은?

① 600℃ 이하의 온도에서는 경도가 감소되지 않고, 산화가 잘 안된다.
② 질화처리 후 담금질하기 때문에 변형이 작다.
③ 마모 및 부식에 대한 저항이 크다.
④ 경화층은 얇고 침탄한 것보다 경도가 크다.

10. 항온 열처리란 (1),(2),(3)등 3가지의 변화를 하나의 도표로서 표시하여, 목적한 열처리경도 및 조직을 얻을 수 있는데, ( )에 각각 들어갈 적합한 용어는?

① 1 : 온도, 2 : 시간, 3 : 변태
② 1 : 시간, 2 : 변태, 3 : 경화
③ 1 : 경화, 2 : 온도, 3 : 시간
④ 1 : 시간, 2 : 경화, 3 : 온도

11. 인성을 개선하고 내부응력을 제거하기 위한 열처리법은?

① 불림 ② 풀림 ③ 뜨임 ④ 담금질

12. 탄소강선의 냉간인발에 있어서 가공경화가 나타나서 계속 작업이 어려울 때 조직을 소르바이트화 시키기 위해 염욕에서 항온변태를 일으키게 하는 열처리 방법은?

① 블루잉처리 ② 마르퀜칭 ③ 패턴팅 ④ 완전 어닐링

13. 마르텐사이트 조직을 얻기 위한 열처리는?

① 불림 ② 풀림 ③ 뜨임 ④ 담금질

14. 탄소강의 내부응력을 제거하고 재질연화를 위해 500~650℃에서 풀림하는 열처리는?

① 자연풀림 ② 저온풀림 ③ 냉간풀림 ④ 완전풀림

15. 침탄법에 사용하는 침탄제의 종류로서 틀린 것은?

① KCN 및 $K_4Fe(CN)_6$ 등의 분말
② $BaCO_3$ 40%와 목탄 60%의 혼합물
③ 목탄 10%와 NaCl 90%의 혼합물
④ 황혈염과 중크롬산가리의 혼합물

16. 강의 담금질 조직에 해당되지 않는 것은?

① 마르텐사이트 ② 레데뷰라이트 ③ 트루스타이트 ④ 소르바이트

17. 담금질한 강을 상온 이하의 적당한 온도로 냉각시켜 잔류 오스테나이트(austenite)를 마르텐사이트(martensite)로 변태시키는 열처리법은?

① 서브제로(sub-zero) ② 가스침탄법 처리
③ 가공경화법 처리 ④ 석출경화법 처리

18. 표준 고속도강 [W-Cr-V(18-4-1)]형의 담금질 온도는?

① 1355℃ ② 1100℃ ③ 1260℃ ④ 1230℃

19. 텅스텐계 고속도강의 뜨임온도가 몇 도일 때 경도가 가장 크게 되는가?

① 400~450℃ ② 450~480℃ ③ 500~550℃ ④ 550~580℃

20. 마르텐사이트 조직은 어떤 모양인가?

① 망상조직 ② 침상조직 ③ 층상조직 ④ 편상조직

21. 담금질한 재료를 A1점 이하의 적당한 온도로 재가열하여 점성을 증가시키고 경도를 감소하여 사용하기 알맞도록 처리하는 열처리는?

① 오스포밍 (ausforming) ② 어닐링 (annealing)
③ 노말라이징 (normalizing) ④ 템퍼링 (tempering)

22. 파텐팅(patenting)을 실시하는 재료로 적합한 것은?

① 연강 ② 경강 ③ 황동 ④ 청동

23. 강을 담금질할 때 급냉으로 생긴 Ar'변태에 의한 조직은?

① 트루스타이트(troostite) ② 소르바이트(sorbite)
③ 베이나이트(bainite) ④ 마르텐사이트(martensite)

24. 다음 조직 중 부식이 가장 잘 되는 것은?

① 소르바이트 ② 펄라이트 ③ 트루스타이트 ④ 오스테나이트

25. 프레스금형 재료로 고속도강을 장시간 사용할 경우 시효변형이 일어난다. 이것을 억제하는 방법은?

① 뜨임처리를 3회 이상 반복한다. ② 담금질처리를 2회 이상한다.
③ 마르텐사이트를 오스테나이트화 한다. ④ 풀림처리를 2회 이상 반복한다.

26. 금속재료의 표면에 작은 알맹이를 고속으로 분출시켜 충격에 의해 표면을 경화시켜 주며 스프링, 기어 등의 표면경화에 적합한 것은?

① 금속침투법 ② 방전경화법
③ 쇼트피닝법 ④ 고주파경화법

27. 강의 마르텐사이트 조직에 관한 설명 중 틀린 것은?

① 수중에 담금질했을 때 나타나는 급랭된 침상조직이다.
② 오스테나이트 또는 펄라이트 조직보다 비용적이 크다.
③ 뜨임상태에서 $\beta$마르텐사이트의 담금질 조직을 볼 수 있다.
⑤ 마르텐사이트 조직은 130℃ 부근에서 급격한 수축이 생긴다.

28. 담금질 온도로 가열한 후 공냉에 의해 경화되는 현상은?

① 자화성 ② 자경성 ③ 질량효과 ④ 소입성

29. 마텐자이트(martensite)를 400℃ 직하에서 소려(tempering)하면 어떻게 변하는가?

① 펄라이트(pearlite)가 된다. ② 트루스타이트(troostite)가 된다.
③ 소르바이트(sorbite)가 된다. ④ 오스테나이트(austenite)가 된다.

30. 강의 $A_r''$변태란 어떤 것인가?

① 오스테나이트 → 마르텐사이트 ② 오스테나이트 → 트루스타이트
③ 오스테나이트 → 소르바이트 ④ 마르텐사이트 → 트루스타이트

31. 강의 $A_r'$변태를 옳게 설명한 것은?

① 오스테나이트로부터 소르바이트로 변화하는 것이다.
② 오스테나이트로부터 트루스타이트로 변화하는 것이다.
③ 오스테나이트로부터 마르텐사이트로 변화하는 것이다.
④ 오스테나이트로부터 펄라이트로 변화하는 것이다.

32. 강의 열처리의 종류가 아닌 것은?

① 계단열처리 ② 항온열처리 ③ 연속가열 열처리 ④ 표면경화 열처리

33. 금속이 냉각속도가 빠르면 조직은 어떻게 되는가?

① 조직이 치밀해진다. ② 조직이 거칠어진다.
③ 불순물이 적어진다. ④ 냉각속도와 조직은 아무 관계가 없다.

34. 냉각효과가 가장 좋은 담금질액은 어느 것인가?

① 비눗물 ② 소금물 ③ 기름 ④ 증류수

35. 탄소가 0.9% 함유되어 있는 탄소강을 수중 냉각하였을 때 나타나는 조직은?

① 소르바이트 ② 펄라이트 ③ 트루스타이트 ④ 마텐자이트

36. 강의 열처리조직 중 경도가 가장 낮은 것은?

① 페라이트 ② 오스테나이트 ③ 펄라이트 ④ 소르바이트

37. 기어의 잇면, 크랭크 축, 캠, 스핀들, 체인 등의 표면경화법으로 적합한 것은?

① 질화법 ② 가스침탄법 ③ 화염경화법 ④ 청화법

38. 탄소강의 담금질에서 $A_1$과 $A_3$선에서 얼마 정도의 온도가 적당한가?

① 70℃ 이상 ② 30℃ 이상 ③ 70℃ 이하 ④ 30℃ 이하

39. 불림(normalizing)에 의해서 얻는 조직은?

① 열처리조직 ② 표준조직
③ 유심조직 ④ 항온열처리조직

40. 다음 중 가공경화된 금속을 풀림처리할 때 회복(回復)단계에서 일어나는 현상은?

① 내부응력의 감소 ② 연율의 급격한 저하
③ 새로운 결정립의 생성 ④ 결정립의 성장

41. 강을 오스테나이트의 범위에서 가열하여 이것을 노중에서 천천히 냉각하는 열처리는?

① 담금질 ② 풀림 ③ 불림 ④ 뜨임

42. 다음 중 풀림처리의 목적으로 맞는 것은?

① 연화 및 내부응력 제거 ② 인성의 증가
③ 조직의 균질화 ④ 표면의 경화

43. 다음 중 심냉처리(sub-zero treatment)의 특징이 아닌 것은?

① 담금질한 강의 경도의 균일화　② 재질의 연화
③ 치수의 안정화　④ 착자성의 향상

44. 담금질 조직 중 가장 경도가 높은 것은?

① 펄라이트　② 마르텐자이트　③ 소르바이트　④ 트루스타이트

45. 담금질 변형을 작게 하기 위한 방법으로 옳지 못한 것은?

① 담금질 전에 가공응력을 미리 제거한다.
② 가열은 빠르게 그리고 균일하게 한다.
③ 경사시켜 담금질한다.
④ 미리 열응력을 준 다음 담금질한다.

46. 다음 중 풀림의 목적이 아닌 것은?

① 내부응력제거　② 인성을 증가
③ 조직을 미세화　④ 경화된 재료를 연화

47. 다음 중 항온변태와 가장 관계가 깊은 조직은?

① 오스테나이트　② 베이나이트　③ 펄라이트　④ 소르바이트

48. 다음 중 강의 $M_s$점과 $M_f$점에 가장 큰 영향을 미치는 것은?

① 가열온도　② 화학성분　③ 재료의 질량　④ 임계냉각속도

49. 그림에서 오스테나이트강을 재결정 온도 이하, $M_s$점 이상의 온도범위에서 소성가공을 한 후 소입(quenching)하는 열처리는?

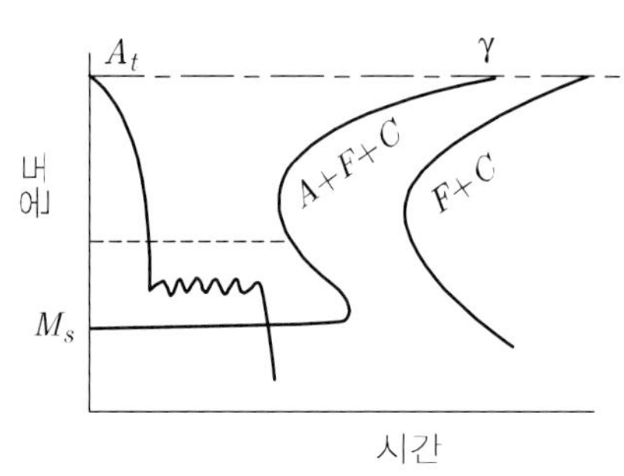


① Austempering　② Ausforming　③ Marquenching　④ Time quenching

50. 다음 마르텐사이트의 용적변화에 관한 설명 중 옳은 것은?

① $\gamma$중에 탄소가 과포화로 고용하므로 팽창한다.

② $\gamma \rightarrow \alpha$변태와 $Fe_3C$가 미세하게 나타나므로 수축한다.

③ $\gamma \rightarrow \alpha$변태와 탄소를 과포화로 고용하므로 팽창한다.

④ $\gamma \rightarrow \alpha$변태로 팽창하고 $Fe_3C$가 생겨 수축하나 전체로는 팽창한다.

51. 퀜칭(quenching)한 강을 템퍼링(tempering)하여 고급 칼날과 같은 탄성한계가 높은 troostite 조직을 얻고자 한다. 적당한 열처리 온도는?

① 100~250℃ ② 250~400℃

③ 400~600℃ ④ 550~650℃

52. 물 또는 기름에 담금질하여 $M_s$점 부근까지 냉각된 후에 꺼내어 다시 담금질하는 처리는?

① austemper ② isothermal temper

③ martemper ④ time quenching

53. 다음 중 항온열처리의 종류에 해당되지 않는 것은?

① 마템퍼링(martempering) ② 오스템퍼링(austempering)

③ 마퀜칭(marquenching) ④ 오스퀜칭(ausquenching)

54. 다음 중 강을 가열된 연(Pb)욕에서 열처리하여 소르바이트 조직을 얻는 과정은?

① 파텐팅 ② 마퀜칭

③ 오스템퍼 ④ 마르템퍼

55. 질화법에 관한 설명 중 틀린 것은?

① 담금질할 필요가 없고 그대로 제품으로 쓸 수 있다.

② 질화층은 고온에서도 매우 경하며 내식성도 크다.

③ 질화용강은 질화로 표면에 질화층을 만든다.

④ 질소만 함유하는 강을 질화용강이라 한다.

56. 오스테나이트(austenite)에서 마르텐사이트(martensite)로 변환하는 과정의 시작점은?

① 공정점 ② $M_s$점 ③ $M_f$점 ④ $M_c$점

57. 마르텐사이트와 베이나이트의 혼합조직을 얻는 열처리는?

① 마퀜칭 ② 오스템퍼링

③ 항온풀림 ④ 마르템퍼링

58. 베이나이트 조직을 얻기 위한 항온열처리에 해당되는 것은?
① 오스포밍 ② 마퀜칭 ③ 오스템퍼링 ④ 마르템퍼링

59. 프로판, 메탄가스를 사용해서 효율이 가장 좋고 다량 생산할 수 있는 표면경화법은?
① 고체 침탄법 ② 가스 침탄법 ③ 액체 침탄법 ④ 고주파 건조법

60. 다음 중 극히 짧은 시간(수초)으로 가열할 수 있고 피가열물의 스트레인(strain)을 최소한으로 억제하며 전자 에너지의 형식으로 가열하여 표면을 경화시키는 법은 어느 것인가?
① 침탄법 ② 질화법 ③ 청화법 ④ 고주파 표면 경화법

61. 다음 중 탄소를 0.25% 이하 함유하고 있는 강으로서, 표면에 탄소를 확산침투시켜 표면만 고탄소강으로 열처리하는 것은?
① 질화강 ② 탄소공구강 ③ 침탄강 ④ 고속도공구강

62. 금속침투에서 칼로라이징은?
① Cr ② Zn ③ Al ④ Si

63. 저탄소강 기어(gear)의 표면에 내마모성을 주려고 한다. 다음 처리방법 중 어느 것이 가장 적합한가?
① 쉐라다이징(sherardizing) ② 아노다이징(anodizing)
③ 보로나이징(boronizing) ④ 칼로라이징(calorizing)

64. 표면경화처리 중 담금질이 필수적인 것은?
① 침탄법 ② 질화법
③ 숏피닝(shot peening) ④ 크로마이징(chromizing)

65. 강의 표면을 고온산화에 견디게 하기 위한 처리는?
① calorzing ② chromizing ③ sheradizing ④ siliconizing

66. 금속의 표면에 스텔라이트나 경합금 등의 특수금속을 용착시켜 표면 경화층을 만드는 것은?
① 숏 피닝 ② 하드 페이싱 ③ 금속 침투법 ④ 시안화법

67. 화염경화를 행하는 경우에 탄소강의 탄소함유량은 얼마인가?
① 0.1%C 전후 ② 0.4%C 전후
③ 0.8%C 전후 ④ 1.2%C 전후

68. 강도와 탄성을 요하는 스프링 와이어에 많이 사용되는 가장 강인한 조직은?

① austenite
② pearlite
③ sorbite
④ martensite

69. 심냉처리에 대해 틀리게 설명한 것은?

① 경화된 강의 잔류 오스테나이트를 마르텐사이트화하는 처리이다.
② 공구강의 경도증가를 얻을 수 있다.
③ 형상 및 치수의 변화를 적게 할 수 있다.
④ 표면경화의 효과를 가져온다.

**정답**

| | | | | | | | | | |
|---|---|---|---|---|---|---|---|---|---|
| 1. ③ | 2. ③ | 3. ③ | 4. ③ | 5. ④ | 6. ① | 7. ④ | 8. ④ | 9. ② | 10. ① |
| 11. ③ | 12. ③ | 13. ④ | 14. ② | 15. ③ | 16. ② | 17. ① | 18. ③ | 19. ④ | 20. ② |
| 21. ④ | 22. ② | 23. ① | 24. ③ | 25. ① | 26. ③ | 27. ④ | 28. ② | 29. ② | 30. ① |
| 31. ② | 32. ③ | 33. ① | 34. ② | 35. ④ | 36. ① | 37. ① | 38. ② | 39. ② | 40. ① |
| 41. ② | 42. ① | 43. ② | 44. ② | 45. ③ | 46. ② | 47. ② | 48. ② | 49. ② | 50. ③ |
| 51. ② | 52. ④ | 53. ④ | 54. ① | 55. ④ | 56. ② | 57. ④ | 58. ③ | 59. ② | 60. ④ |
| 61. ③ | 62. ③ | 63. ③ | 64. ① | 65. ① | 66. ② | 67. ② | 68. ③ | 69. ④ | |

## 주관식

1. 다음 강의 열처리 후에 얻어지는 금속조직의 명칭을 적으시오.
   ① 0.2 % C강을 융액에서 서랭했을 때
   ② 1.2 % C강을 780℃까지 가열하고 그 온도에서 수랭했을 때
   ③ 위의 강을 400℃에 재가열했을 때
   ④ 0.8 % C강을 850℃에서 400℃의 염욕에 급랭하여서 30분간 유지 후 유랭했을 때

2. 강의 냉각법의 3형태와 냉각의 3단계에 대해 설명하시오.

3. 고온풀림과 저온풀림의 종류를 드시오.

4. 강을 침탄처리할 때 경화시키는 과정과 목적에 대해 쓰시오.

5. 강의 침탄법 3가지를 들고 설명하시오.

6. 질화법은 침탄법에 비해 어떤 특징을 갖고 있는가?

7. 금속침투법을 종류별로 설명하시오.

8. 표면개질법에 대해 약술하시오.

9. 다음의 용어를 설명하시오.
   ① 하부 임계냉각속도
   ② CCT curve
   ③ mass effect
   ④ austemper
   ⑤ sub-zero treatment
   ⑥ marquenching
   ⑦ ausforming
   ⑧ maraging steel

CHAPTER 8

# 특수강

# 8.1 특수강의 개요

## 8.1.1 특수강(special steel)의 의미

보통의 탄소강(carbon steel)에 C 이외의 합금원소를 첨가시켜 특수한 성질을 갖게 한 강으로 합금강(alloy steel)이라고도 한다.

- 강 중에 첨가한 특수합금 원소의 주요한 역할은?
  - ▸ 오스테나이트 입자의 미세화조정
  - ▸ 변태속도의 조절($A_1$변태 등을 지체)
  - ▸ 소성가공성의 개선
  - ▸ S 등의 유해원소의 제거
  - ▸ 기계적, 화학적 성질의 개선 등
- 특수합금 원소량에 따라 크게 분류하면?
  - ▸ 저합금강: 특수원소가 1~수% 첨가된 기계구조용 또는 표면경화재용 강
  - ▸ 고합금강: 특수원소가 10%이상 첨가된 내식, 내열, 내마모 등의 특수목적용 강

## 8.1.2 특수원소의 영향

### (1) 상태도의 모양에 따른 분류

- 오스테나이트 영역 확대형
  - ▸ 오스테나이트 생성형: 강의 $A_3$점은 강하하고, $A_4$점은 상승하여 $\gamma$구역이 확대되지만, 공석변태를 하지 않는 경우

    예 Ni, Mn, Co
  - ▸ 공석변태형: $A_4$점은 상승하나 $A_3$점은 강하하는 도중에 공석변태를 하는 경우

    예 C(공석변태점=0.8%), N(2.35%), Cu(3.4%)
- 오스테나이트 영역 폐쇄형: $A_3$점은 상승하고, $A_4$점은 강하되어 $\gamma$구역이 축소되어지고, $\alpha$영역이 확대되는 형= 페라이트 생성형

  예 Cr, Mo, W, V, Ti, Al 등

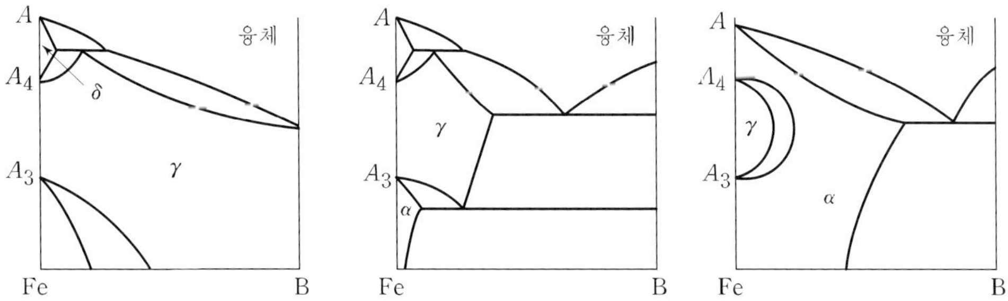


(a) 영역 확대형 (b) $\gamma$ 영역 제한 확대형 (c) $\gamma$ 영역 폐쇄형

그림 1 특수원소의 상태도에 미치는 영향

## [2] 특수원소의 성질

표 1 강 중의 특수원소의 일반특성

| | 원소명 | 특성 |
|---|---|---|
| 원소의 특성 | Ni | 인성증가, 저온충격 저항증가 |
| | Cr | 내식·내열성, 내마모성 증가 |
| | Mo | 뜨임취성 방지, 고온강도 증가 |
| | Mn | 고온강도, 경도, 내마모성 증가 |
| | Si | 전자기특성 양호, 내열성 양호 |
| | V, Ti, Zr | 결정입도 조정(미세화) |
| 수개원소의 공동 특성 | P, Si, Mn, Ni, Cr, Cu, W, Mo | ferrite 기지 강화성 |
| | V, Mo, Mn, Cr, Ni, W, Cu, Si | 담금질 효과 증가 |
| | Al, V, Ti, Zr, Mo, Cr, Si, Mn | austenite 결정성장 방지 |
| | V, Mo, W, Cr, Si, Mn, Ni | 뜨임 저항성 증가 |
| | W, Ti, Cr, V, Mo | 탄화물 형성과 내마모성 향상 |

표 2 각종 특수성질을 향상시키는 원소들

| 특수성질 | 합금원소 |
|---|---|
| 인장강도 증대 | Si, Ti, Mn, Al, Mo, Ni 등 |
| 내마모성 향상 | V, Mo, W, Cr, Mn |
| 소입성 향상 | Mn, Mo, Cr, Si, Ni, Ti, V 등 |
| 내열성 향상 | Cr, Ni, Si, Mo, Co, W 등 |
| 내식성 향상 | Cr, Ni, Mo 등 |
| 피삭성 향상 | Pb, S, Ca 등 |

- 합금원소가 Fe보다도 C와의 결합력이 크고, 그 양이 많으면 시멘타이트 이외의 특수한 탄화물을 생성하여 경도와 내마모성을 증가시킨다.

- C와의 친화력이 강한 합금원소의 순서는
  Ti > Nb > V > Ta > W > Mo > Cr > Mn > Fe.....
- 페라이트의 인장강도에 효과적인 특수원소는?
  Be, Si, Ti, Mn, Al, Ni 등
  ⇒ 강의 담금질성을 높이는 첨가원소는?
  Mn, Mo, Cr 등이 높고, Si, Ni는 비교적 낮다.

### 8.1.3 특수강의 분류

- 용도에 따라 특수강을 2가지로 대별하고 그 종류를 들면?
  - ▸ 구조용 특수강
    강인강, 표면경화용 강, 스프링강, 쾌삭강
  - ▸ 특수목적용 특수강
    공구강, 내식강, 자성용강, 전기용강, 내열강, 불변강

## 8.2 구조용 합금강

### 8.2.1 강인강(기계구조용 저합금강)

탄소강에 소량의 합금원소를 첨가하여 인장강도와 인성을 크게 한 것

→ 담금질에 의해 경도를 증가시킨 후 뜨임하여 인성 부여

예 저Ni강, 저Cr강, 저Mn강, Ni-Cr강, Cr-Mo강, Ni-Cr-Mo강 등

#### (1) Ni강

연율의 감소없이 강도, 항복점, 경도의 상승과 충격값을 증가시키므로 강인성이 크다. 비가역강(5~30% 함유시 가열과 냉각시에 큰 변태점의 차이가 발생: 25%일 때 = 500℃의 차이)의 성질을 갖는다.

- 종류: 구조용의 저Ni강과 특수용의 고Ni강
  - ▸ 저Ni 펄라이트강
    - C량이 0.2%이하, Ni이 5%까지는 펄라이트조직이고 침탄용 → 차축, 기어, 크랭크축 등의 강도를 요하는 부품, 인성부에 사용
    - C가 0.25%이상의 Ni강은 침탄하지 않고 담금질하여 기계부품용
  - ▸ 고Ni 오스테나이트강

    Ni 20~30%의 강: 공랭으로도 쉽게 오스테나이트가 되어 강도, 탄성한계, 충격값이 크고, 비자성이므로 무자성강으로 사용
- 불변강이란 무엇이며 그 종류는?

  고Ni강은 열팽창계수, 탄성계수가 온도변화에 따라 불변인 강

  → 종류: 인바, 엘린버, 플래티나이트 등
  - ▸ 인바(invar): Fe-36%Ni계로 선팽창계수가 0.97×10-8로 보통강의 1/11.5만큼 낮다 → 용도: 시계의 진자, 표준척, 지진계, 바이메탈재료(황동 또는 모넬메탈과 짝)
  - ▸ 초인바(super invar): 인바의 Ni량을 줄여 Co로 대체, Ni 30~32%, Co 4~6%, 나머지 Fe → 20℃에서의 선팽창계수가 거의 0에 가깝다.
  - ▸ 엘린버(elinvar): Fe-30%Ni-12%Cr계로 상온 탄성계수의 변화가 매우 적다 → 용도: 시계의 스프링, 정밀계측기 부품

    코엘린버(coelinvar): 26~58%Co, 10~11%Cr, 16.5%Ni을 함유, 탄성률 변화가 적음
  - ▸ 플래티나이트(platinite): Fe-42~46%Ni합금은 백금(Pt)의 팽창계수와 동일 → 용도: 전구도입선, 진공관, 백금선 대용
  - ▸ 퍼멀로이(permalloy): Ni 70~90%, Fe 10~30%의 합금으로 투자율이 높아 고주파 철심재료에 사용

### (2) Cr강(SCr_)

약 1%의 Cr을 첨가하여 소입성을 향상시킨 강 → 자경성(self hardening)이 있어 공랭해도 쉽게 마텐자이트로 되어 경화되고, 내식 내열성이 크며 탄화물 생성경향이 강하여 내마모성이 크다.

- 용도는?
  - ▸ Cr 1~2%에 0.18% C 이하의 강: 표면경화용, 핀, 기어, 볼트 너트 등
  - ▸ Cr 〈1~2%에 C 1~1.2%강: 베어링, 롤러, 다이스, 줄 등의 공구용

### (3) Mn강(SMn_)

- 저Mn 듀콜(Ducol)강: C 0.2~1.0%, Mn 1~2%의 펄라이트조직: 일반구조용
- 고Mn 해드필드(Hadfield)강: C 1~1.3%, Mn 11~13%의 오스테나이트조직: 내마모용
- 수인법(水靭法, water toughening)이란?
  고Mn강은 서냉되면 탄화물이 석출하여 취약하므로 1000~1100℃의 고용된 상태에서 수냉하여 오스테나이트 조직으로 만들어 인성을 개선시키는 열처리

### (4) Ni-Cr강(SNC_)

- Ni : 페라이트 기지에 고용되어 강인성 증가와 Cr: 탄화물에 의한 경화를 동시에 얻음
  → 연신율 감소없이 강도와 항복점이 큰 특징, 대표적인 구조용강이고 뜨임취성의 경향이 있으므로 Mo 또는 V을 첨가하여 줄인다.
- 뜨임취성(temper brittleness)이란 무엇이며 그 발생원인은?
  Ni-Cr강을 뜨임온도에서 서랭시키면 충격값의 큰 감소를 일으키는 현상이고, 그 원인은 뜨임서랭시 560℃ 부근에서 Cr의 탄화물이 석출하기 때문이다. 따라서 뜨임 후는 급랭시켜야 강인성이 좋고 충격저항이 크게 된다.

### (5) Cr-Mo강(SCM_)

Cr강에 0.15~0.3%Mo을 함유하면 경화능이 크고 뜨임취성의 경향이 적다. SNC_보다 싸므로 그 대신으로 사용되며, 구조용 합금강 중 가장 많이 사용된다.

### (6) Ni-Cr-Mo강(SNCM_)

가장 우수한 구조용강이고, 0.15~0.3%Mo 첨가로 경화능을 증가시키고 뜨임취성을 감소시켜 강인성 높다.

#### (7) 기타 강인강

- Cr-Mn강: Ni-Cr강의 Ni 대신에 Mn을 첨가 → Ni-Cr강보다 강도는 낮으나 인성이 좋다.
- 크로만실(Cr-Mn-Si강): 싸고 강인성이 커서 기계가공이 쉽고 단조, 열처리가 용이하다.

### 8.2.2 표면경화용 강

#### (1) 침탄용강(case hardening steel)

장시간 가열하여도 조직과 성질이 저하되지 않고, 단순한 저탄소강이 아니고 Ni, Cr, Mo 등을 첨가하여 기계적 성질을 개선하여 사용 → 저C Ni강, 저C Cr 및 Mn강, Ni-Cr강의 21, 22종, SNCM의 21~24종

#### (2) 질화용강

중탄소강에 Al, Cr, Mo, Ti, V 등의 질화원소 중 2개 이상 함유한 강 → Al-Cr-Mo계, Cr-V계 질화강

### 8.2.3 스프링강

#### (1) 스프링강(SPS_, Si-Mn계)

- 스프링: 기계적 에너지를 탄성에너지로 잘 변화하여 축적 혹은 방출하는 기능이 필요 → 탄성한도, 항복강도, 피로한도가 커야 하고 영구변형이 생기지 않고 충격에 잘 견딤
- 종류: 경강선, 피아노선, 마대강 등의 탄소강, Mn강, Si-Mn강, Cr강, Cr-V강, Cr-Mn강 ⇒ 일반 자동차용: Si-Mn강, Cr-Mn강

#### (2) Cr-V강

인성이 크고 항복점이 높은 특징, Si-Mn강보다 정밀한 고급 스프링재료로 사용

### 8.2.4 쾌삭강(SUM_, free cutting steel)

P, S, Pb, Ca 등을 단독 혹은 복합 첨가하여 피삭성을 개량한 강

→ 자동선반 등의 연속고속절삭에 적합

## 8.3 공구강 및 공구재료

### 8.3.1 공구재료의 분류와 조건

- 공구재료
  - 공구강
    - 탄소공구강 : 고C 공구강
    - 합금공구강 : Cr강, W강, W-Cr강
    - 고속도강 : W 고속도강, Mo 고속도강, Co 고속도강
  - 경질합금
    - 주조결질합금 : stellite
    - 소결경질합금 : widia
  - 광물질
    - $Al_2O_3$계 연삭재 : $Al_2O_3$ 연삭숫돌
    - SiC계 연삭재 : SiC 연삭숫돌
    - 다이아몬드 : 다이아몬드 공구
  - 자기질(瓷器質) — ceramic 공구 : cermet

- 공구재료의 구비조건으로는?
  - ▸ 상온 및 고온경도가 높아 내마모성이 클 것
  - ▸ 강인성이 커서 충격에 견딜 것
  - ▸ 열처리 및 가공이 용이하고 열처리변형이 적을 것
  - ▸ 내산화성, 내식성, 내heat check성(반복 가열냉각에도 균열이 생기지 않고 견디는 성질)이 좋을 것
  - ▸ 피삭성이 좋고 가격이 쌀 것

## 8.3.2 탄소공구강(STC_)

공구강 중 가장 값싸고 널리 사용, C 0.6% 이상, P, S가 적은 양질의 킬드강으로 제조

- C량이 많은 것: 절삭용 등의 내마모용 공구

  예 목공용 공구, 절삭용 bite, 드릴, 커터

- C량이 적은 것: 금형용 등 인성이 요구되는 공구

  예 단조용 게이지 등

## 8.3.3 합금공구강(STS_, STD_, STF_)

탄소공구강에 특수원 소(Cr, W, Mn, Ni, V 등)를 1~2종 첨가하여 성능을 개선한 강

- C량: 0.45% 이상, 담금질효과 크다
- Cr: 담금질 경화능 증대(0.5%: 유냉, 1%이상: 공냉으로 충분히 담금질)
- W: 담금질경도와 고온경도를 높여 내마모성 향상
- Ni: 인성개선
- V: 결정립 미세화작용
- 합금공구강의 용도에 따른 4가지 종류는?

  절삭공구용, 내충격공구용, 열간금형용, 냉간금형용으로 분류(KS D 3753 참조)

## 8.3.4 고속도강(SKH_)

고속절삭을 하여도 절삭성이 저하하지 않는 공구강으로, 일명 HSS(하이스, high speed steel)라고 부른다. → Mo, W, V 등을 다량 첨가하여 Mo3C, WC, V4C3 등 특수탄화물의 2차경화를 이용해서 고온경도를 유지

- 고속도강의 대표적인 표준성분은?

  18-4-1강(18%W-4%Cr-1%V을 0.8%의 C강에 첨가한 표준고속도강)

- 고속도강의 원소별 종류와 성질은?
  - ▸ W계 고속도강: 18:4:1강이 대표적 → SKH2~10
  - ▸ Mo계 고속도강: 6:5:4:2형(W%:Mo%:Cr%:V%의 비) → 값비싼 W의 일부를 Mo으로 대치, SKH 51(구 SKH 9)~54
  - ▸ 저탄소 Co고속도강 등 → SKH 55~59

    ⇒ Mo계가 W계에 비해 가격이 싸고 1/2량으로도 가능하며 인성이 큰 이외에도 담금질온도가 낮으므로 더 많이 사용되며, Co는 고온경도와 점성을 높이고 절삭내구성을 향상시킨다.

    - 담금질 온도: 1200~1350℃(고온으로 기지중에 탄화물을 다량 고용한 후)에서 유냉
    - 뜨임온도: 550~580℃로 뜨임 → 2차경화가 발생(∵ 잔류 γ의 마르텐자이트로 변화, 복탄화물의 석출로 뜨임에 의해서도 오히려 경도가 현저히 상승)

### 8.3.5 소결공구재료와 기타

- 소결법(sintering)이란?

  융점이 높은 재료는 융점의 1/2정도의 고온에서 고체간 반응을 시켜 분말입자를 결합시켜 제품을 만드는 제조법

  ⇒ 분말야금법(PM법, powder metallurgy)의 원리로 이용
- 소결공구재료(초경합금): WC, TiC, TaC 등의 금속탄화물 분말을 Co나 Ni를 점결제로 하여 가압성형시킨 후 소결한 공구

  ⇒ 종류: D종(다이스용), G종(주철용), S종(절삭용)

  예 Widia[독일], Midia[영국], Tungaloy[일본], Carboloy[미국] 등
- 스텔라이트(Stellite): Co계 주조경질합금으로 주조한 상태로 절삭하여 사용하는 공구재료로서 열처리하지 않아도 충분한 경도가 얻어진다.
  - ▸ 성분: Co 40~45%, Cr 15~33%, W 10~20%, C 2~3%, Fe〈5%
  - ▸ 성질: 600℃까지 경도 감소없이 내마모성 우수, 내식 내열용으로 사용

- 세라믹공구(ceramic tool): 무기질(산화물, 탄화물, 질화물, 붕산물계) 재료의 고온 소결체의 총칭($Al_2O_3$를 주성분) → 고온경도가 크고 내마모성과 내열성이 우수하여, 절삭 중에 융착되지 않는 특징이 있으나, 인성이 적고 충격에 약하다.
- 그외 비금속공구재료: 다이아몬드, 연삭숫돌($Al_2O_3$계, SiC계 등)

### 8.3.6 다이스강과 베어링강

#### (1) 다이스강(dies steel)

신선(wire drawing, 인발) 등에 쓰이는 die 제조용의 저합금 특수강

- 열간금형용 다이스강: STD 4~6종(프레스금형 등), STF_(단조용 다이블록)
- 냉간금형용 다이스강: 냉간다이스강(STD 1,11,12), 냉간금형용(STS 3,31)

#### (2) 베어링강(STB_, bearing steel, 축수강 軸受鋼)

고속의 반복적인 고하중을 받으므로 내마모성 크고 높은 탄성한도와 피로강도 요구

- 고탄소Cr강(1% C, 1~1.5% Cr)을 열처리하여 마르텐자이트 기지에 입상 $Fe_3C$를 분산시킨 강이 사용 → 볼베어링, 롤러 또는 차량의 내외륜에 많이 사용
- 게이지용 강(gauge steel): 블록 게이지, 와이어 게이지 등에 사용되는 강으로, 시효에 의한 길이변화를 적게 하기 위하여 장시간 혹은 반복뜨임을 하여 변형방지에 노력 → W-Cr-Mn계의 STS 3의 합금공구강, 요한슨 게이지강 등

## 8.4 특수목적용 특수강

### 8.4.1 내식 스테인리스강

- Tamman의 법칙(1/8법칙): Cr/Fe 〉 1/8이상이면 강의 내식성이 현저히 높아지는 현상

- 내식 스테인리스강을 엄밀하게 분류하면?
  - ▸ 스테인리스강(stainless steel) 또는 불수강(不銹鋼): 12% Cr 이상을 함유한 강
  - ▸ 내식강(corrosion resistant steel): 12% Cr 이하를 함유한 것
- 12% Cr 이상의 강이 내식성을 나타내는 원인은?
  강의 표면에 치밀하고 안정된 견고한 Cr의 산화피막($Cr_2O_3$)이 생겨 보호작용을 하기 때문에 녹이 슬거나 부식되지 않는다.
- 스테인리스강의 조성과 기지조직에 따른 종류는?
  - ▸ 조성에 따라: Cr계와 Cr-Ni계
  - ▸ 기지조직에 따라: 페라이트계, 마르텐자이트계, 오스테나이트계, 석출경화계, 2상계

### (1) 페라이트(ferrite)계

저C: 고Cr 조성(0.12%이하 C, 13~18% Cr), Cr은 Fe에 고용하여 $\alpha$고용체의 페라이트 조직으로 되어있고, 강인성, 내식성과 가공성이 양호하다.

- 주의해야 할 2가지 취성은?
  - ▸ 475℃ 취성: 고Cr강을 고온 장시간 가열하면, 고Cr 페라이트와 저Cr 페라이트의 2상으로 분리되어 취약하게 되고 내식성도 저하되는 현상
  - ▸ $\sigma$취성: 고Cr강을 더욱 700~800℃로 가열하면, FeCr을 기본으로 한 $\sigma$상이라는 금속간화합물이 석출되면서 재질을 취약하게 하는 현상

  예 STS 405, 430(보통 SUS 24종)

### (2) 마르텐자이트(martensite)계

중C: 고Cr 조성(C가 0.15~0.3%, Cr이 12~18%)으로 고온의 $\gamma$를 퀜칭하여 martensite 조직으로 한 것으로, 상온에서 강자성이고 저렴하나 내식성은 스테인리스강 중 최저

용도: 칼 의료용기구, 다이스, 게이지 등의 내마모성을 요하는 화공용 기계부품

예 STS 410, 420, 440

### (3) 오스테나이트(austenite)계

저C 고Cr 고Ni의 조성으로 페라이트계로는 내식성과 강도가 부족한 경우에 사용

- 대표적인 것: 18-8강(18% Cr-8% Ni의 합금, 기지가 $\gamma$조직으로 되기 위한 한계조성)
- 성질: 내식성 가장 우수, 열처리성이 없으므로 가공경화로 강도증가, 고온강도 크다
- 종류: STS 304(보통 SUS 27종), 316
- 용도: 각종 화학공업용, 가정기구 등 사용범위가 가장 넓다.
- 입계부식(intergranular corrosion): 18-8강을 고온 급냉후 400~800℃에서 장시간 유지하면 Cr탄화물이 입계에 석출해서 그 입계를 따라 부식이 진행되는 현상
  ⇒ 이 상태의 강: 예민화(sensitize)되었다고 한다.
- 예민화 혹은 입계부식의 방지법은?
  - ▸ Cr 탄화물이 발생하지 않도록 저C로 해준다.
  - ▸ Ti, Nb, Ta 등의 탄화물 형성이 강한 원소를 첨가하여 Cr을 안정화시킨다.
  - ▸ 예민화된 것은 1100℃ 이상으로 가열해서 탄화물을 고용시킨 후 급랭하면 효과있다.

### (4) 석출경화계(PH형, precipitation hardening), 강력 스테인리스강

Al, Cu, Ti 등의 미세 석출경화형 원소를 첨가하여 $\gamma$를 급냉시켜 martensite로 한 후, 시효에 의해 탄화물을 석출시켜 그 분산강화에 의해 강도증가

- 종류: STS 630(17-4PH), 631(17-7PH) 등
- 17-4 PH: 17Cr-4Ni에 4%Cu를 석출원소로 첨가 → martensite+시효석출로 강화
- 17-7 PH: 0.25~1.5%의 Al을 첨가, Ni-Al화합물을 석출
- 15-7 PH: 17-7 PH강에 Mo 2~3% 첨가 → 160~200 $kg/mm^2$의 인장강도

### (5) 오스테나이트·페라이트계 2상 스테인리스강

Cr 20~28%, Ni 3~8%, Mo 3%로 오스테나이트계보다 Cr량이 많아 $\gamma+\alpha$ 의 2상조직 → 오스테나이트계보다 강하고 값이 싸며, 내해수성 입계부식 저항성이 양호

### 8.4.2 내열강(heat resistant steel) 및 내열재료

내열재료의 구비조건: creep강도가 크고, 산화막의 생성이 없고, 조직이 안정하고, 열팽창 및 수축이 적을 것

- 사용온도별 내열재료의 종류를 들면?
  - ▸ 250℃ 정도까지: 탄소강
  - ▸ 550℃ 정도까지: Cr-Mo계의 저합금 내열강
  - ▸ 650℃ 정도: 고Cr강, 그 이상의 온도: 오스테나이트계 내열강
  - ▸ 800℃ 이상: 초합금이 사용
    - 내열강(STR_재): 페라이트계, 마르텐자이트계, 오스테나이트계 → 600~700℃까지 사용
    - 내열성을 증가시키는 대표적인 원소는 Cr이고, 기타 Al, Si, Ni, Mo 등도 강도를 증가시킬 목적으로 첨가된다. 고온에서 Cr의 산화피막($Cr_2O_3$)이 형성되어 내부로 산화되는 것을 막으며, 그 외에 Al, Si 등의 산화물인 $Al_2O_3$, $SiO_2$도 내열성에 효과적이다.
- 초합금(super alloy, 초내열합금)이란?

합금원소량이 Fe량보다 많이 함유한 내열성이 더욱 우수한 합금 - Fe기, Ni기, Co기의 3종류가 있고, 신소재로 개발되고 있다.

⇒ Ni기가 가장 우수: $Ni_3(Al, Ti)$의 $\gamma$ 상 석출강화를 주로 이용한 합금 → 항공기, 가스터빈 부품 등에 널리 사용

- ▸ 서멧(cermet): 3000℃부근의 융점인 탄화물, 질화물, 산화물 등의 세라믹과 결합재로서 금속분말(〈40vol%)과의 복합 소결합금 → 고융점의 초경질재료이고, 고온 내산화성과 강도는 크나 인성이 부족 → 제트나 로켓트의 엔진 노즐, 절단용 공구 등에 사용

## 8.4.3 내마모강(wear resistant steel)

마모방지법: 경한 표면의 합금조성을 선택, 열처리, 냉간가공, 표면경화 등의 처리

예 고C 고Cr강, 고속도강, 고C 고Mn의 Hadfield강

- 내마모강으로 가장 유명한 것은?

  Hadfield강: 0.8~1.4%C, 10~14% Mn의 상온에서 오스테나이트 조직의 내마모강 → 용도: 철도 레일, 착암기 드릴 끝

- 수인법(水靭法, water toughening)이란?

  주조상태의 Hadfield강은 초정 γ입계에 탄화물이 석출되어 취약하므로, 1000~1050℃의 고온에서 20~30분간 가열해서 탄화물을 용해시킨 후 수랭시켜 균일한 γ조직으로 하여 인성을 갖게 하는 처리법

## 8.4.4 전자기용강

### (1) 철심(iron core)재료

발전기, 변압기, 전동기의 철심재료에는 0.4~4.2% Si의 규소강판이 사용= 전기강판

구비조건: 자기감응도가 크고 잔류자기, 보자력, 이력손실 및 와전류손실이 작을 것

### (2) 영구자석합금

자장을 떠나도 잔류자기 및 항자력이 크고 자기의 강도가 감소되지 않는 성질의 합금

- 영구자석합금의 종류에는?
  - 초기: 0.8~1.2%의 탄소강, 5~6%의 W강, 3.5%의 Cr강이 사용되었으나
  - 그 후: KS강(W강+Co 30~40%, Cr 1.5~3.5%), MK강, Fe-Ni-Co계의 Alnico강, Fe-Co-V계의 Vicalloy, 희토류계, 페라이트계 등의 신형 강력자석이 사용

### (3) 비자성(non-magnetic)강

오스테나이트 조직의 18-8 스테인리스강, 고Mn강, Ni-Mn강 등 → 발전기, 변압기, 차단기의 커버 및 배전반 등에 자성재를 사용하면, 와전류가 발생되어 온도가 상승하므로 이를 피하기 위해서는 비자성강을 사용함

### (4) 전열재료

전기저항에 의한 Joule열을 이용하여 발열체 재료로 사용하는 합금

- 전열재료의 종류를 크게 2가지로 나누면?
  - ▸ 금속질: Pt, Mo, W, Ta 등의 순금속계와 합금계가 있다.

    예 니크롬선(Ni-Cr계, 오스테나이트 조직, 1100℃까지 사용), 칸탈선 (Fe-Cr-Al계, 페라이트 조직, 1250℃까지 사용)
  - ▸ 비금속질: C, Si-Mo, SiC의 실리코니트(Siliconitte, 상품명)

# 연습문제

## 객관식

1. Hadfield강이란 무엇인가?

① 고Ni강 ② 고Mn강
③ 고Cr강 ④ 고W강

2. ducol강의 용도로 맞는 것은?

① 정밀기계부품 ② 피아노선, 공구, 기타 부속
③ 구조용 강재(조선, 차량, 건축, 교량 등) ④ 기중기, 불도저엔진, 자동차부품

3. 특수강을 제조하는 목적으로 적당하지 않은 것은?

① 내마모성을 증대시키기 위하여 ② 내식성을 증대시키기 위하여
③ 취성을 증대시키기 위하여 ④ 경도를 증대시키기 위하여

4. 공구강의 구비성질 중 옳지 않은 것은?

① 강인성이 클 것 ② 열처리 변형이 클 것
③ 내마멸성이 클 것 ④ 제조 및 취급이 쉽고 저렴할 것

5. 다음 중 특수강의 각종 목적과 상이한 점은?

① 내마멸성, 내식성 증대 ② 고온강도 저하
③ 전기저항 증대 ④ 담금질 용이

6. 내열성을 증가시키기 위해 첨가하는 원소는?

① Cr ② C
③ Mn ④ Mg

7. 강에 Al를 첨가하면 다음과 같은 주요작용을 한다. 틀리는 것은?

① 탈산작용 ② 결정입의 성장촉진
③ 흑연화 촉진 ④ 질화강에서 경도를 향상시킨다.

8. 특수강에서의 Ni은 다음과 같은 주요작용을 한다. 틀리는 것은?

① 담금질성 증대 ② 저온취성방지
③ Ferrite 조직을 안정화시킨다. ④ 흑연화 경향이 있다.

9. 합금강에서 소량의 Cr이나 Ni을 첨가하는 가장 중요한 이유는 무엇인가?

① 내식성을 증가시킨다.
② 경화능을 증가시킨다.
③ 마모성을 증가시킨다.
④ 담금질후 마르텐사이트 조직의 경도를 증가시킨다.

10. 열간가공이 쉽고 다듬질 표면이 아름다우며, 특히 용접성이 좋고 고온강도가 큰 장점이 있는 합금강은?

① Ni–Cr강 ② Mn–Mo강
③ Cr–Mo강 ④ W–Cr 강

11. 다음 중 니켈–크롬강에 나타나는 뜨임 메짐(tempering shortness)을 방지하기 위한 대표적인 첨가 원소는?

① 니켈(Ni) ② 크롬(Cr)
③ 몰리브덴(Mo) ④ 마그네슘(Mg)

12. 듀콜강(ducol steel)이란?

① 고코발트강 ② 저코발트강
③ 고망간강 ④ 저망간강

13. 고망간강의 특성은?

① 내마멸성 ② 연성
③ 전성 ④ 내부식성

14. 오스테나이트 망간이란 무엇인가?

① Mn이 $\gamma$조직을 갖고 있는것.
② 망간조직이 austenite와 같은 것.
③ 망간 10～14%가 상온에서 austenite 조직을 갖는 것.
④ 열에 의해 망간이 austenite로 되는 것.

15. 다음 중 절삭성을 좋게 하기 위해 첨가하는 원소는?

① Zn ② Sn ③ S ④ Si

16. 기어, 캠, 축 등 침탄용강의 탄소 함유량은 몇%인가?

① 0.01~0.04 ② 0.04~0.08 ③ 0.08~0.2 ④ 0.2~0.3

17. 표면경화강인 질화강에서 질화층의 경도를 높여주는 역할이 아닌 원소는?

① 크롬 ② 구리 ③ 몰리브덴 ④ 알루미늄

18. 다음 중 스테인리스강의 KS재료기호는?

① STC ② STD ③ SPS ④ STS

19. 다음 탄소공구강 중 탄소함유량이 가장 많은 것은?

① STC1 ② STC2 ③ STC3 ④ STC4

20. 스프링강이 갖추어야 할 성질 중 틀린 것은?

① 항복강도가 커야 한다. ② 탄성한도가 높아야 한다.
③ 충격값 및 피로한도가 커야 한다. ④ 연신율이 높아야 한다.

21. 석출경화형의 강력 스테인리스강인 것은?

① 18-8 스테인리스강 ② 페라이트형 스테인리스강
③ 18%Cr 스테인리스강 ④ 17-4 PH 스테인리스강

22. 스프링강은 탄성한계를 높이기 위해 규소를 첨가하는데 규소가 많으면 표면이 탈탄하기 쉬워 이 결점을 보완하기 위해 무엇을 첨가하는가?

① Mn ② P ③ Cr ④ Mo

23. 다음 중 스프링강이 재료로 적합하지 않은 것은?

① Cr-V강 ② Cr-Mn강 ③ Si-Mn강 ④ Cr-Mo강

24. 주로 대형 겹판 스프링, 코일 스프링에 사용되는 강재의 종류는?

① 망간-바나듐 강재 ② 크롬-망간 강재
③ 망간-몰리브덴 강재 ④ 크롬-실리콘 강재

25. 고속도강의 KS재료 표시기호는?

① SKD ② SKS ③ SKT ④ SKH

26. 쾌삭강에 첨가하여 메짐성을 막을 수 있는 원소는?

① 망간 ② 규소 ③ 인 ④ 황

27. 다음 스테인리스강의 종류에 해당되지 않는 것은?

① 마르텐사이트계 ② 페라이트계 ③ 펄라이트계 ④ 오스테나이트계

28. 공구강 재료로서 구비해야 할 조건에 속하지 않는 것은?

① 연성 및 취성이 좋은 것 ② 내마모성이 클 것
③ 강인성이 있을 것 ④ 상온 및 고온경도가 높을 것

29. 고속도강에서 발생하는 2차경화란?

① 고온에서 용질원소와 용매원소의 안정한 탄화물이 형성되기 때문이다.
② 저온(550℃ 부근의 뜨임)에서 불안정한 탄화물이 형성되어 경화되는 현상이다.
③ 고온에서 가스에 의한 산화, 침식에 견디는 현상이다.
④ 탄소의 양을 줄이므로 크롬탄화물의 석출을 억제시키는 현상이다.

30. 공구재료가 갖추지 않아도 되는 조건은?

① 열처리성 ② 인성 ③ 내마멸성 ④ 취성

31. 자경성이 좋고 투자율이 높기 때문에 전자기용 강으로 널리 쓰이는 특수강은?

① 샌더스트 ② 스텔라이트 ③ 플래티나이트 ④ 엘린바

32. 고속도강의 대표적인 첨가원소는?

① W–Cr–V ② Mn–Cr–Si ③ Ni–Cr–Mo ④ Ni–CrMn

33. 다음 중 측량용 표준자로 사용되는 재료는?

① 인바아 ② 엘린바 ③ 플래티나이트 ④ 콘스탄탄

34. 금속탄화물의 분말을 프레스로 성형한 다음 소결하여 만든 합금으로 절삭공구나 다이 및 내열, 내마멸성 부품에 많이 사용되는 것은?

① 초경합금 ② 주조경질합금 ③ 합금공구강 ④ 세라믹

35. WC, TiC, TaC 등의 코발트 분말을 결합재로 하여 800~1000℃에서 예비 소결한뒤 희망하는 모양으로 가공하고 1400~1500℃에서 소결시키는 분발 야금빕은?

① 초경합금 ② 주조경질합금
③ 고속도 공구강 ④ 세라믹 공구강

36. 다음 중 고속도강에 대한 합금원소의 함량이 올바르게 나타낸 항은?

① 0.8%C, 3% Ni, 1%,Cr, 0.6% Mo ② 0.8%C, 18% W, 4% Cr, 1% V
③ 0.8% C, 18% W, 4% V, 1% Cr ④ 0.8% C, 3% Ni, 0.6% Mo, 1% Cr

37. 다음 중 주조경질합금강인 스텔라이트의 특징에 해당되지 않는 것은?

① 단조 또는 절삭할 수 없다.
② 절삭속도가 고속도강보다 빠르나 인성이 나쁘다.
③ 용접이 불가능하나 충격, 압력, 진동 등에 대하여 내구력이 우수하다.
④ 고온 저항이 크고 내마모성이 우수하다.

38. Cr-Co-W-C 합금으로서 열처리하지 않아도 충분한 경도를 갖는 대표적인 주조경 질합금은?

① 고속도강(high speed steel) ② 세라믹(ceramic)
③ 스텔라이트(stellite) ④ 퍼멀로이(permalloy)

39. 스프링강을 쇼트피닝하면 무슨 기계적 성질이 증가되는가?

① 인장강도 ② 연성
③ 피로한도 ④ 크리프강도

40. 산화알루미늄($Al_2O_3$) 분말에 규소(Si) 및 마그네슘(Mg) 등의 산화물이나 그 밖의 다른 산화물의 첨가물을 넣고 소결한 절삭공구재료는?

① 합금 공구강 ② 초경합금 ③ 세라믹 ④ 시효소결합금

41. 탄소 공구강의 탄소량은?

① 2.1~3.4 ② 0.4~0.5 ③ 0.7~1.5 ④ 0.5~0.7

42. 다음 중 다이스강(dies steel)의 특징이 아닌 것은?

① 고온경도가 낮다. ② 경도가 높아 내마모성이 좋다.
③ 풀림처리 상태에서 가공이 쉽다. ④ 담금질에 의한 변형이 적다.

43. 합금공구강에 첨가되는 원소로 가장 적합하지 않는 것은?

① Al ② W ③ Cr ④ V

44. 다음 중 경도가 크고 내마모성이 좋아서 대량 생산용 금형의 재료로 가장 적합한 것은?

① 초경합금 ② 구리합금 ③ 아연합금 ④ 알루미늄 합금

45. 탄소공구강의 단점을 보강하기 위하여 Cr, W, Mn, Ni, V 등을 첨가하여 경도, 절삭성, 단조, 주조성 등을 개선한 강은?

① 합금공구강 ② 고속도강
③ 다이스강(dies steel) ④ 주조경질합금

46. 다음 중 특히 심냉처리(sub-zero treatment)해야 하는 강은 어느 것인가?

① 스테인리스강 ② 내열강 ③ 게이지강 ④ 구조용

47. 다음 원소 중 스프링의 탄성한계를 높이기 위해 첨가하는 원소는?

① P ② Si ③ Mn ④ Mo

48. 내마멸성과 내식성이 좋을 뿐만 아니라, 가공이 쉽고 열팽창계수가 작으며, 시간의 경과나 온도변화에 따른 수축이나 팽창이 적아야 하는 합금강은?

① 쾌삭강 ② 고속도강
③ 게이지강 ④ 세라믹공구강

49. 니켈이나 크롬 등을 많이 첨가하여 내식성이 좋고 대기중, 수중, 산에 잘 견디는 성질을 가며, 황산이나 염산과 같은 산에는 내식성을 잃는 강은?

① 스테인리스강 ② 영구자석강
③ 게이지용강 ④ 고크롬고탄소강

50. 18-8형 스테인리스강의 주성분은?

① 크롬 18%, 니켈 8% ② 니켈 18%, 크롬 8%
③ 티탄 18%, 니켈 8% ④ 크롬 18%, 티탄 8%

51. 스테인리스강(stainless steel)의 산화물 안정 요소가 아닌 것은?

① 티탄 ② 몰리브덴
③ 니오브 ④ 크롬

52. 내식성과 내충격성이 크고, 기계가공성이 다른 것에 비해 좋은 종류의 스테인리스강은?

① ferrite형 ② martensite형
③ austenite형 ④ 석출경화형

53. 다음 중 불변강에 속하지 않는 것은?

① 인바아 ② 엘린바
③ 스텔라이트 ④ 플래티나이트

54. 스테인리스강에 내황산성을 높이기 위해 첨가하는 원소는?

① 티탄(Ti) ② 구리(Cu)
③ 알루미늄(Al) ④ 몰리브덴(Mo)

55. 미세한 합금원소를 첨가하여 고온강도를 증대시킨 석출경화형 스테인리스강의 석출 원소에 해당하는 것은?

① 마그네슘, 망간, 지르코늄 ② 티탄, 알루미늄, 구리
③ 구리, 인, 납 ④ 알루미늄, 구리, 아연

56. 다음 중 13Cr형 스테인리스강의 명칭과 특성을 가장 올바르게 나타낸 항은?

① 페라이트계 스테인리스강으로 열처리에 의하여 경화할 수 있다.
② 오스테나이트계 스테인리스강으로 비자성체이다.
③ 페라이트계 스테인리스강으로 탄소가 들어 있으면 절삭성 및 가공성이 양호하다.
④ 오스테나이트계 스테인리스강으로 임계부식이 생기기 쉽다.

57. 팽창계수가 작고 탄성계수의 온도 의존성이 적어 시계의 스프링 등에 쓰이는 금속재료는?

① inconel ② elinvar
③ nichrome ④ silzin bronze

58. 다음 중 버너의 노즐이나 내연기관의 밸브에 사용되는 강으로 가장 적당한 것은?

① 고속도강 ② 내열강
③ 불변강 ④ 탄소공구강

59. 상온에서 탄성계수가 거의 변화하지 않는 Fe-Ni-Cr 합금으로 정밀계기의 재료에 적합한 재료는 어느 것인가?

① 스프링강 ② 쾌삭강
③ 엘린바 ④ 규소강

60. 변압기의 철심 및 소자에 사용되는 재료는?

① 인바아 ② 엘린바 ③ Ni-Cr강 ④ Si강

61. 다음 중 고니켈강에 속하지 않는 것은?

① 하이드로날륨 ② 인바 ③ 엘린바 ④ 플래티나이트

62. 연속적으로 운전하지 않는 발전기, 또는 전동기용 철심, 고자속(高磁束) 밀도를 요하는 전기기계용으로 사용되는 규소철판의 Si 함유량은 얼마 정도가 가장 좋은가?

① 1% 내외 ② 3% 내외 ③ 3.5~5% ④ 8% 내외

63. 특수강에서의 Mo를 첨가하면 다음과 같은 주요작용을 한다. 틀리는 것은?

① 담금질 향상 ② 뜨임 취성 방지
③ creep 특성 향상 ④ 저온강도 증대

64. 탄소강에 니켈, 크롬, 몰리브덴, 구리 등이 첨가되어 내식성, 내열성이 향상된 합금 주강은?

① 스테인리스 주강 ② 강인주강 ③ 하드필드주강 ④ 칠드주강

65. 고속도강의 뜨임온도로 가장 적합한 것은 어느 것인가?

① 210~290℃ ② 560~580℃
③ 860~910℃ ④ 980~1200℃

66. 다음 중 분말야금법에 의한 소결작용을 통하여 주로 가공하는 부품은?

① 철근 ② 초경합금 ③ 알루미늄 ④ 고속도강

67. 다음 중 자석에 붙지 않는 비자성체인 합금은?

① 연강 ② 탄소공구강
③ 18-8스테인리스강 ④ 13Cr형 스테인리스강

**정답**

| | | | | | | | | | |
|---|---|---|---|---|---|---|---|---|---|
| 1. ② | 2. ① | 3. ③ | 4. ② | 5. ② | 6. ① | 7. ② | 8. ② | 9. ②,③ | 10. ③ |
| 11. ③ | 12. ④ | 13. ① | 14. ③ | 15. ③ | 16. ③ | 17. ② | 18. ④ | 19. ① | 20. ④ |
| 21. ④ | 22. ① | 23. ④ | 24. ② | 25. ④ | 26. ① | 27. ③ | 28. ① | 29. ② | 30. ④ |
| 31. ① | 32. ① | 33. ① | 34. ① | 35. ① | 36. ② | 37. ③ | 38. ③ | 39. ③ | 40. ③ |
| 41. ③ | 42. ① | 43. ① | 44. ① | 45. ① | 46. ③ | 47. ② | 48. ③ | 49. ① | 50. ① |
| 51. ④ | 52. ③ | 53. ③ | 54. ④ | 55. ② | 56. ③ | 57. ② | 58. ② | 59. ③ | 60. ④ |
| 61. ① | 62. ③ | 63. ④ | 64. ① | 65. ② | 66. ② | 67. ④ | | | |

## 주관식

1. 특수강의 상태도에 미치는 특수원소의 영향을 3가지로 분류 설명하고 그 예를 드시오.

2. 몇 개 원소의 공통특성 중, 탄화물의 형성과 내마모성을 향상시킬 수 있는 원소들을 드시오.

3. 오스테나이트 구역을 축소하는 원소와 확대하는 원소를 드시오.

4. 기계구조용 저합금강은 기계구조용 탄소강에 비교하면 어떤 첨가원소가 있는가 ? 또 그 첨가원소의 종류별 특징을 적으시오.

5. 불변강의 종류를 들고 설명하시오.

6. 합금공구강의 용도별 4종류를 들고, KS 기호와 성분의 특징 및 용도 등을 적으시오.

7. 고속도강의 뜨임처리에 의해 2차경화가 일어나는 원인을 쓰시오.

8. C는 스테인리스강에 본래 좋지 않은 원소라고 알려져 있는데 그 이유는 ? 또 C의 해를 방지하기 위해서는 어떤 방법이 있을까 ?

9. 스테인리스강의 기지조직에 따른 분류와 그 종류를 들어 설명하시오.

10. 내열강(내열합금 포함)을 사용온도에 따라 분류 설명하시오.

11. 스테인리스강의 입간부식과 그 방지법을 쓰시오.

12. 저Mn강과 고Mn강의 명칭과 기지조직에 대해 설명하시오.

13. 수인법(water toughening)이란?

14. 각종 특수강의 종류별 KS 재료기호를 들고 비교하시오.

CHAPTER 9

# 주철

# 9.1 주철의 분류와 조직

## 9.1.1 주철의 개요

- 주철(cast iron)이란?
  2.0~6.67%의 C를 함유한 Fe-C합금으로 주조성이 좋아서 주물재료로 주로 사용되는 철 → 불순물이 많아 취약하고 소성변형이 곤란
- 주철의 일반적 성질 7가지를 들면?
  - ▸ 강에 비해 융점이 낮고 응고시 수축률이 작기 때문에 주조에 적합하다.
  - ▸ 경도가 매우 높으므로 내마모성이 크고 열전도율도 좋다.
  - ▸ 조직 중에 흑연이 점재(點在)하기 때문에 기계가공시 절삭성이 좋다.
  - ▸ 표면에 흑피라고 하는 견고한 층이 있어 내식성이 좋다.
  - ▸ 흑연의 존재로 강에 비해서 진동흡수능(damping capacity)이 크다.
  - ▸ 산에 대해서는 약하지만 알칼리에는 강한 내식성이 있다.
  - ▸ 압축강도는 크지만 인장강도, 인성은 약하다.

## 9.1.2 주철의 분류

- 파면색에 따라: 백주철(C가 $Fe_3C$상태), 반주철(반점상), 회주철(흑연상태)
- 용도에 따라: 보통주철, 특수(합금)주철, 가단주철, 냉경(칠드)주철
- 흑연의 형태에 따라: 편상, 공정상, 구상흑연주철, CV흑연주철 등
- 흑연의 분포상태에 따라: ASTM(미국재료시험규격협회)의 A~E형 5가지로 분류
- 성분에 따라: 저C주철, 고C주철, 고Si주철, 고Mn주철, 고Cr주철, 고Ni주철 등
- 조직에 따라: 펄라이트, 베이나이트, 오스테나이트, 마르텐자이트, 페라이트주철 등
- 기계적 성질(인장강도의 크기)에 따라: 보통주철, 고급주철, 강인주철 등

## 9.1.3 주철의 조직

### (1) Fe-C계 (복)평형상태도

- 강의 경우: Fe-$Fe_3C$계의 단평형상태도가 사용되지만
  주철의 경우: Fe-$Fe_3C$계와 Fe-C계의 복평형상태도가 사용된다.
- 복평형상태도에 대해 2가지 안정성으로 분류하여 설명하면?
  - 준안정 평형상태: 상태도에서 실선의 Fe-$Fe_3C$(시멘타이트)계는 가열되면 흑연으로 변화할 경향을 가지는 준안정(meta-stable)적인 상태
  - 안정 평형상태: 점선의 Fe-C(흑연)계는 더 이상 변화가 일어날 수 없는 최종 안정한 상태에 있고, 상태도에서는 더 고온에 위치하므로 냉각시 변태가 먼저 일어남.
- C점의 공정조성을 경계로 하여 주철을 3가지로 나누면?
  - 아공정(hypo eutectic) 주철: 2.0~4.3%의 C를 함유한 주철
  - 공정(eutectic) 주철: 4.3%의 C를 함유한 주철
  - 과공정(hyper eutectic) 주철: 4.3~6.67%의 C를 함유한 주철
- 용탕으로부터 냉각시의 변화과정은?
  - 아공정의 BC곡선이나 과공정의 CD(C'D'포함) 곡선상의 온도: 용액에서 먼저 오스테나이트 혹은 흑연을 초정으로 정출하기 시작해서 수평선온도까지 초정응고가 계속된다.
  - ECF의 수평선온도: 공정응고반응에 의해 $\gamma$+흑연(또는 $Fe_3C$)의 공정인 레데뷰라이트 조직이 생성된다.
  - 그 이후 PSK의 수평선온도까지: $\gamma$에 대한 탄소용해도의 감소에 의한 흑연(또는 $Fe_3C$)의 석출이 계속 진행되면서 $A_1$변태선에 도달
  - PSK의 수평온도: 남은 $\gamma$의 공석반응에 의해 $\alpha$+흑연(또는 $Fe_3C$)의 조직으로 변하면서 상온에 도달

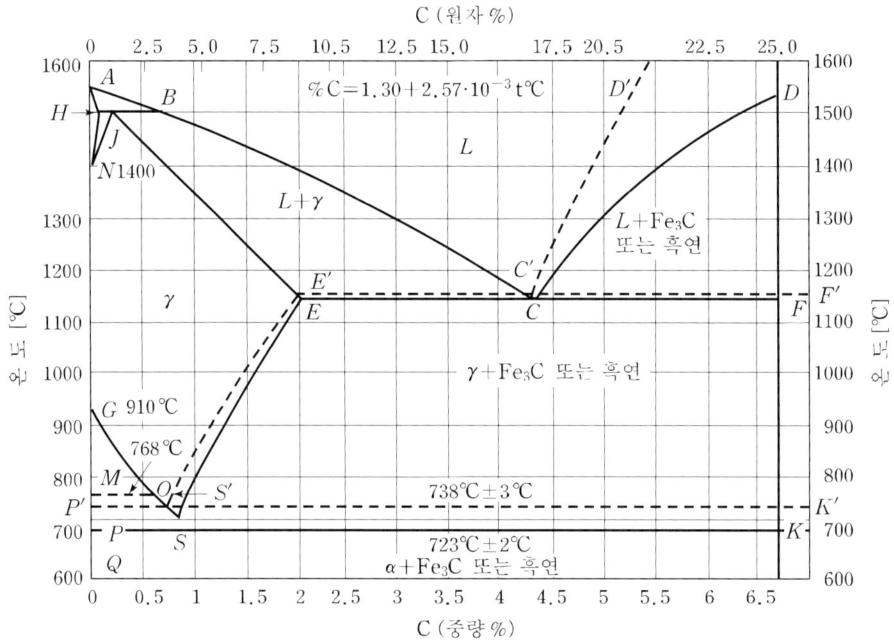


‖그림 1‖ Fe–C계의 복평형상태도

## (2) 마우러 조직도(Maurer diagram)란?

주철의 조직에 가장 큰 영향을 주는 원소인 C와 Si의 양에 따른 각 조직의 구성을 나타낸 선도 → 5가지 구역으로 나뉘며 각 구역의 조직과 특성을 종합하면 다음 표와 같다.

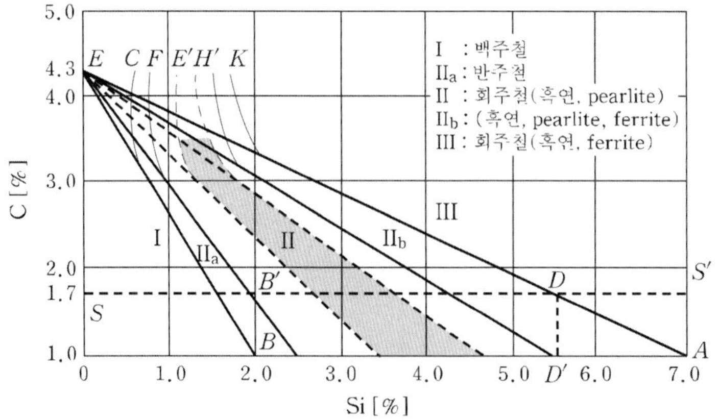


‖그림 2‖ Maurer 조직도

표 1 마우러 조직도의 구역에 따른 주철의 조직과 종류

| 구역 | 조직 | 주철의 종류 | |
|---|---|---|---|
| I | 펄라이트(P)+시멘타이트($Fe_3C$) | 백주철······극경주철(極硬鑄鐵) | |
| $II_a$ | 펄라이트(P)+시멘타이트($Fe_3C$)+흑연 | 반주철······경질주철(硬質鑄鐵) | |
| II | 펄라이트(P)+흑연(G) | 회주철 | 강력 주철 |
| $II_b$ | 펄라이트(P)+페라이트(F)+흑연(G) | | 보통 주철 |
| III | 페라이트(F)+흑연(G) | | 연질 주철 |

### (3) 주철의 흑연형상

주철의 조직과 성질 ← 흑연의 형상과 밀접한 관계 ← 화학성분, 주입온도, 냉각속도, 주물형상, 두께 등에 따라 흑연형상이 다르다.

- 주철에 나타나는 흑연의 기본형상: 편상(flake), 괴상lump), 구상(spheroidal)의 3종이고, 기타 공정상(eutectic, 작은 괴상 또는 편상의 집합체), 장미상(rosette, 편상과 공정상의 집합체), 문어상(octopus, 괴상과 편상의 집합체) 흑연이 있다.

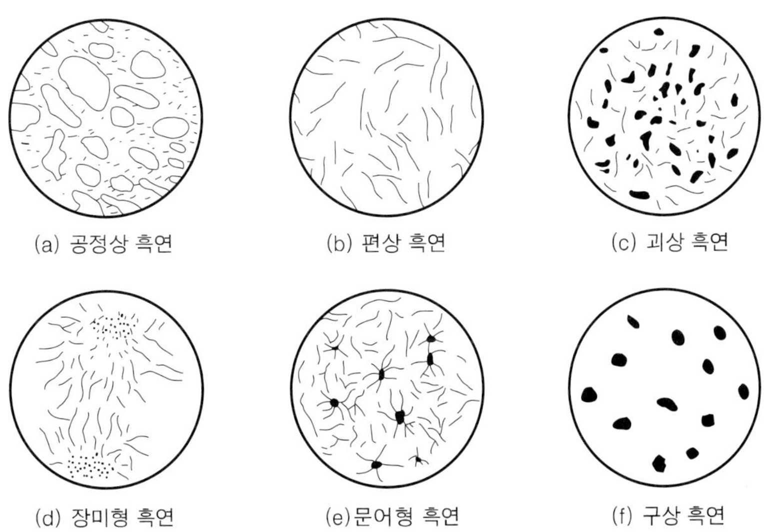

(a) 공정상 흑연 (b) 편상 흑연 (c) 괴상 흑연

(d) 장미형 흑연 (e)문어형 흑연 (f) 구상 흑연

그림 3 흑연형상의 모형도

## 9.2 보통주철

보통주철은 일반의 회주철이고 인장강도가 낮은 주철로서, GC 200(20kg/mm$^2$이하)까지의 범위를 가리키며 융점이 낮고 주조성이 풍부하다.

### 9.2.1 주철의 주조성(castability)

주물로 만들기 쉬운 성질의 정도를 말하고, 그 지배인자를 든다면?

- 용해온도가 낮을 것: 주철의 용해온도는 1250℃ 정도로 순철(1539℃)이나 강에 비해 훨씬 낮으며, C나 Si량이 많을수록 특히 P($Fe_3P$의 융점은 950℃ 정도)의 양이 많아지면 융점은 저하한다.
- 유동성이 좋을 것: 일반적으로 C, Mn, Si는 유동성을 향상시키고 P는 특히 효과가 크다. 반대로 S는 황화물을 만들기 쉬워 유동성을 해친다.
- 수축성이 적을 것: 보통주철은 응고할 때에 흑연을 정출하므로, 순철이나 강보다 수축이 적다. C와 Si량이 많아 흑연이 많이 정출하는 회주철은 주물을 만들기 쉽고, 백주철은 흑연정출이 적으므로 수축량이 커져서 주조응력이 증대하여 주물에 균열이 발생하기 쉽다.

### 9.2.2 주철의 흑연화와 성장

- 주철의 흑연화란?
  주철조직 중의 시멘타이트가 고온으로 가열되면 분해하여 흑연이 생성되는 변화 ($Fe_3C \rightarrow 3Fe + C$) → 이 입상(괴상)흑연을 뜨임탄소(temper carbon)라 함.
  - ▸ 흑연화 조장원소: Si, Al, Ni, Cu, Co 등
  - ▸ 흑연화 방해원소: S, Cr, V, Mn, Mo, W 등
- 주철의 성장이란?
  주철을 고온에서 장시간 유지하든가, 또는 가열과 냉각을 반복하면 팽창되어 변형이나 균열을 일으키는 성질

- 주철이 성장하는 원인을 든다면?
  - ▸ $Fe_3C$의 흑연화에 의한 팽창
  - ▸ 페라이트 중에 고용되어 있던 Si의 산화에 의한 팽창
  - ▸ $A_1$변태로 인한 체적변화에 의해 미세균열이 형성되어 생기는 팽창
  - ▸ 불균일한 가열로 생기는 열균열로 인한 팽창
  - ▸ 흡수되어 있는 가스의 팽창으로 인하여 생기는 팽창

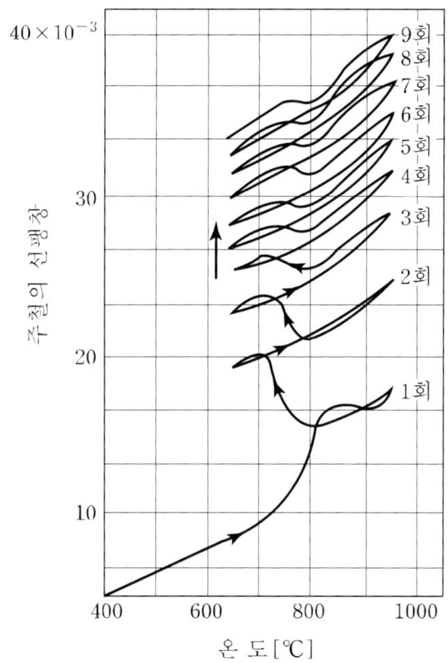


▮그림 4▮ 주철의 성장

- 성장현상에 대한 방지대책은?
  - ▸ 흑연을 미세화하여 조직을 치밀하게 한다.
  - ▸ C와 Si량을 저하시킨다.
  - ▸ 탄화물 안정화원소인 Cr, Mn, Mo, V 등을 첨가하여 펄라이트의 분해를 막는다.
  - ▸ 구상흑연화 한다.

### 9.2.3 주철의 기계적 성질

- 주철은 일반적으로 강인하지 못하고 취약한 이유는?

  주철 중의 흑연강도는 극히 작으므로 흑연부분은 노치라고 생각되어, 외력을 받으면 흑연부에 과도한 응력집중이 일어나서 쉽게 파괴에 이르기 때문이다.

- 대체적인 인장강도의 값은?

  보통주철의 경우: 12~20 kg/mm$^2$, 고급주철(20 kg/mm$^2$ 이상)이나 합금주철: 30~40 kg/mm$^2$이고, 50 kg/mm$^2$ 이상의 구상흑연주철이나 가단주철 등도 있다.

- 주철의 공정도(共晶度) 또는 탄소포화도(carbon saturation), $S_c$ 란?

  주철에서 많이 포함되어 있는 Si와 P를 고려하여 공정탄소량 $C_e$ 에 대한 C량의 비이다.

$$S_c = \frac{\%C}{C_e} = \frac{\%C}{4.26 - \dfrac{(\%Si + \%P)}{3}}$$

⇒ 이것은 주철이 공정조성에서 어느 정도 벗어나고 있는가를 나타낸다.

즉, $S_c = 1$은 공정조성, $S_c < 1$는 아공정조성, $S_c > 1$는 과공정조성임을 나타낸다.

일반 회주철의 인장강도($\sigma_B$) 및 브리넬경도($H_B$)와 $S_c$간의 관계는 다음과 같다.

$$\sigma_B \fallingdotseq 102 - 82.5\ S_c$$

$$H_B \fallingdotseq 100 + 4.3\ S_c$$

⇒ $S_c$가 클수록 인장강도는 감소하고, 경도는 증가한다.

▸ 자연시효: 주조 후 장시간 대기에 방치하면 자연히 주조응력이 없어지는 현상

### 9.2.4 주철의 물리적 성질

조직에 따라 다르고, 순철이나 강보다 비중, 융점이 낮고 수축률이 적다.

| 비중 | 용해점 | 수축률 | 전기전도율 | 열팽창계수 |
|---|---|---|---|---|
| ~ | [℃] | [%] | [m/mm$^2$] | (0℃~100℃) |
| 7.0~7.3 | 1110~1250 | 0.5~1.0 | 0.5~0.2 | 0.000010~0.000011 |

### 9.2.5 주철의 내식성

철강의 조직 중 흑연이 가장 화학적으로 안정한 조직이므로 순철이나 강보다 내식성이 우수 → 수도관, 밸브재료에 많이 사용

- Ni, Cr, Si를 다량 함유시킨 특수주철은 내식성이 대단히 강하다.

## 9.3 고급주철

보통주철(20kg/mm$^2$ 이하) 이상의 강도(25kg/mm$^2$ 이상)나 내마모성, 내열성, 내식성 등의 특성을 갖춘 주철 → 조직은 펄라이트 기지에 흑연이 균일하게 분포한 상태

- 고급주철의 종류와 그 제조방법은?
  - ▸ Lanz 펄라이트 주철: 강 스크랩 배합량을 많게, Si를 적게 하여 양호한 펄라이트 기지를 얻고 인성도 우수
  - ▸ 저탄소 주철(Emmel법, Corsalli법): C를 적게 하기 위해 강 스크랩을 50% 이상 배합하여 강도를 향상하나 인성은 낮다.
  - ▸ 고온주철(Piwowarsky법): 1500~1650℃의 고온용해로 흑연을 미세균일하게 분포시킨 상태의 강한 조직으로 만듦
  - ▸ 미하나이트(Meehanite) 주철(Meehan법): 저C와 Si의 용철에 Fe-Si이나 Ca-Si의 접종제를 첨가하여 흑연의 핵을 미세 균일하게 분포시킴 → 흑연이 편상 또는 입상으로 되어 강도가 양호하며, 자동차의 실린더 라이너, 클러치판 등에 사용

## 9.4 특수주철(합금주철)

보통주철의 기계적 성질을 향상시키거나 내식, 내열, 내마모성 등의 특성을 갖게 하기 위해 특수합금원소를 첨가하여 제조한 주철

### 9.4.1 기계재료용 주철

- Ni주철: 흑연화 조장, 인장강도 향상
  4~8%의 고Ni주철: Ni-hard 주철 → 열처리를 하지 않은 주방상태에서 마르텐자이트 기지를 나타내는 특징이 있다.
- Cr주철: 탄화크롬을 만들어 흑연화를 방해, 경도와 내식성, 내열성을 위해 0.4~1.0% 첨가
- Ni-Cr주철: Ni의 연화작용과 Cr의 경화작용을 적당 배합하여 큰 인장강도를 갖는, 기계재료로서 가장 많이 사용 → 보통 Ni〈3%, Cr〈1%
  기타 Mo주철: 주방상태에서도 베이나이트조직의 acicular(침상)주철 → 고온 인장강도와 내마모성이 우수
  Al주철: 내고온산화성이 커서 내열주물로 사용

### 9.4.2 내열, 내산주철

- 내산주철의 대표적인 예는?
  고Si(11~17%)의 Duriron 주철로서 내산, 내열성이 우수하다. 대단히 강하지만 취약한 결점이 있다.
  그 외 고Cr(15~30%)의 주철은 산, 황, 가스 등에 강하며 고온의 길이변화가 없다.
- 오스테나이트 주철의 종류와 조성은?
  - Ni-resist(12~20%Ni-1.5~8%Cr-2.7~8%Cu계) → 내식성이 높은 주물
  - Nichrosilal(18~30%Ni-2~4%Cr-4~5%Si계) → 내열성과 동시에 연성이 높은 주물
  - Nomag(15~20%Ni-5~10%Mn계) → 비자성의 전기용주물, $\gamma$+흑연의 조직이다.

## 9.5 칠드(chilled, 냉경 冷硬) 주철

금형주형을 사용하여 용탕을 급랭(백주철)시켜 표면의 내마모성과 동시에 중심부는 서냉되어 흑연이 석출된 강인한(회주철) 조직으로 하여 내압성을 크게 한 주철

- 표면의 백선화된 부분(즉 chill)은 시멘타이트가 형성되어 경도가 크고 취성이 있으나, 내부는 강인성이 있는 회주철이므로 전체가 취약하지 않다.
- 칠의 깊이를 증가하는 원소: Mn, Mo, Cr, V, Sn 등
  칠의 깊이를 감소하는 원소: C, Ni, Ti, Al 등
  ⇒ 용도: 압연 롤러, 철도차륜, 주철금형, 분쇄기의 롤 등에 사용

## 9.6 가단주철

### 9.6.1 가단주철(malleable cast iron)의 개요

백선철을 열처리하여 C를 산화 탈탄시키거나 흑연화하여 강인성을 높게 하여 단련성이 좋게 한 주철 → 주철의 주조성과 주강의 강인성을 동시에 가진다.

- 열처리 방법에 의한 가단주철의 종류를 들면?
  - 백심가단주철: 백선표면을 산화 탈탄반응시켜 그 파면이 백색인 주철
  - 흑심가단주철: 백선 내부까지의 흑연화에 의해 파면이 흑색인 주철
  - 펄라이트가단주철: 흑연화를 시키나 일부의 C를 $Fe_3C$로 잔류시켜 펄라이트 조직으로 한 주철
  - 특수가단주철: 특수기지 조직으로 한 주철

### 9.6.2 백심가단주철(WMC_재)

백선철을 산화철 또는 철광석 분말의 산화제 속에 넣고 900~1000℃의 고온에서 약 80시

간 가열하여, 백선 표면의 상당한 깊이까지 산화 탈탄시켜 경한 $Fe_3C$조직이 연한 페라이트(파면=백색)로 되어 가단성을 가짐

- 산화 탈탄반응식: $Fe_3C + CO_2 \rightarrow 3Fe + 2CO$

### 9.6.3 흑심가단주철(BMC_재)

백선표면뿐만 아니라 중심부까지 $Fe_3C$를 가열 분해하여 흑연화시킨 주철

- 제1단 흑연화풀림: 850~950℃의 고온에서 공정 $Fe_3C$가 분해하여 흑연화
- 제2단 흑연화풀림: 그 후 냉각하여 A1점 부근에서 펄라이트 중의 $Fe_3C$를 흑연화
  - ▸ 흑연화반응: $Fe_3C \rightarrow 3Fe + C$로 가열 분해되어 뜨임탄소(temper carbon)라 부르는 괴상흑연과 페라이트 조직(파면=흑색)으로 되어 강도는 비교적 낮으나 연성, 인성이 좋다.

### 9.6.4 펄라이트 가단주철(PMC_재)

제1단 흑연화가 끝난 후 제2단 흑연화를 생략하여 펄라이트의 분해를 막아서 기지를 펄라이트 조직으로 하여 강도를 높인 것 → 탄소주강 또는 연강에 가까운 강인성과 피삭성을 가지므로 단조, 기계절삭성의 주물에 이용

- 특수가단주철: Mn, Ni, Cr 등을 첨가하여 기지를 마르텐자이트, 오스테나이트로 하거나, 항온변태시켜서 얻은 베이나이트 가단주철 등이 있다.

### 9.6.5 가단주철의 용도

- 백심가단주철: 자전거와 자동차 부속품 등
- 흑심가단주철: 관이음쇠(fitting), 차량의 프레임, 조인트류, 캠 등
- 펄라이트가단주철: 강도가 요구되는 기어, 밸브, 공구나 내마모성이 요구되는 재료 등

# 9.7 구상흑연주철(GCD_재)

## 9.7.1 구상흑연주철(spheroidal or nodular graghite cast iron)의 개요

주철 용탕에 흑연구상화제(Mg, Ca, Ce 등)를 첨가해서 주방상태에서 흑연을 구상화시켜 강인성과 연성을 얻은 주철 → 덕타일(ductile, 연성) 주철이라고도 함

- 흑연구상화 첨가제의 공통특성은?
  - ▸ 강력한 탈산제이고, 탈황능력이 크다.
  - ▸ 융점, 비등점이 낮다.
  - ▸ 증기압력이 크다.
- 구상흑연주철의 조성은 과공정 조성이고, Si량은 2.3~2.7%로 약간 높은 편이며, 구상화제는 Fe-Si-Mg이나 Ca-Si처럼 합금상태로 주로 사용된다.

## 9.7.2 구상흑연주철의 성질

인장강도가 구조용강보다 양호, 내열성과 내식성, 내마모성도 우수하다.

- 풀림열처리에 의해 보통의 펄라이트 조직을 페라이트로 변화시키면 강도는 감소하나 연성이 높아진다. 이 때 구상흑연 주위에 페라이트가 둘러싼 조직≡ bull's eye 조직이 나타난다.

## 9.7.3 구상흑연주철의 용도

강인성이 요구되는 자동차의 크랭크축을 비롯한 기계부품, 주철관, 압연롤러, 잉곳 케이스, 내열부품 등에 사용된다.

### 9.7.4 CV(compacted vermicular)흑연주철

편상흑연에서 구상흑연으로 변화하는 중간상태의 마치 벌레먹은 감자(연충) 같은 흑연 모양의 주철로 흑연의 구상화가 불충분한 상태의 것이다. → 편상과 구상흑연의 장점이 겸비되어 강도, 연성, 주조성, 열전도성이 양호, 자동차부품, 잉곳 케이스 등에 사용

# 연습문제

## 객관식

1. 주철의 특성 중 틀린 것은?

① 주조성이 우수하다.
② 복잡한 형상도 쉽게 제작할 수 있다.
③ 가격이 싸고 널리 사용된다.
④ 인장강도가 강에 비해 우수하다.

2. Maurer 조직도를 옳게 설명한 것은?

① 규소와 탄소량에 따른 주철의 조직관계를 표시한 것
② 규소와 흑연량에 따른 주철의 조직관계를 표시한 것
③ 탄소와 흑연량에 따른 주철의 조직관계를 표시한 것
④ 탄소와 $Fe_3C$량에 따른 주철의 조직관계를 표시한 것

3. 주철을 600℃이상의 고온에서 사용하면 부피가 크게 되어 변형이나 균열이 일어나고, 강도나 수명을 저하시키는데 이러한 현상을 무엇이라 하는가?

① 주철의 고온취성
② 주철의 자연시효
③ 주철의 인공시효
④ 주철의 성장

4. 주철의 성장 원인에 대한 설명 중 틀린 것은?

① 페라이트 조직 중의 Si의 산화
② 흑연의 미세화에 따른 조직의 치밀화
③ 흡수된 가스의 팽창에 따른 부피의 증가
④ 펄라이트 조직 중의 $Fe_3C$ 분해에 따른 흑연화

5. 주철에 시멘타이트가 정출되어 백선화경향이 심한 경우는?

① 탄소와 규소가 적고 제품이 얇을 때
② 탄소와 규소가 많고 제품이 얇을 때
③ 탄소와 규소가 적고 제품이 두꺼울 때
④ 탄소와 규소가 많고 제품이 두꺼울 때

6. 다음은 주철에서의 Si영향에 대한 설명이 아닌 것은?

① 흑연화촉진제이다.
② 공정상 흑연의 정출이 어렵다.
③ 조직상 C를 첨가하는 것과 같은 효과이다.
④ 응고수축이 적어져 주조하기 쉽다.

7. 주철에서 원소의 영향을 설명한 것 중 틀린 것은?

① Si는 가장 강한 흑연화 촉진 원소이다.
② Mn은 S의 해를 방지하고 펄라이트를 치밀하게 하여 강도를 증가시킨다.
③ S는 융점을 높게 하여 용선의 유동성을 좋게 한다.
④ P은 절삭성을 감소시키나 내마모성은 향상시킨다.

8. 강한 탈산제인 동시에 흑연화를 촉진시키는 원소이나, 오히려 많은 양을 첨가하면 흑연화를 방지하는 원소로 합금주철에 보통 0.3%이하의 소량을 첨가하는 것은?

① 티탄(Ti) ② 니켈(Ni) ③규소(Si) ④ 크롬(Cr)

9. 주철중의 탄소의 일부가 유리되어 흑연화되어 있는 주철은?

① 합금주철 ② 반주철 ③ 백주철 ④ 회주철

10. 주철의 공정점에서의 탄소량은 얼마인가?

① 4.3% ② 6.67% ③ 0.85% ④ 2.11%

11. 주철은 함유하는 탄소의 상태와 파단면의 색에 따라 3종으로 분류되는데 다음 중 아닌 것은?

① 회주철(grey cast rion) ② 백주철(white cast rion)
③ 반주철(mottled cast rion) ④ 합금주철(alloyed cast rion)

12. 보통주철의 흑연모양은?

① 괴상 ② 구상 ③ 편상 ④ 공정상

13. 주철의 융점을 낮게 하고 유동성을 좋게 하여 주물표면을 청정하게 하는 원소는?

① Si ② S ③ P ④ Mn

14. 주철에서 기계적 성질이 가장 좋은 흑연조직은?

① 편상흑연 ② 괴상흑연 ③ 구상흑연 ④ 국화무늬흑연

15. 주철에서 쇳물의 유동성을 감소시키는 원소는?

① P ② Mn ③ S ④ Si

16. 주철의 접종에 관한 설명 중 옳은 것은?

① 주철에 내산성을 주기 위하여 Si를 첨가하는 조작
② 흑연을 미세화하기 위해서 Ca-Si를 첨가하는 조작
③ 용융선에 Ce이나 Mg을 첨가하여 흑연을 구상화시키는 조작
④ 주철을 금형에 주입하여 표면을 경화시키는 조작

17. 고급주철의 조건이 아닌 것은?

① 인장강도가 25kg/mm$^2$ 이상일 것.
② 취성이 작고 조직이 치밀하다.
③ 내마멸성이 크다.
④ 탄소량이 많아 탄소강과 같은 성질을 가져야 한다.

18. 내열용이나 내산용 또는 높은 강도를 요구하는 특수 목적에 사용하는 주철은?

① 고 합금주철 ② 고급주철 ③ 가단주철 ④ 칠드주철

19. 고급주철의 기지조직은 어느 것인가?

① 페라이트 ② 펄라이트
③ 마르텐사이트 ④ 베이나이트

20. 철강의 합금원소로서 흑연화 촉진원소인 것은?

① 니켈 ② 크롬 ③ 망간 ④ 몰리브덴

21. 흑연이 미세하게 분포되어 있고 인장강도가 35~45kg/mm$^2$에 달하며, 담금질할 수 있어 내마멸성이 요구되는 공작기계의 안내면과 강도를 요하는 기관의 실린더에 쓰이고 있는 주철은?

① 합금주철 ② 미하나이트주철 ③ 구상흑연주철 ④ 칠드주철

22. 다음 중 흑연화를 촉진하는 원소가 아닌 것은?

① Si ② Mn ③ Co ④ P

23. 듀리런에 대해 맞는 것은?

① 내마멸성주철 ② 미하나이트 주철
③ 내산주철 ④ 내열주철

24. Meehanite 주철을 제조할 때 Ca-Si을 첨가하는 목적에 속하지 않은 항은?

① 흑연핵생성 촉진 ② 백선화 방지 ③ 유동성 향상 ④ 연신율 증가

25. 백선 주물을 풀림 열처리하여 얻은 주철은?

① 칠드주철 ② 구상흑연주철 ③ 가단주철 ④ 고급주철

26. 구상흑연주철에서 나타나는 bull's eye structure(스노조직)에 대한 설명이다. 틀린것은?

① C와 Si가 적을 때 생성된다.
② Pearlite Ferrite형 구상흑연주철에서 나타난다.
③ 소둔하면 없어진다.
④ 주조상태에서 존재한다.

27. 주철조직 중 흑연의 형상이 아닌 것은?

① 공정상 흑연 ② 장미상 흑연 ③ 침상 흑연 ④ 문어상 흑연

28. 다음 주철 중 우수한 유동성과 높은 연성이 있어 열간가공이 가능한 것은?

① 회주철 ② 가단주철 ③ 백주철 ④ 구상흑연주철

29. 구상흑연주철을 만들기 위한 첨가제가 아닌 것은?

① 마그네슘(Mg) ② 셀륨(Ce) ③ 몰리브덴(Mo) ④ 칼슘(Ca)

30. 다음 중 구상흑연주철의 조직에 포함되지 않는 것은?

① 노듈러형 ② 페라이트형 ③ 펄라이트형 ④ 시멘타이트형

31. 가단주철(Malleable cast iron)은 다음 중 무슨 주철을 이용하여 만들어지는가?

① 합금주철(alloy cast iron) ② 반주철(mottled cast iron)
③ 회주철(gray cast iron) ④ 백주철(white cast iron)

32. 가단주철의 1단계 열처리에서 나타나는 조직은?

① 그래파이트+오스테나이트 ② 오스테나이트+펄라이트
③ 그래파이트+페라이트 ④ 펄라이트+페라이트

33. 주철의 결점이 여리고 질기지 못한 결점을 보충하여 어느 정도 질긴 성질이 부여된 주철은?

① 가단주철 ② 칠드주철 ③ 회주철 ④ 백주철

34. 보통 주철에 비하여 규소가 적은 용선에 적당량의 망간을 가하여 금형에 주입하면, 금형부분은 급랭되어 백주철로 되는데, 이러한 주철을 무엇이라 하는가?

① 가단주철 ② 칠드주철 ③ 고급주철 ④ 합금주철

35. 칠드 주철의 표면 바탕조직은?

① 시멘타이트형 ② 페라이트 ③ 펄라이트 ④ 오스테나이트

36. 구상흑연주철의 제조시 첨가되는 증기압이 높은 금속은?

① Zn ② Mg ③ Li ④ Ca

37. 주로 표면이 시멘타이트($Fe_3C$) 조직으로서 경도가 높고, 내마멸성과 압축강도가 커서 기차의 바퀴, 분쇄기의 롤 등에 많이 쓰이는 주철은?

① 가단주철 ② 구상흑연주철
③ 미하나이트 주철 ④ 칠드주철

38. 칠드주철(chilled cast iron)에 관한 다음 사항 중 올바르지 않는 것은?

① 백선화된 부분은 시멘타이트가 형성되어 경도가 크고 취성이 있다
② 압연기의 롤러, 기차의 바퀴 등에 많이 사용된다.
③ 칠드되기 쉽게 규소가 많은 재료를 사용한다.
④ 내부는 인성이 있는 회주철로서 취약하지 않아 잘 파손되지 않는다.

39. 주철(Fe-C)에 규소(Si)가 첨가되면 어떠한 영향을 미치는가?

① 흑연화 촉진, 공정온도 저하, 공석온도 상승
② 시멘타이트화 촉진, 공정·공석온도 저하 공정탄소량 증가
③ 흑연화 촉진, 공정·공석온도 상승, 공정탄소량 감소
④ 흑연화 촉진, 공정온도 상승, 공석온도 저하, 공정탄소량 증가

40. 가단주철의 용도 중 가장 옳은 것은?

① 철도레일이나 공작재료에 많이 사용 ② 자동차부품, 관이음쇠 등에 사용
③ 선반 등의 강력구조물 재료로 적당 ④고급 전선용 재료로 사용

41. 주철의 특징을 설명한 것이다. 틀린 항은?

① 유동성이 비교적 양호하다. ② 인성이 크며 산에 대한 내식성이 크다.

③ 진동 흡수능이 크다. ④ 절삭성이 우수하다.

42. 다음 구상흑연주철에서 Si량이 많고 냉각속도가 느리며, 풀림을 하였을 경우에 많이 발생하며 브리넬경도 150~200, 연신율 6~20%인 조직은?

① 시멘타이트형 ② 펄라이트형

③ 페라이트형 ④ 레데뷰라이트형

정답

| | | | | | | | | | |
|---|---|---|---|---|---|---|---|---|---|
| 1. ④ | 2. ① | 3. ④ | 4. ② | 5. ① | 6. ② | 7. ③ | 8. ① | 9. ② | 10. ① |
| 11. ④ | 12. ③ | 13. ③ | 14. ③ | 15. ③ | 16. ② | 17. ④ | 18. ① | 19. ② | 20. ① |
| 21. ② | 22. ② | 23. ③ | 24. ④ | 25. ③ | 26. ① | 27. ③ | 28. ② | 29. ③ | 30. ④ |
| 31. ④ | 32. ① | 33. ① | 34. ② | 35. ① | 36. ② | 37. ④ | 38. ③ | 39. ③ | 40. ② |
| 41. ② | 42. ③ | | | | | | | | |

## 주관식

1. 백주철과 회주철의 조직적인 차이를 설명하시오.

2. 회주철에서는 흑연형상이 기계적 성질에 큰 영향을 주는 것은 무엇 때문일까 ?

3. Fe-C계 복평형상태도에 대해 분류하고 설명하시오.

4. 주철의 Maurer 조직도를 그리고 설명하시오.

5. 주철의 흑연화를 방해하는 원소와 돕는 원소를 들고 설명하시오.

6. 주철의 탄소포화도에 대한 정의와 나타내는 식을 쓰고, 값에 따른 조성을 적으시오.

7. 가단주철의 열처리에 따른 종류를 들고 설명하시오.

8. 구상흑연주철의 정의와 흑연구상화제의 특성을 드시오.

9. 주철에서 칠드부를 얇게 하는 원소와 깊게 하는 원소를 드시오.

10. 다음 용어를 간단히 설명하시오.

① Meehanite 주철
② Duriron 주철
③ Nomag 주철
④ chilled 주철
⑤ acicular 주철
⑥ CV 주철
⑦ temper carbon
⑧ 주철의 성장현상

CHAPTER 10

# 동과 니켈합금

# 10.1 순동과 성질

## 10.1.1 구리의 제조

- 구리(Cu): 비철금속 중에서 Al과 더불어 가장 중요하고 많이 사용 → 송전선 등의 전기공업분야, 차량, 선박, 기계기구 등에 이용
- Cu를 포함하는 동광석으로는?
  황동광($CuFeS_2$), 휘동광($Cu_2S$), 적동광($Cu_2O$) 등이 있다.
- 동광석의 제련과정 및 순서를 설명하면?
  - 용융제련에 의해 황화물 상태로 농축된 매트(matte)로 제조 → $Cu_2S \cdot FeS$로 30~50%의 Cu를 함유
  - 전로작업에서 공기산화에 의해 Fe, S를 제거 → 조동(粗銅, blister copper)을 얻음
  - 전해정련에 의한 전기분해로 순수한 전기동(음극동)을 얻고, 유해한 Au, Ag를 회수
  - 전기동은 취약하므로 반사로에서 재정련하여 정련동(형동 型銅)을 얻음
- 시판동의 종류와 성질은?
  - 전기동(electrolytic copper): 전기분해하여 음극에서 얻어지므로 음극동이라도도 함, 순도 높으나(99.95%이상) 취약하여 가공이 곤란
  - 정련동(tough pitch copper): 전기동을 반사로에서 용융정제하여 Cu중의 O를 0.02~0.04% 남긴 정제동으로 강인동, 무산화동이라고도 한다. 탈산제로 생목을 용동 중에 투입하는 poling작업에 의해 탈산시킨다.
  - 탈산동(deoxidized copper): 인(P)으로 탈산하여 O를 0.01%이하로 제거, 수소취성이 없고 용접성이 양호하여 가스관, 열교환용 등으로 사용된다.
  - 무산소동(OFHC, oxygen free high conductivity copper): O를 거의 품지 않는(0.001~0.002%) Cu를 말한다. 진공중이나 목탄발생로가스의 무산화분위기에서 정련 주조한 것이다 → 가장 우수한 성질(전도성), 가공성도 우수하며 수소취성이 없어 주로 전자기기용

## 10.1.2 구리의 성질

- 다른 금속재료에 비해 구리가 우수한 점은?:
  - ▸ 전기 및 열의 양도체로 전도성이 우수하다.
  - ▸ 전연성이 풍부하여 가공이 용이하다.
  - ▸ 화학적 저항력이 커서 부식이 잘 안된다.
  - ▸ 아름다운 붉은 색의 귀금속적 성질이 나타난다.
  - ▸ Zn, Sn, Ni, Ag 등과 용이하게 합금을 만들어 강화된다.
    - 구리의 전기전도도를 해치는 불순물 순서는? Ti, P, Fe, Si, As 등
    - 가공성을 저하하는 원소는? Bi, Pb
    - 구리의 강도 및 내마모성을 향상하는 원소는? Cd

‖ 표 1 ‖ 구리의 물리적 성질(99.95% Cu)

| 성질 | 수치 | 성질 | 수치 |
|---|---|---|---|
| 원자량 | 63.57 | 비열(20℃) | 0.92 cal/g℃ |
| 결정구조 | 면심입방격자 | 선팽창계수 | $16.5\times10^{-6}$ |
| 밀도(20℃) | 8.89 g/cm$^3$ | 고유저항(20℃) | 1.71 μ·Ω·cm |
| 끓는점 | 2595℃ | 전도율 | 약 101 % IACS |
| 녹는점 | 1083℃ | 주조수축률 | 1.42 % |

- 구리의 화학적 성질은?
  - ▸ 건조한 공기뿐만 아니라 수중, 토양중, 해수중에도 표면의 보호피막 생성으로 내식성이 좋다.
  - ▸ $CO_2$ 또는 습기에 의해 염기성 황산동[$CuSO_4$, $Cu(OH)_2$] 및 염기성 탄산동[$CuCO_3$, $Cu(OH)_2$] 등의 녹색의 구리녹이 발생하여 보호피막 역할을 하므로 내식성이 크다.
  - ▸ 수소취성(hydrogen brittleness): $H_2$ 분위기 중에서 O를 많이 함유한 구리를 가열하면

$$Cu_2O + H_2 \rightarrow 2Cu + H_2O$$

의 반응과 같이 수증기의 팽창압력에 의해 미세균열을 일으키는 현상

• 구리의 기계적 성질은?

▸ 동소변태가 없고 재결정온도는 약 200℃이며,

▸ 가열하면 연신율은 500~600℃에서 최저로 되고, 그 이상은 증가하므로 750~850℃에서 고온가공하면 좋다.

▸ 상온가공이 쉽고 가공도에 따라 강도 및 경도가 증가하므로, 연질, 1/4경질, 1/2경질, 경질 등으로 구분되며, 경화된 구리의 풀림은 450~600℃에서 30분~1시간 정도 실시.

표 2 구리(풀림재)의 기계적 성질

| 성질 | 수치 | 성질 | 수치 |
|---|---|---|---|
| *인장강도 | 22 kg/mm$^2$ | 피로한도 | 8.5 kg/mm$^2$ |
| *연신율 | 49~60 % | 탄성계수 | 12,300 kg/mm$^2$ |
| 단면수축률 | 93~70 % | 브리넬경도 | 35~40 |
| 아이조드 충격치 | 5.8 kg·m | 푸아송비 | 0.33±0.01 |

## 10.2 Cu합금의 분류

• 상태도에 따라 Cu합금의 종류를 4가지로 분류하면?

▸ 황동형: Cu-Zn, Cu-Ti, Cu-Cd ← 포정반응의 $\beta$가 상온까지 존재

▸ 청동형: Cu-Sn, Cu-Si, Cu-Al, Cu-Be ← 공석변태에 의해 $\beta \rightarrow \alpha + \gamma$로 분해

▸ 공정형: Cu-Ag, Cu-P ← $\alpha$의 용해도 변화를 이용한 석출경화가 가능

▸ 기타형: Cu-Pb, Cu-Ni, Cu-Mn

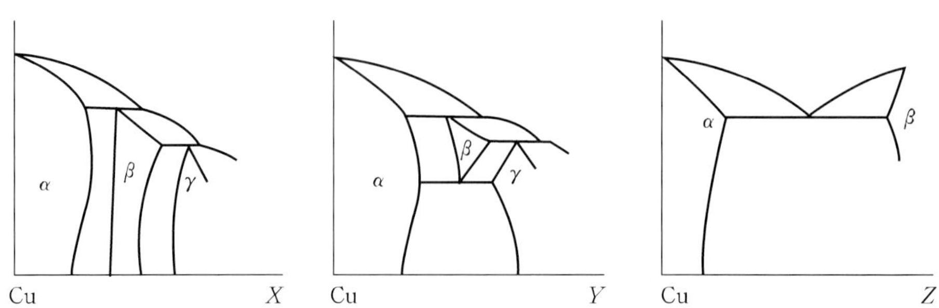


(a) 황동형 (b) 청동형 (c) 공정형

그림 1 구리계 합금의 기본 상태도형

# 10.3 황동계 합금

- 황동(黃銅, brass)이란?

  Cu-Zn계의 황색 합금을 말하고 놋쇠(眞鍮)라고도 한다.

## 10.3.1 황동의 상태도와 조직

- Zn함유량에 따라 α, β, γ, δ, ε, η 의 6상이 있으나, 실용합금은 α 단상 및 α+β의 2상합금이다.
- α 상: Cu에 Zn이 고용된 고용체(한도: 450℃ = 39%), FCC구조이며 전연성이 좋다. 풀림하면 균일한 다각형의 결정으로 바뀌면서 풀림쌍정을 형성
- β 상: 인장강도와 경도가 α 보다 크나, 인성과 내식성이 떨어지고, BCC구조이며 454~468℃에서 β(불규칙) → β′(규칙격자)로 변태를 일으키며 급랭시켜도 저지할 수 없다.
- γ 상: $Cu_2Zn_3$의 화합물을 모체로 하는 고용체(중간상)로서 취약해서 실용이 곤란하다.

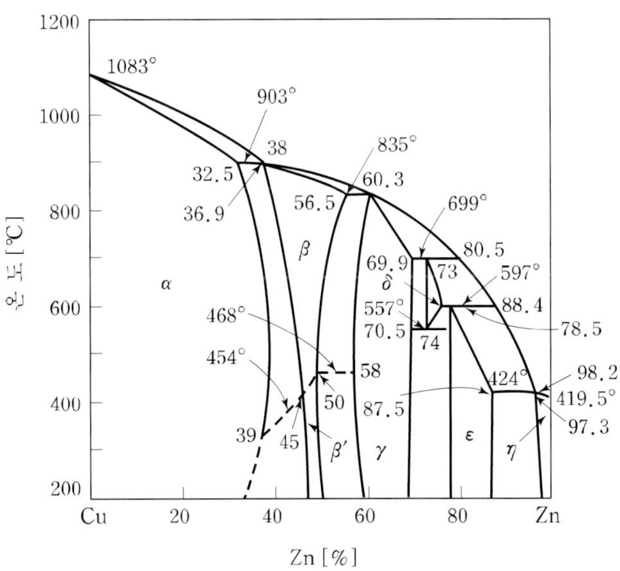


‖ 그림 2 ‖ Cu-Zn의 평형상태도

## 10.3.2 황동의 성질

### (1) 물리적 성질

Zn 함유량에 따라 비중은 거의 직선적으로 감소하고, 전기 및 열전도율은 Zn 40%까지 감소한 후 $\beta$상이 나오면 증가한다.

### (2) 기계적 성질

인장강도는 45% Zn에서 최고에 달한 후 그 이상이면 $\gamma$상에 의해 급격히 약화된다.

연신율은 30% Zn에서 극대값에 달한 후 40~50%로 되면 급격히 감소된다.

- 7/3황동: 300℃이상에서 충격값의 급격저하로 열간가공이 곤란하므로 냉간가공의 프레스성형에 적합하고
- 6/4황동: 500~600℃에서 유연하게 되므로 열간가공 및 주조용에 적합하다.
  - ▸ 저온풀림경화: $\alpha$단상의 황동 가공재를 재결정온도 이하의 낮은 온도로 풀림하면 가공상태보다 오히려 경화되는 현상
  - ▸ 경년변화(secular change): 황동의 가공재를 상온에 방치하거나 저온풀림경화재가 시간경과에 따라 경도 등 여러 성질이 악화되는 현상 ← 가공에 의한 불균일 응력이 균일화되는데 기인

### (3) 화학적 성질의 특이 현상

- 탈아연부식(dezincification): 산이나 염의 수용액 중에서 황동표면의 Cu는 그대로 있는데 Zn만이 용해 부식되는 현상
  방지책- 30% Zn 이하의 $\alpha$황동을 쓰거나 0.1~0.5% As나 1% Sn을 첨가하면 좋다.
- 고온탈아연(dezincing): 고온에서 Zn의 증발(증기압이 낮으므로)에 의해 탈아연되는 현상 → 방지책: 황동표면에 산화물피막을 형성하는 방법
- 자연균열(seasson cracking): 가공재에 남은 잔류응력에 의한 일종의 응력부식균열
  - ▸ 방지책: 도료나 Zn도금 또는 180~260℃에서 응력제거풀림으로 잔류응력을 제거

### 10.3.3 황동의 종류와 용도

#### ⑴ Cu-5~20% Zn 황동

Tombac(저아연합금의 총칭) → 금박대용, 건축, 장신기구 등에 사용

- 5% Zn 황동: gilding metal: 화폐, 메달용
- 10% Zn 황동: commercial bronze: 딥 드로잉용의 청동대용, 단동(丹銅)의 대표
- 15% Zn 황동: red brass: 건축용, 소켓 등
- 20% Zn 황동: low brass: 장식용, 악기

#### ⑵ Cu-25~35% Zn 황동

가공용 황동의 대표, $\alpha$ 단상이므로 연율이 크고 상당한 강도 → 탄피, 방열기부품, 장식품 등에 사용, 냉간가공성이 좋으므로 디프 드로오잉에 적합하다.

- 7/3황동(30% Zn): cartridge brass → 연신율이 최대, 냉간가공용, 소켓 및 탄피에 사용
- 35% Zn 황동: yellow brass

#### ⑶ Cu-35~45% Zn 황동(6/4황동)

Muntz metal이라 하고 $\alpha+\beta$ 조직이므로 전연성은 낮으나 인장강도가 최대, 황동 중에서 가장 싸고 가장 많이 사용되고 있으며 강도를 요하는 기계부품에 용도가 넓다.

#### ⑷ 황동주물

용탕의 유동성이 좋고 복잡정밀한 주물이 가능

- 10~15% Zn의 낮은 함량: 미술주물용
- 30~40% Zn의 많은 함량: 강력한 기계주물용(절삭성 좋게 하기 위하여 Pb 2.5%, 내해수성 좋게 하기 위해 Sn을 첨가하면 좋다)

### (5) 특수황동

Cu-Zn에 다른 원소를 첨가하여 기계적 성질 등을 개선한 황동

- 특수원소 첨가시 겉보기 Zn함유량은?

$$B' = \frac{B + t \cdot q}{A + B + t \cdot q} \times 100$$

$A$: 구리%, $B$: 아연%, $q$: 첨가원소%, $t$: 아연당량(합금원소 1량이 Zn의 얼마량에 해당되는 가의 수치)

- 애드미럴티(admiralty) 황동: 7/3황동에 1%Sn 첨가 → 탈Zn이 방지되어 내해수성이 우수, 복수기관에 사용
- 네이벌(naval) 황동: 6/4황동에 0.75% Sn 첨가 → 복수기, 선박용 부품
- 쾌삭황동(함연황동, leaded brass): 0.5~4% Pb를 첨가 → 피삭성 개선, 기어나 나사용
- 강력(고강도)황동:
  - ▸ 6/4황동+1~2% Fe첨가: 델타 메탈(delta metal) → 강도, 내식성
  - ▸ 7/3황동+2% Fe 첨가: 듀라나 메탈(durana metal)
- 규소황동: 80~85%Cu−10~15%Zn−4.5~5%Si합금 → 인장강도와 내식성 개선

  예 Everdur: Cu-4.5%Si-1.2%Mn의 합금
- 양백(양은, nickel silver, German silver): 7/3황동+10~20% Ni 첨가 → Ag 대용의 스프링, 전기저항체, 밸브, 광학기계 부품 등에 사용
- 황동납(brass solder): Cu 42~54%+나머지 Zn,

  은납: Zn 대신에 Ag을 약간 첨가,

  양은납: Cu 35~40%, Zn 40~50%, Ni 8~12%의 것

# 10.4 청동계 합금

- 광의의 청동: Cu-Zn 이외의 모든 구리합금

  예 Al청동, Si청동, Be청동

- 협의의 청동: Cu-Sn만의 합금 = 주석청동
- 용도: 장신구, 무기, 불상, 기계주물용, 미술공예품, 밸브, 동상, 스프링, 베어링재

## 10.4.1 청동의 상태도와 조직

- Cu쪽에 $\alpha$ 고용체의 용해한도는 황동(39%)보다 훨씬 적은 15.8%이다.
- 응고온도 범위가 넓으므로 mushy형 응고를 하여 고액양상의 공존상태가 중심부까지 될 때가 있다.
- 석한(tin sweat): 이 잔류 액상 속에는 Sn량이 현저히 높아져서 Sn이 어떤 압력으로 내부에서 표면으로 압출되는 현상 → 이 결과로 역편석(inverse segregation: 고Sn 부분이 내부가 아닌 외부에 존재)이 나타남

## 10.4.2 청동의 성질

- 5% Sn까지는 Cu와 같은 붉은 색 → Sn증가와 함께 황색을 띰
- 인장강도는 Sn 17~20%에서 최대에 달한 후 감소
- 전연성(가공성)은 황동보다 불량하나, 유동성이 좋고 수축률이 적어 주조성이 양호

## 10.4.3 청동의 종류와 용도

### (1) 가공용 청동

Sn 3.5~7%의 압연용 청동 → 화폐, 메달 등

### (2) 포금(gun metal)

Sn 8~12%+Zn 1%의 주물용청동 → 대포의 포신재료, 기어, 부시 등

애드미럴티(admiralty) 건 메탈: Cu 88%, Sn 10%, Zn 2%(유동성, 절삭가공 좋게) → 내해수성이 좋고 높은 수압에 견디므로 선박용 포금

### (3) 화폐용 청동

$\alpha$청동은 단조, 프레스작업이 용이, 마모와 부식에 잘 견딤 → 보조화폐, 상패 등

보통 Sn 3~10%에 주조성을 좋게 하기 위해 Zn 1~3%, 조각을 쉽게 하기 위해 1~3%의 Pb를 첨가할 때도 있다.

### (4) 미술용 청동

유동성을 좋게 하고 정밀한 주물을 위해 ← 많은 Zn을 첨가, 절삭가공을 쉽게 하기 위해 ← Pb를 첨가

⇒ 성분: Cu 80~90%, Sn 2~8%, Zn 1~12%, Pb 1~3% 정도이다.

- 종(bell)재료: Sn 20~25%의 탄성과 내식성이 있고, 강도와 경도가 큰 합금

### (5) 베어링용 청동

Sn 10~14%를 함유한 것은 부드러운 $\alpha$ 상 주변에 경한 $\delta$ 상이 분포하여 윤활성이 좋아 베어링과 차축 등의 마모가 많은 부분에 사용되고, 특히 Pb를 5~10% 가한 것은 우수하므로 철도차량, 공작기계, 압연기계 등의 고압용 베어링에 적합

## 10.4.4 특수청동의 종류와 용도

### (1) 인청동(phosphor bronze, Cu-Sn-P계)

Sn 9%+P 0.35%의 성분이며 P은 탈산제 역할과 유동성, 내식성, 스프링성을 증가→ 가공재는 고급 스프링재로 사용되고, 인청동 주물은 내마모성과 내식성을 요하는 기어, 베어링, 펌프부품 등에 사용

### (2) Pb청동(lead bronze, Cu-Sn-Pb계)

Sn 10%의 청동에 Pb를 3~26% 첨가한 것 → Pb는 거의 고용되지 않고 주로 결정입계에 점재하여 윤활성이 양호 → 베어링, 패킹재 등에 사용

- Cu-Pb계 상태도: 편정반응형으로 Cu초정이 융액보다 밀도가 작아서 부상하는 경향이 있어 중력편석이 되기 쉽고, 응고온도범위가 넓으므로 역편석하여 때로는 연한(lead sweat)을 일으킨다.

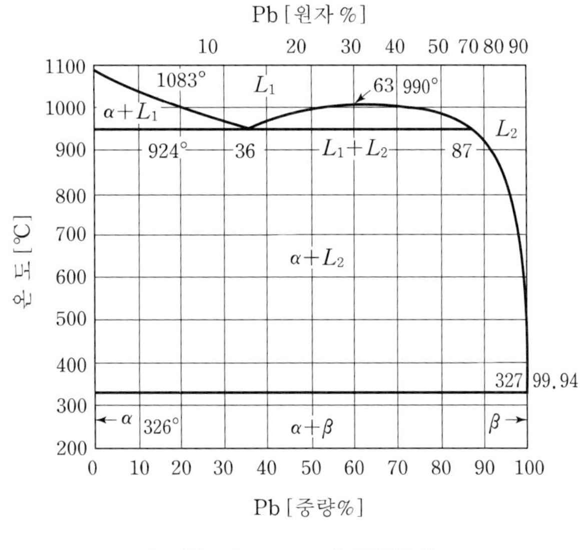


‖ 그림 3 ‖ Cu-Pb계 평형상태도

### (3) Al청동(Cu-Al계)

Al 12%이하의 Cu-Al합금 → 황동, 청동에 비해 강도, 경도, 인성, 내마모성, 내열 내식성 등이 좋아 선박, 항공기, 자동차 부품용으로 사용

- 주물이 서랭되면 상태도에서 $\beta \rightarrow \alpha + \gamma_2$로의 공석변태에 의해 주물을 취약하게 하는 자기풀림 현상이 나타난다. 이를 방지하기 위해 응고 후 급랭하거나 Fe, Mn, Ni 등을 가해서 $\beta$상의 분해를 억제한다.

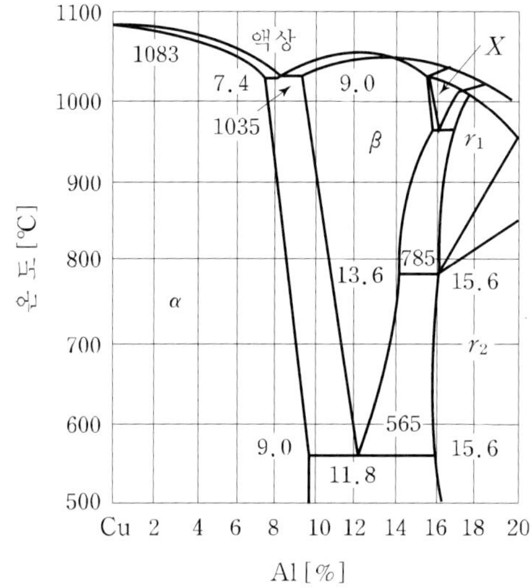


‖그림 4‖ Cu-Al계 상태도

### (4) Ni청동(Cu-Ni계)

Cu-Ni계는 고온강도와 내식성이 양호 → 증기기관, 내연기관재로 사용

- 쿠니얼 브론즈(Kunial bronze): Cu-4~16% Ni, 1.5~7% Al, 기타 Fe 등을 소량 첨가한 시효경화성 Cu합금 → 인장강도 양호
- C합금 또는 Corson 합금: Cu-Ni-Si계: Ni 4~5%, Si 1%정도 → 석출경화성 합금, 강력 도전재료로 이용되고, 여기에 3~6%의 Al을 넣은 CA합금, 10% 이하의 Zn을 첨가한 CAZ합금은 장거리 전선용에 적용

## 10.4.5 기타의 Cu합금

### (1) Be청동(Cu-Be계)

Be 2~3%로 석출경화성이 현저하여 Cu합금 중 최고의 강도와 경도 → 고급 스프링 등

### (2) Mn청동

Cu-5~15%Mn 합금 → 고온강도가 크며 전기저항이 높고 그 온도계수가 낮다.

- 망가닌(manganin): Cu-12%Mn-4%Ni계 → 전기저항의 온도계수가 0에 가까워 표준저항재료 및 정밀계기에 사용
- 레지스틴(resistin): Cu-12~15% Mn의 합금 → 저항재료

### (3) 소결함유 베어링 합금(오일리스 베어링, oilless bearing)

Cu분말 + 8~12% Sn분말 + 4~5%의 흑연을 혼합 압축성형하여 고온소결 → 다공질이 되므로 유중에 가열 침지 → 윤활유를 20~40% 포함하므로 작동 중에 급유가 불필요한 베어링으로 사용 가능, 상품명 = oillite로 시판된다.

## 10.5 Ni과 그 합금

### 10.5.1 Ni의 순금속

- Ni: 백색의 FCC금속으로 인성이 풍부하며, 열간 및 냉간가공이 용이하다. 353℃에서 자기변태하며 상온에서 강자성체이다.
- 용도: 내식성, 내열성이 커서 화공용, 식품공업용, 화폐, 도금용, 합금첨가 원소용 등

표 3 Ni의 물리적 및 기계적 성질

| | | | |
|---|---|---|---|
| 비중(25℃) | 8.902 g/cm$^3$ | 열전도율(100℃) | 82.9 W/m·K |
| 융점 | 1,453℃ | 전기전도율(20℃) | 25.2 IACS |
| 열팽창계수(0~100℃) | 13.3 μm/m·K | 전기저항(20℃) | 68.44 nΩ·m |
| 비열(100℃) | 0.471 kJ/kg·K | 결정구조, 격자상수 | FCC, α = 0.352 nm |

| 상태 | 인장강도 [MPa] | 연신율 [%] | 단면수축률 [%] | 경도 ($H_B$) |
|---|---|---|---|---|
| 어닐링재 | 350~540 | 35~50 | 60~70 | 90~120 |
| 드로잉재 | 450~800 | 15~35 | 50~70 | 125~230 |

- 화학적 성질: 대기 중에서는 거의 부식되지 않으나, 아황산가스($SO_2$)를 품는 공기에서는 심하게 부식된다. 증류수, 해수, 알칼리성 염류수용액에는 내식성이 좋다.

## 10.5.2 Ni합금

### (1) Ni-Cu합금의 종류와 성질 및 용도

- Cu-15%Ni 합금: benedict metal: 소총탄의 피복재, 급수 가열기 등
- Cu-20%Ni 합금: cupro nickel: 비철금속 중 단조성이 가장 양호, 변형가공 용이, 내식성이 우수하므로 용도가 가장 넓다. → 각종 식기, 포장품, 공예품, 화폐용 등
- Cu-25%Ni 합금: 백동: 백동전의 재료, 가공이 쉽고 백색이며 강도가 커서 마모에 잘 견딘다.
- Cu-45%Ni 합금: 콘스탄탄(constantan): 열기전력과 전기저항이 크고 그 온도계수가 낮으므로, 통신기기, 전열선, 열전대선 등의 저항재료로 사용됨
  - ▸ Cu-44%Ni-1%Mn-0.5Fe 합금: 어드밴스(advance): 전기저항선 재료용
- Cu-60~70%Ni-1~3%Fe 합금: 모넬메탈(monel metal): 캐나다산의 Cu를 함유한 Ni광석으로부터 제련하여 만든 천연합금으로, 염가이면서 내식성이 양호하고 강도, 경도 및 내마모성도 우수하다. → 화공용 부품, 펌프, 밸브 등에 사용
  - ▸ 개선 모넬로서 0.035% S를 넣어 피삭성을 증대한 R 모넬, 2.75% Al를 첨가하여 석출경화성을 갖게 한 K 모넬, K 모넬에 C를 증가한 KR 모넬, 3% Si를 첨가한 H 모넬, 4% Si를 첨가하여 강도를 증가시킨 S 모넬 등이 있다.

### (2) Ni-Fe합금의 종류

Ni강의 불변강과 고투자율합금 등의 전자기 재료로 사용된다.

- 비가역강이란?
  약 34%Ni 이하 Ni강의 $\alpha \leftrightarrow \gamma$ 변태에는 가열과 냉각 시에 큰 변태온도의 차이를 나타내는 강
- 고투자율합금의 종류에는?
  - ▸ Fe-50%Ni합금: nicalloy → 초투자율이 커서 강자장용 합금, 해저전선 소형변압기 등
  - ▸ Fe-78.5%Ni합금: permalloy → 약자장용 합금으로 고주파 철심재료용

▸ Fe-20~70%Ni-5~40%Co합금: perminvar → 고주파철심용 합금

▸ Fe-5~11%Si-3~8%Al합금: cendust → 풀림상태에서 우수한 자성

### (3) Ni-Cr합금의 종류

니크롬선이라 하여 주로 전기저항재료, 열전대선 등에 사용된다.

- 80Ni-20Cr 합금: chromel A → 고온 발열체용
- 열전대선용: 크로멜합금(90Ni-10Cr), 알루멜합금(96Ni-3.5Al-0.5Fe)
- 치과재료용: sunplatinum(91Ni-7Cr-1Ag)
- 내식, 내열용 Ni합금: 해스텔로이(Ni-Mo-Fe계), 인코넬(Ni-12~13Cr-4~6Fe계), 니모닉(Ni-Cr-Ti) 등

| 표 4 | 내식·내열용 Ni합금의 성분

| 명칭 | Ni | Cr | Fe | Mn | Si | Ti | Al | 기 타 |
|---|---|---|---|---|---|---|---|---|
| 인코넬 W | 나머지 | 15 | 6 | 0.5 | 0.5 | 2.5 | 0.7 | – |
| 인코넬 X | 나머지 | 15 | 7 | 0.4 | 0.4 | 2.5 | 0.7 | Nb 1 |
| 니모닉 80 | 나머지 | 21 | 0.7 | 0.5 | 0.5 | 2.5 | 0.6 | – |
| 니모닉 90 | 나머지 | 20 | 0.5 | 0.5 | 0.5 | 2.5 | 0.6 | Co 16 |
| 인코 700 | 나머지 | 15 | 0.5 | No 3 | Nb 1 | 2 | 3 | Co 28 |
| 일리움 G | 46 | 22.5 | 6.5 | 1.25 | 0.05 | Mo 6.04 | – | Co 2 |
| 하스텔로이 A | 20 | <1 | 5 | <1 | <1 | Mo 28 | – | – |
| 하스텔로이 C | – | 17 | 5 | <1 | <1 | Mo 17 | – | – |

- 각 열전대선의 사용 가능 온도는?

▸ 크로멜-알루멜: 최고 측정온도= 1200℃

▸ Fe-constantan: 최고 측정온도= 800℃

▸ Cu-constantan: 최고 측정온도= 600℃

▸ Pt-Pt/Rh합금선: 최고 측정온도= 1600℃

# 연습문제

## 객관식

1. 편정반응이 일어나는 것은?

① 콘스탄탄 ② 알루민 ③ 모넬메탈 ④ 켈밋

2. 다음 중 베어링의 부시 메탈로서 가장 적당한 것은?

① 모넬메탈 ② 다우메탈 ③ 배빗메탈 ④ 알드레이메탈

3. 구리(Cu)에 관한 다음 사항 중 틀린 것은?

① 비중이 1.740이다.
② 융점이 1083℃ 정도이다.
③ 비자성체로 내식성이 철강보다 우수하다.
④ 전기 및 열의 양도체이다.

4. 다음 중 구리의 결정격자는 어느 것인가?

① 체심입방격자
② 면심입방격자
③ 조밀육방격자
④ 규칙-불규칙격자

5. 다음 중 구리에 함유되어 전기전도율을 저하(감소)시키는 불순물들의 항은?

① Si, Cr, W ② P, Mn, Al ③ C, Ni, Ag ④ Na, Mo, Sn

6. 황동의 합금 원소는 무엇인가?

① Cu+Sn ② Cu+Zn ③ Cu+Al ④ Cu+Ni

7. 황동의 기계적 성질은 아연(Zn) 함유량에 따라 변한다. 아연(Zn) 함유량이 몇% 일 때 ① 인장강도, ② 연신율이 최대로 되는가?(단, 풀림한 황동이다.)

① ① 40%, ② 30%
② ① 60%, ② 40%
③ ① 20%, ② 20%
④ ① 30%, ② 20%

8. 황동의 자연균열(season cracking)이 일어나는 원인은?

① 200~300℃에서 풀림하였기 때문에
② 180~200℃에서 불림하였기 때문에
③ 표면에 도료를 칠하였기 때문에
④ $NH_3$ 또는 암모늄에 의한 내부응력 때문에

9. 황동의 자연균열 방지법으로 틀린 것은?

① 수은과 물에 침전 ② 도금 ③ 도장 ④ 응력제거 풀림

10. 순구리와 같이 연하고 코이닝(coining)하기 쉬우므로 동전, 메달 등에 사용되는 황동의 종류는?

① gilding metal ② commercial bronze
③ red brass ④ low brass

11. 5~20% Zn의 황동으로 강도는 낮으나 전연성이 좋고 색깔이 금색에 가까우므로 모조금으로 사용되는 것은?

① 톰백(tombac) ② 길딩합금(gilding metal)
③ 델타메탈(delta metal) ④ 문쯔(muntz)

12. 쾌삭황동(free cutting brass or hard brass)은 $\alpha-\beta$황동에 다음 중 어떤 원소를 넣은 것인가?

① Pb ② Al ③ Si ④ Sb

13. 캐트리지(cartridge) 황동의 Zn함유량은?

① 40% ② 30% ③ 20% ④ 10%

14. 황동에 1% 내외의 주석을 첨가하였을때 나타나는 현상으로서 가장 적합한 것은?

① 탈산작용에 의하여 부스러지기 쉽게 되며, 주조성을 증가시킨다.
② 탈아연의 부식이 억제되며 내해수성이 좋아진다.
③ 전연성을 증가시키며 결정입자를 조대화시킨다.
④ 강도와 경도가 감소하여 절삭성이 좋아진다.

15. 양은(german silver)에 대한 설명중 잘못된 것은?

① Ni 15~20%, Zn 20~30%, 나머지는 구리를 함유하는 구리합금이다.
② 백동이라고도 한다.
③ 전류조정용 저항, 식기, 장식품 등에 사용된다.
④ 청동에 Ni를 40~50% 함유한 것이다.

16. 청동의 종류가 아닌 것은?

① 화폐용 청동 ② 미술용 청동
③ 베어링용 청동 ④ 건축구조용 청동

17. 주석(Sn)의 함유량이 몇 %일 때 청동의 인장강도가 최대인가?

① 10% ② 20% ③ 30% ④ 40%

18. 청동합금에 유동성을 좋게 하기 위해 첨가하는 원소는?

① 망간 ② 납 ③ 인 ④ 아연

19. 해수에 잘 침식되지 않고 수압, 증기압에도 잘 견디므로 선박 등에 널리 이용되는 구리합금은?

① 양백 ② 포금 ③ 톰백 ④ 인청동

20. 베어링 합금으로 잘못 짝지어진 것은?

① 포금 ② Al 청동 ③ P 청동 ④ Be 청동

21. 베어링 청동에서 Sn 함유율(%)은?

① 5~10 ② 10~12 ③ 12~15 ④ 20~30

22. 다음 내식성 니켈합금 중 Ni-Cr-Mo-Cu가 주성분인 것은?

① Invar ② Illium ③ Permalloy ④ Elinvar

23. 주석 청동 중에 Pb을 3.0~26% 첨가한 것으로 베어링 패킹 재료 등에 널리 사용되는 청동 명칭은?

① 연청동 ② 인청동 ③ 포금 ④ 양백

24. 뜨임 시효경화성이 있고 내식성, 내열성, 내피로성 등이 좋으므로 베어링이나 고급 스프링 등에 사용되며, 인장강도는 133kg/mm$^2$ 정도인 청동은?

① 베릴륨 청동(Be-bronze) ② 콜슨 합금(corson alloy)
③ 암즈 청동(arms bronze) ④ 에버듀르(everdur)

25. 네이벌(Naval) 황동의 설명과 관계가 있는 것은?

① 6:4황동에 Sn을 함유한 것 ② 7:3황동에 Sn을 함유한 것
③ 6:4황동에 Fe를 함유한 것 ④ 7:3황동에 Fe를 함유한 것

26. 알루미늄 청동에 관한 다음 사항 중 맞는 것은?

① 알루미늄 8~12%를 함유하는 구리-알루미늄 합금으로 자기풀림 현상을 갖고 있다.
② 구리, 주석, 동이 주성분으로 주조, 단조, 용접성이 좋다.
③ 탈산제로 인을 첨가 후 Al을 첨가한 것으로 상온에서 $\alpha+\beta$의 공정조직을 갖는다.
④ 보통 10~12%의 Al을 첨가한 것이 가장 많이 사용되며 소성가공할 수 없다.

27. 특수황동에서 합금원소의 아연당량이 가장 큰 원소는?

① Si ② Al ③ Sn ④ Ni

28. 베어링에 사용되는 대표적인 구리합금으로 70% Cu-30% Pb합금은?

① 켈밋(kelmet) ② 배빗메탈(babbit metal)
③ 다우메탈(dow metal) ④ 톰백(tombac)

29. 열팽창계수가 적으며 시계 등 정밀부품에 사용하는 합금은?

① 엘린바 ② 포금
③ 모넬메탈 ④ 플래티나이트

30. 다음 중 청동(bronze)의 합금 원소는?

① Cu-Zn ② Cu-Al ③ Cu-Pb ④ Cu-Sn

31. 온도 조절용 바이메탈에 사용되는 재료는?

① 엘린바 ② 인바아 ③ 퍼멀로이 ④ 플래티나이트

32. 비중이 8.9로서 전기분해법 및 몬드법을 쓰며 화폐의 도금용으로 사용되는 것은?

① Cu ② Si ③ Ni ④ Mn

33. 니켈-구리계 합금의 특성을 설명한 것 중 옳은 것은?

① 탄피에 사용하기 위하여 구리에 15% Ni을 첨가한 것이 베네딕트 메탈이다.
② 열전쌍 재료로 사용하기 위하여 Cu에 40~50% Ni을 첨가한 것이 모넬 메탈이다.
③ 내열・내식성 합금으로서 기계적, 화학적 성질이 우수한 합금이 콘스탄탄이다.
④ 석출경화성을 부여하기 위하여 모넬 메탈에 Al 3%를 첨가한 것이 H모넬이다.

34. 열전대용으로 사용되는 합금은?

① 실루민 ② 모넬 메탈
③ 콘스탄탄 ④ 엘린바

35. 다음 열전대 중에서 가장 낮은 온도의 측정에 사용되는 것은?

① 백금-백금, 로듐 ② 철-콘스탄탄
③ 크로멜-알루멜 ④ 구리-콘스탄탄

36. 니켈 60~70%정도로 함유한 Ni-Cu계의 합금이며, 내식성 좋으므로 화학공업용 재료로 많이 쓰이는 재료는?

① 톰백 ② 알코아
③ Y합금 ④ 모넬 메탈

37. 주조상태에서는 대부분 수지상 조직의 $\alpha$상이므로 유연성이 있어 차축에 적합하며, 철도차량이나 공작기계, 압연기계 등의 고압용 베어링으로 적당한 재료는?

① Cu-Ti-Ag 합금 ② Cu-Ni-Zn 합금
③ Cu-Sn-Pb 합금 ④ Cu-Ni-Al 합금

38. 온도 측정용 열전쌍(thermocouple)에 사용되는 것은?

① 니켈과 은이 쌍을 만든 것. ② 콘스탄탄과 철이 쌍을 만든 것.
③ 크로멜과 티탄이 쌍을 만든 것. ④ 구리와 은이 합금된 것.

39. 델타황동이란?

① 7-3황동에 1~2% 정도의 Sn을 첨가 ② 7-3황동에 1~2% 정도의 Fe를 첨가
③ 6-4황동에 1~2% 정도의 Sn을 첨가 ④ 6-4황동에 1~2% 정도의 Fe를 첨가

40. 오일리스(oilless)베어링의 설명 중 옳지 않은 것은?

① 기름보급이 곤란한 곳에 사용하는 것이 좋다.
② 구리, 주석, 흑연분말을 가압성형한 소결합금이다.
③ 기름에서 가열하면 20~30%의 기름을 흡수한다.
④ 큰 하중이나 고속도 회전부에 적당하다.

**정답**

| | | | | | | | | | |
|---|---|---|---|---|---|---|---|---|---|
| 1. ④ | 2. ③ | 3. ① | 4. ② | 5. ② | 6. ② | 7. ① | 8. ④ | 9. ① | 10. ① |
| 11. ① | 12. ① | 13. ② | 14. ② | 15. ④ | 16. ④ | 17. ② | 18. ④ | 19. ② | 20. ① |
| 21. ② | 22. ② | 23. ① | 24. ① | 25. ① | 26. ① | 27. ① | 28. ① | 29. ① | 30. ④ |
| 31. ② | 32. ③ | 33. ① | 34. ③ | 35. ④ | 36. ④ | 37. ③ | 38. ② | 39. ④ | 40. ④ |

## 주관식

1. 구리의 우수한 점을 들어보시오.

2. 시판동의 종류를 들고 설명하시오.

3. Tombac을 Zn함유량에 따라 세분하시오.

4. 7/3 황동과 6/4 황동의 가공성을 비교해 보시오.

5. 7/3 황동에 3 %의 Al을 첨가했을 때 Zn 몇 %의 Cu-Zn 합금에 상당할까?
(단, Al의 Zn당량=6.0)

6. 특수황동의 종류를 첨가원소별로 들고 설명하시오.

7. 특수청동의 종류와 용도를 적으시오.

8. Cu량에 따른 Ni-Cu합금의 명칭을 분류하고 설명하시오.

9. 황동의 저온풀림경화와 경년변화란?

10. 고투자율 Ni 합금의 종류와 그 성분 등을 설명하시오.

11. 내식·내열용 Ni 합금을 들고 서술하시오.

12. 다음 용어를 간단히 설명하시오.
① Cu의 수소취화
② 황동의 탈아연
③ Al 청동의 서랭취성
④ tin sweat
⑤ mushy형 응고
⑥ Corson 합금
⑦ gun metal
⑧ oillite

CHAPTER 11

# 알루미늄과 마그네슘 합금

# 11.1 알루미늄

## 11.1.1 Al의 개요

- 알루미늄(Al)의 특징으로는?
  - ▸ 비철금속재료 중에서 가장 많이 이용된다.
  - ▸ 실용합금에서 Mg, Be 다음으로 가볍고 Fe나 Cu의 약 1/3 정도이다.
  - ▸ 전연성이 우수하여 가공이 용이하다.
  - ▸ 전기 및 열의 양도체이고 합금이 용이하다.
  - ▸ 내식성이 비교적 양호하고 색도 아름답다.
- Al의 제련과정은?

  원광석(bauxite, 빙정석, 명반석 등) → 알루미나($Al_2O_3$)를 정제 → 용융염전해 → 순Al
  - ▸ 베이어법(bayer process): 알루미나를 제조하는 방법으로서 보크사이트를 화학처리하여 용융 중에 알루미나를 침전시켜 얻는 방법
  - ▸ Al의 용도: 자동차, 항공기, 가정용기, 화공용기, 주물, 다이캐스팅, 전선, 단조품 등

## 11.1.2 Al의 성질

- Al: 흰색의 fcc금속, 전기전도도는 Cu의 약 65%로 양호하고 불순물량에 따라 다르며,
- 전도도을 해치는 원소의 순서: Ti, Mn, Zn, Cu, Si, Fe
- 기계적성질은 순도, 가공도, 열처리조건 등에 따라 달라지며, 순도가 높을수록 연하고 가공도가 클수록 강도는 높아진다(99.99% Al의 인장강도= 4.8kg/mm$^2$, 연신율= 50%).
- 화학적성질로서 내식성이 양호 ← ∵ 표면에 생기는 치밀한 산화피막($Al_2O_3$)의 보호작용 때문이다.

| 표 1 | Al의 물리적 성질

| 성질 | 알루미늄의 순도 | |
|---|---|---|
| | 99.996 | > 99.0 |
| 비중(20℃) | 2.6987 | 2.71 |
| 용융점 [℃] | 660.2 | 653~657 |
| 비열(100℃)(cal/g℃) | 0.2226 | 0.2297 |
| 전기전도도(%)(Cu에 비해서) | 69.94 | 59(풀림재) |
| 전기저항 온도계수 | 0.00429 | 0.0115 |
| 열팽창계수(20~100℃) | $23.86 \times 10^{-6}$ | $23.5 \times 10^{-6}$ |

### 11.1.3 Al의 방식법

- 양극산화처리(anodizing)란?
  Al제품을 전해액 중에 담그어 표면에 산화물의 피막을 생성시키는 처리
  - ▸ 봉공처리(sealing): 고온 수증기 중에서 가열하여 기지와 피막층 간의 다공성을 없게 하여 방식성이 우수한 아름다운 피막을 얻는 처리
- 전해액에 따른 양극산화처리법의 종류는?
  - ▸ 수산법: 2% 수산용액에서 전해 → 알루마이트(alumite)법
  - ▸ 황산법: 15~25% 황산액에서 피막생성 → 알루미나이트법
  - ▸ 크롬산법 등

## 11.2 Al합금의 개요

### 11.2.1 Al합금의 종류

- Al합금의 용도별 분류는?
  - ▸ 가공용: 판, 봉, 관, 형재 등의 전신재로 사용 → 내식, 고강도, 내열용
  - ▸ 주물용: 사형, 금형, 다이캐스팅 등의 주물로 이용되고, 각각의 실례는 다음과 같다.

- 주물용 — Al-Cu, Al-Cu-Si, Al-Si, Al-Si-Mg, Al-Mg, Al-Cu-Ni계
- 가공용
  - 내식용: Al-Mn, Al-Mn-Mg, Al-Mg, Al-Mg-Si계
  - 고강도용: Al-Cu, Al-Cu-Mg, Al-Zn-Mg, Al-Mg-Si, Al-Ag계
  - 내열용: Al-Cu-Ni, Al-Ni-Si계

- Al합금의 시효열처리 효과 유무에 따라 - 비열처리형, 열처리형 합금

‖ 표 2 ‖ 가공용 Al합금의 분류

| | | |
|---|---|---|
| 비열처리형 합금 | 1000계<br>3000계<br>4000계<br>5000계 | 순 Al<br>Al-Mn 합금<br>Al-Si 합금<br>Al-Mg 합금 |
| 열처리형 합금 | 2000계<br>6000계<br>7000계<br>8000계<br>9000계 | Al-Cu-Mg 합금<br>Al-Mg-Si 합금<br>Al-Zn-Mg 합금<br>기타(Al-Li) 합금<br>예 비 |

- 가공용 Al합금의 전신재를 기호와 숫자로 표시하면?

| A | 2024 | P | T6 |
|---|---|---|---|
| Al합금 | 합금번호 | 형상기호 | 질별기호 |

- Alcoa 호칭법에 의한 합금번호의 표시는? ← 4자리 숫자로 표시
  - ▸ 첫째자리: 1000단위로 한 각 합금계[구(Cu), 망(Mn), 시(Si), 마(Mg), 즈(Zn), 리(Li)]
  - ▸ 둘째자리: 0의 기본합금과 1~9의 개량합금을 표시
  - ▸ 셋째, 넷째자리: 합금의 식별을 나타내는 숫자

‖ 표 3 ‖ 가공용 Al합금의 형상기호

| 기호 | 의미 | 기호 | 의미 |
|---|---|---|---|
| P | 판, 조, 원판 | TW | 용접관 |
| PC | 합 판 | TWA | 아크용접관 |
| BE | 압출봉 | S | 압출형재 |
| BD | 인발봉 | BR | 리벳재 |
| W | 인발선 | FS | 형타단조품 |
| TE | 압출 이음매 없는 관 | FH | 자유단조품 |
| TD | 인발 이음매 없는 관 | | |

표 4 가공용 Al합금의 가공과 열처리에 따른 질별기호

| 기호 | | 정의 |
|---|---|---|
| F | | 제조 그대로의 것<br>• 가공경화와 열처리에 의해 조절되지 않은 것 |
| O | | 완전 풀림한 것<br>• 전신재 : 가장 부드러운 상태로 풀림한 것<br>• 주물 : 신율과 치수안정화를 위해 풀림한 것 |
| H | $H_{1n}$ | 가공경화 후, 적당한 연화처리를 한 것 |
| | $H_{2n}$ | 가공경화 후, 적당한 연화처리를 한 것 |
| | $H_{3n}$ | 가공경화 후, 안정화처리한 것 |
| | n | n은 1에서 9까지의 숫자로 표시되고<br>1. 1/8경질 2. 1/4경질 3. 3/8경질<br>4. 1/2경질 5. 5/8경질 6. 3/4경질<br>7. 7/8경질 8. 경질 9. 특경질을<br>나타내다.<br>H112는 적극적인 가공경화를 가하지 않고 제조된 그대로의 상태로 기계적 성질을 보증한 것 |
| T | $T_1$ | 고온가공에서 냉각 후, 자연시효시킨 것 |
| | $T_2$ | 고온가공에서 냉각 후, 냉간가공을 행하고 자연시효시킨 것 |
| | $T_3$ | 용체화처리 후, 냉간가공을 행하고 자연시효시킨 것 |

| 기호 | | 정의 |
|---|---|---|
| T | $T_{361}$ | T3처리의 단면감소율을 6 %로 한 것 |
| | $T_4$ | 용체화처리 후 자연시효시킨 것 |
| | $T_{42}$ | T4의 처리를 사용자가 행한 것 |
| | $T_5$ | 고온가공에서 냉각 후, 인공시효한 것 |
| | $T_6$ | 용체화처리 후 인공시효한 것 |
| | $T_{61}$ | 전신재 : 온수담금질에 의한 용체화 처리 후 인공시효한 것<br>주 물 : 용체화처리후 인공시효한 것 |
| | $T_{62}$ | T6 처리를 사용자가 행한 것 |
| | $T_7$ | T6 처리를 사용자가 행한 것 |
| | $T_{73}$ | 용체화처리 후, 안정화처리한 것 |
| | $T7_{352}$ | 용체화처리후 압축가공에 의해 잔류응력을 제거하고 과시효처리한 것 |
| | $T_8$ | 용체화처리 후 냉간가공을 행하고 인공시효한 것 |
| | $T_{83}$ | T8처리로 단면감소율을 약 3 %로 한 것 |
| | $T_{861}$ | T361을 인공시효한 것 |
| | $T_9$ | 용체화처리 후 인공시효하고 냉간가공한 것 |
| | $T_{10}$ | 고온가공에서 냉각 후 냉간가공하고 인공시효한 것 |

## 11.2.2 Al합금의 시효경화 열처리

- 예로서 Al-Cu합금의 시효경화 열처리 순서와 과정은?
  - ▸ 용체화처리(solution treatment): Al-4~5%Cu합금을 548℃ 보다 약간 낮은 온도로 가열유지하여 단일 고용체($\alpha$)상으로 만드는 처리
  - ▸ 급랭(quenching): Cu의 용질원자를 포화점 이상으로 함유한 과포화고용체(SSSS, $\alpha'$)를 얻음
  - ▸ 시효(ageing): 상온이나 고온에서 장시간 방치하여 뜨임처리하는 것

▸ 석출현상(precipitation): $\alpha'$의 불안정한 상태가 $\alpha' \rightarrow \alpha + CuAl_2(\theta)$ 와 같이 과포화성분을 분해, 석출하여 정상의 안정한 상태로 되는 변화

▸ 시효경화(age hardening 또는 석출경화): 시효에 의해 석출물이 나타남으로써 이전보다 경화되는 현상

▸ 시효온도에 따라:

– 자연(natural, 상온)시효: 실온에 방치하여 느리게 시효

– 인공(artificial, 고온, 소려)시효: 실온 이상의 고온에서 빠르게 시효

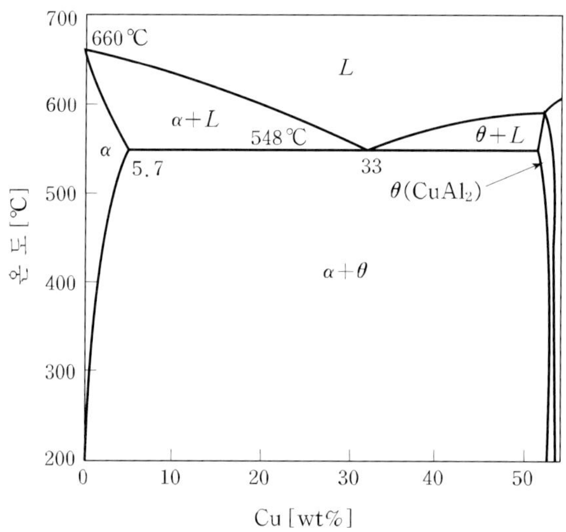


‖ 그림 1 ‖ Al-Cu계 합금 상태도

• 석출물의 석출단계별 종류는?

▸ G.P zone: $\alpha'$중에 고용된 Cu원자가 Al의 (100)면에 집합하여 극히 미세한 2차원적 결정이 형성된 것

▸ 중간상(준안정상, $\theta'$): 독립된 결정(CuAl2)으로 되기 전에 모상과 연결성이 유지되는 정합(coherent) 관계의 석출물

▸ 안정상(평형상, $\theta \langle CuAl_2 \rangle$): 모상과 연결성이 유지되지 않는 비정합(incoherent) 관계의 완전한 석출물

- 석출과정: $\alpha' \rightarrow$ G.P I zone(부분적 규칙) $\rightarrow$ G.P II zone(전체가 규칙적) $\rightarrow \theta' \rightarrow \theta + \alpha$
- 이 때 중간상 단계에서 최고 경도에 도달하고, 이후 연화가 일어나는 과시효(over-ageing) 단계를 지나, G.P zone 등이 모체 중에 다시 용해되는 복원(reversion) 현상이 나타난다.

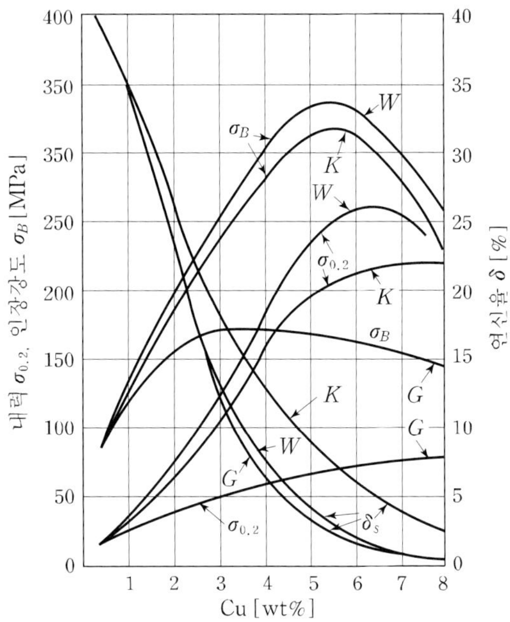


▌그림 2▐ Al-Cu합금의 시효에 의한 기계적 성질의 변화

## 11.3 가공용 Al합금

### 11.3.1 비열처리형 Al합금

시효경화성이 없음 → 고용강화, 가공경화에 의해 강화, 열처리형 합금에 비해 강도는 낮지만 내식성은 양호하다.

- 1000계의 순Al: 가공성, 내식성은 우수하나 강도가 낮아 구조재로 부적합
- 3000계의 Al-Mn합금(almin): Mn첨가로 내식성, 가공성의 손상없이 강도를 약간 개선
- 4000계의 Al-Si합금(실루민): Si첨가로 내마모성의 향상, 열팽창율을 감소
- 5000계의 Al–6~10%Mg합금(hydronalium): 내식성 양호, (Mg량이 많은)5083 합금= 비열처리형 Al합금중 최대의 강도 → 용접, 내해수성, 저온특성이 우수, 선박, 차량, 저온탱크, 압력용기 등에 이용된다.

## 11.3.2 열처리형 Al합금

시효경화 처리에 의해 강도를 부여한 합금

- 2000계의 Al-Cu-Mg합금: 두랄루민(2017, Al-4Cu-0.5Mg-0.5Mn) → 항공기 등 재료
  - ▸ 초두랄루민(2024, Al-4.5Cu-1.5Mg-0.6Mn): 22kg/$mm^2$ 이하 → 50kg/$mm^2$ 이상의 인장강도
- 6000계의 Al-Mg-Si합금(aldrey): $\beta$상($Mg_2Si$)의 석출에 시효경화, 강도와 내식성이 우수
  - ▸ 대표적 합금: 6063합금(압출용) → 건축용 새시재료, 가구 등에 사용
- 7000계의 Al-Zn-Mg합금: ESD합금(초초두랄루민, Extra Super Duralumin): MgZn2상의 석출로 시효경화하여 고강도를 얻음
  - ▸ 대표적 합금: 7075합금(Al-7~9Zn-1.2~1.8Mg-1.5~2.5Cu): 54kg/$mm^2$ 이상의 Al합금중 최대의 강도 → 항공기와 스포츠 용품 등
- alclad합금(Al합판): 고강도 Al합금판의 표면에 내식성이 좋은 순Al, Al-Mn, Al-Mg계합금판을 피복시켜 심재를 보호하는 일종의 음극방식법에 의해 제조된 합금

# 11.4 주물용 Al합금

## 11.4.1 일반주물용 Al합금

### (1) Al-Cu계 합금

- 라우탈(Lautal): Al-3~8Cu-3~8Si계(Si: 주조성, Cu: 피삭성 개선) → 실린더 헤드 등
- Y합금(알구니마): Al-4Cu-2Ni-1.5Mg계 → 고온강도가 우수하여 피스톤 등 내열용합금

### (2) Al-Si계 합금(실루민, silumin)

공정형 상태도이고 주물용 Al합금 중 가장 용도가 많다.

- 실루민의 개량처리: Al-10~13%Si의 공정합금을 서냉 → 초정Si가 조대하게 분포되어 취약한 성질 → Na(NaF와 NaCl의 혼합염) 등을 0.1%정도 첨가 → 초정조직이 미세화되어 기계적성질을 개선시키는 처리
- Lo-Ex합금: Al-11~14Si-1Cu-1Mg-1Ni계 → 열팽창율이 낮은(Low Expansion) 내열성, 내마모성 합금 → 피스톤, 풀리, 베어링 등에 사용

### (3) Al-Mg계 합금(hydronalium or magnalium)

내식성, 양극산화성이 우수하고, 강도와 인성도 양호한 합금 → AC7A, AC7B

## 11.4.2 다이캐스팅용 Al합금(ALDC 1~9)

- 다이캐스팅(die casting)이란?
  고압의 용탕을 금형에 주입 → 가압급랭시켜 응고하는 주조법 → 치수정밀도와 기계적 성질이 양호, 복잡한 형상의 주물도 가능 ← 유동성이 좋고 금형으로의 용착이 적어야 하고, 또한 수축이 적고 열간균열을 일으키지 않아야 한다.

  ▸ 종류: Al-Si, Al-Mg, Al-Si-Mg, Al-Si-Cu계 등의 1종~9종까지 있다.

# 11.5 Mg과 그 합금

## 11.5.1 Mg합금의 일반적 특성

### (1) Mg과 그 합금의 성질

- Mg: 실용합금 중 가장 가볍다(비중 1.74), 비강도(강도/중량비)가 현저히 높다, hcp금속이어서 냉간가공성은 불량하지만 열간의 절삭가공성은 꽤 양호하다.
- 방식법: 화성처리, 양극산화, 도금, 도장 등

### (2) Mg합금의 용해와 주조

- Mg합금의 용해 주조시 주의사항 4가지는?
  - ▸ 고온산화나 연소가 쉬우므로 산화방지책이 필요
  - ▸ 수소가스를 흡수하기 쉬우므로 탈가스처리가 필요
  - ▸ 주조시 규사 등을 환원하여 Si량이 많아지므로 모래를 잘 제거할 필요
  - ▸ 주조조직 미세화를 위하여 용탕온도를 적온까지 가열할 필요가 있다.
- 산화방지책에는?
  - ▸ 용탕면에 유황분말을 뿌려 $SO_2$가스를 발생시켜 탕면을 보호하는 방법
  - ▸ 용제(flux)로 탕면을 피복하는 방법
  - ▸ 소량의 Be, Ca 등을 첨가해서 용탕의 산화연소를 완화, 방지하는 방법

## 11.5.2 가공용 Mg합금

- Mg-Mn합금: M1A → Mn 고용량이 적어 열처리효과는 없어 강도가 낮음
- Mg-Al합금: 고용경화, 결정립미세화를 위해 Al 3%, Zn 1% 첨가 → 가장 사용량 많음
  - ▸ Dow metal: Mg-6%Al 합금 → 비중이 Mg합금 중 가장 적고 용해 주조가 용이

- ▸ Elektron: Mg-3~7%Al-Zn2~4% 합금 → 고온내식성, 강도증가, 내연기관의 피스톤 및 항공기 자동차 부품

- Mg-Th합금: 재결정온도가 높아 내크리프성이 우수 → 내열용 합금으로 사용

### 11.5.3 주물용 Mg합금

- Mg-Al합금: 주조조직이 미세화, 시효경화로 기계적 성질의 향상 (Zn첨가= 강도향상)
- Mg-Zn합금: 고용경화, 시효경화(MgZn상의 석출)에 의한 고강도합금(Zr첨가= 미세화)
- Mg-R.E(희토류, rare earth) 및 Mg-Th합금: 내크리프성이 현저하게 개선 → 내열용 주물합금으로 이용(Zr첨가로 주조조직 미세화)
  - ▸ 희토류원소의 첨가는 mischmetal(50%Ce-20%Nd-기타 희토류원소)에 의해 첨가되지만 산화방지에 주의할 필요가 있다.

## 연습문제

### 객관식

1. 알루미늄의 물리적 성질 중 맞지 않는 것은?
   ① 공기중에서 표면에 $Al_2O_3$의 얇은막이 생겨 내식성이 좋다.
   ② 산과 알칼리에 강하다.
   ③ 전기 및 열의 양도체이다.
   ④ 비중이 가벼운 경금속이다.

2. 주조가 쉽고 금속과 잘 합금되며 가벼울 뿐만 아니라 대기중에서 내식성이 강하고 전기와 열의 양도체이므로 송전선으로도 쓰이는 금속은?
   ① 구리(Cu) ② 알루미늄(Al) ③ 마그네슘(Mg) ④ 텅스텐(W)

3. 알루미늄의 용도로서 적합하지 않는 것은?
   ① 드로잉 재료 ② 다이캐스팅 재료
   ③ 자동차구조용 재료 ④ 절삭날 재료

4. 다음 중 라우탈(Lautal)을 올바르게 설명한 것은?
   ① Al-Si계 합금으로 융점이 낮고 유동성이 좋으며 Na을 첨가하여 치밀하게 한다.
   ② Al-Cu-Si계 합금으로 Si로 주조성을 개선하고 Cu로 피삭성을 좋게 한 것이다.
   ③ Al-Zn-Mg계 합금으로 시효경화성이 현저한 합금이다.
   ④ Al-Cu-Ni계 합금으로 내열성 주물이며 기계적 성질이 우수하다.

5. 고도로 산화된 Al 분말을 만들고, 이것을 가압, 성형, 소결한 후 압출한 알미늄분말 소결체는?
   ① SAP ② Y-alloy ③ Almin ④ Alclad

6. 알루미늄의 전기전도도는 구리의 65%정도이다. 전도도에 가장 유해한 원소는?
   ① Mn ② Ti ③ Zn ④ Si

7. 알루미늄 합금으로 주물의 정밀도가 좋으며 다량생산의 경우 어느 주조법이 가장 좋은가?
   ① 원심주조법 ② 칠드주조법 ③ 주물주조법 ④ 다이캐스팅법

8. 다이캐스팅용 알미늄 합금의 성질이 아닌 것은?

① 유동성이 좋을 것 ② 열간취성이 적을 것.
③ 금형에 대한 점착성이 좋을 것 ④ 응고 수축에 대한 용탕 보급성이 좋을 것.

9. 알루미늄-규소계 합금으로 10~14% Si가 포함된 것으로 주조성은 좋으나 절삭성은 좋지 않아 약한 합금은?

① 라우탈 ② 실루민 ③ 알민 ④ 하이드로날륨

10. 알루미늄-규소계의 합금에서 가장 많이 쓰이는 개량처리법은 어느 것인가?

① 불소화합물을 쓰는 방법 ② 수산화나트륨을 쓰는 방법
③ 금속나트륨을 쓰는 방법 ④질화물을 이용하는 방법

11. 알루미늄(Al)합금 중 510~530℃에서 더운 물로 냉각한 후 4일간 상온 시효시키거나 100~150℃에서 인공 시효시켜 내연기관의 실린더, 피스톤, 실린더 헤드로 사용되는 재료는?

① 실루민(silumin) ② 라우탈(lautal)
③ 하이드로날륨(hydro nalium) ④ 와이합금(Y-alloy)

12. 와이(Y)합금에 대한 설명으로 잘못된 것은?

① Al에 Cu(4%), Ni(2%), Mg(1.5%)정도가 함유된 합금이다.
② 소성가공이 좋고, 시효경화성이 없으므로 단조품으로도 많이 이용된다.
③ 알루미늄의 내열성 주물로서 공랭 실린더 헤드, 피스톤 등에 많이 사용된다.
④ $\alpha$고용체 중에 삼원 화합물이 산재하고 있는 합금 조직이다.

13. Al계 합금으로 피스톤 재료에 사용되는 합금은 어는 것인가?

① Al-Cu-Ni-Mg ② Al-Mg-Cr
③ Al-Cu-Mo-Mn ④ Al-Si-Mn-Mg

14. 석출경화와 가장 관계가 적은 것은?

① 냉각속도 ② 석출온도
③ 합금원소의 각 융점 ④ 합금원소의 용해한도

15. 가장 대표적인 시효경화를 일으키는 합금은?

① Fe-C 계 ② Cu-Sn 계
③ Al-Cu 계 ④ Cu-Ni 계

16. 비행기 몸체로 주로 쓰기 위하여 개발된 합금은?

① 알코아 ② 도이치 ③ 두랄루민 ④ 실루민

17. 두랄루민의 중요한 합금 원소가 아닌 것은?

① 알루미늄(Al) ② 구리(Cu) ③ 니켈(Ni) ④ 망간(Mn)

18. 알루미늄 합금의 열처리 기호 중 $T_6$는 무엇을 가르키는가?

① 소입 후 인공시효경화시킨 것
② 소입 후 냉간가공하여 인공시효한 것
③ 소입 후 냉간가공한 것
④ 제조 후 소입하지 않고 바로 인공시효한 것

19. 고강도 Al합금은 내식성은 적으나 인장강도는 크다. 내식성을 개선하기 위하여 고강도 Al합금 표면에 내식성 Al합금을 접착시킨 것을 무엇이라고 하는가?

① 알민 ② 알멕스 ③ 알드리 ④ 알크래드

20. 내식성 알루미늄 합금의 대표적인 것이며 단조용으로도 쓰이며, 주조용으로는 마그네슘 12%이하의 것이 사용되는 것은?

① 라우탈 ② 하이드로날륨 ③ 콜슨합금 ④ 실루민

21. 변태가 없으므로 고용체 처리에 의해 시효경화시켜 경도를 증가시키는 합금은?

① Cu–P ② Cu–Pb ③ Al–Si ④ Al–Cu

22. 다음 중 시효경화를 일으키는 합금이 아닌 것은?

① Al–Ag ② Al–Ni ③ Al–Cu–Mg ④ Al–Zn

23. 다음 중 내식용 단련 알루미늄 합금이 아닌 것은?

① 하이드로날륨 ② 실루민 ③ 알드리 ④ 알클래드

24. 두랄루민과 같이 담금질한 후 오래 방치하거나 적당히 뜨임하면 경도가 증가한다. 이런 현상을 무엇이라 하는가?

① 시효경화 ② 시즈닝 ③ 질량효과 ④ 담금질효과

25. 다음 중 Al-Mg계 합금으로 내식성 알루미늄 합금의 대표적인 것은?

① 하이드로날륨(Hydronalium) ② 알민(Almin)
③ 알드레이(Aldrey) ④ 두랄루민(Duralumin)

26. 구리-니켈-마그네슘으로 되어 있는 Al 내열합금은?

① Lo-Ex ② Y-alloy ③ Silumin ④ Elektron

27. 마그네슘에 대한 성질에서 틀린 것은?

① 비중이 1.74로서 실용금속 중에서 가장 가볍다.
② 표면의 산화 마그네슘은 내부의 부식을 방지한다.
③ 산, 알칼리에 대해 거의 부식하지 않는다.
④ 망간의 첨가로 철의 용해작용을 어느 정도 막을 수 있다.

28. 다음중 Mg-Al-Zn계 합금의 대표적인 것은?

① 하이드로날륨 ② 베빗메탈 ③ 콘스탄탄 ④ 일렉트론

29. Al합금을 공정점 부근의 용체에 특수원소를 첨가하여 조직을 미세화시키고 기계적 성질을 개선하는 처리는?

① 자연시효 ② 개질처리 ③ 고용체처리 ④ 안정화처리

30. 다음 중 초두랄루민의 합금원소로 옳은 것은?

① Al, Cu, Mg, Mn ② Al, Ni, Mg, Mn
③ Al, Cu, Cr, Ni ④ Al, Cu, Ni, Mn

31. 비강도가 커서 항공기 부품용 등에 가장 많이 쓰이는 합금은?

① Au합금 ② Mg합금
③ Ni합금 ④ Cr합금

**정답**

1. ② 2. ② 3. ④ 4. ② 5. ① 6. ② 7. ④ 8. ③ 9. ② 10. ③
11. ④ 12. ② 13. ① 14. ③ 15. ③ 16. ③ 17. ③ 18. ① 19. ④ 20. ②
21. ④ 22. ② 23. ② 24. ① 25. ① 26. ② 27. ③ 28. ④ 29. ② 30. ①
31. ②

## 주관식

1. Al 합금의 강화열처리에 대해 상세히 설명하시오.
2. Al 합금의 방식법에 대해 서술하시오.
3. silumin의 개량처리란?
4. Al 합금에 대해 열처리형과 비열처리형 및 전신가공재를 AA number에 의해 1000번 단위로 분류하시오.
5. 가공용 Al합금의 형상기호와 질별기호에 대해 쓰시오.
6. 내식용 Al합금의 명칭과 조성을 적으시오.
7. Al-Cu합금의 시효석출물에 대한 단계별 종류를 설명하시오.
8. Mg 합금의 특성과 용해주조시의 주의사항에 대해 적으시오.
9. 다음 명칭의 합금을 간단히 설명하시오.

   ① duralumin 합금 ② Lautal 합금
   ③ Y 합금 ④ Lo-Ex 합금
   ⑤ Hydronalium ⑥ misch metal
   ⑦ Aldrey 합금 ⑧ ESD 합금

CHAPTER 12

# 기타 비철금속 재료

# 12.1 티탄과 그 합금

## 12.1.1 Ti의 성질과 용도

- Ti: 가벼우면서(중금속과 경금속의 한계비중 4.5) 새로운 구조용 재료로서, 내식성이 우수(안정한 $TiO_2$의 보호피막이 생기기 때문)하고, 비강도(강도/비중)가 크고 특히 고온강도가 높다
- 순Ti의 용도: 내식재료(비료공장의 합성탑, 밸브, 배관, 석유화학공업 등), 항공기, 가스터빈재로 사용

표 1 Ti의 물리적 성질(비중=4.5, 융점= 1670℃, 결정구조= hcp)

| | |
|---|---|
| 비중(20℃) | 4.507 g/cm3(α형) |
| α→β 변태에 의한 체적변화 | 5.5 % |
| 융점 | 약 1670℃ |
| α⇔β 변태점 | 약 900℃ |
| 열팽창계수(20℃~400℃) | 10.2 μm/m·K |
| 열전도율(−240℃) | 11.4 W/m·K |
| 전기저항(20℃) | 420 nΩ·m |
| 결정구조, 격자상수 α형(R.T) | HCP(a = 0.295 nm, c = 0.468 nm, c /a = 1.568) |
| β형(882℃ 이상) | BCC(a = 0.332 nm ; 900℃) |

## 12.1.2 Ti합금

- 첨가원소의 효과에 따라 금속조직학적으로 대분류하면?
  $\alpha$상 안정화원소와 $\beta$상 안정화원소의 합금으로 구분
- 상태도 형식에 따른 4종류의 Ti합금은?
  $\alpha$안정형합금, $\beta$공석형합금, $\beta$고용체형, $\alpha$ · $\beta$전율고용체형
  - ▸ Ti합금은 순Ti에 비해 내식성이 낮으므로 Mo, Ta, Zr, V 등을 첨가하여 개선한다.
  - ▸ 대표적 실용합금: $\alpha+\beta$형으로 전 사용량의 2/3를 차지하며, 그 중에 가장 유명한 것이 Ti-6Al-4V합금이고, 고강도 경량화재료로서 주로 항공기 몸체재료, 단조부품에 사용되고, 또한 450℃까지 비강도와 고온강도가 높고 내식성이 우수하므로 제트엔진의 축류압축기 등에 사용된다.

▸ 그 외: Ti-Mn계(크리프성 우수), Ti-Al계(고온 크리프성 우수)

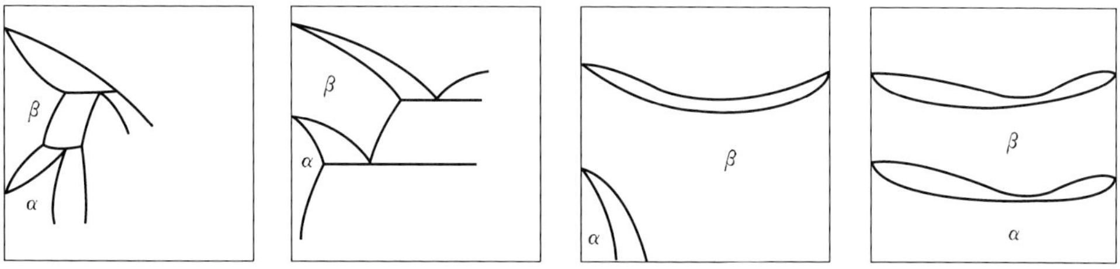


(a) α안정형 합금 (b) β안정, 공석형 합금 (c) β안정고용체형 합금 (d) α,β전율고용체 합금

▌그림 1▐ 2원계 Ti합금의 평형상태도 형식

▌표 2▐ Ti합금원소의 종류

| 합금형 | 첨가합금원소 |
|---|---|
| α 안정형 합금 | Al, Sn, O, N |
| β 공석형 합금 | Mn, Cr, Fe, Ni, Co, Cu, Ag, Pb, Si, W |
| β고용체형 합금 | Mo, V, Nb, Ta |
| α, β 전율고체형 합금 | Zr |

## 12.2 Zn과 그 합금

저용점금속(fusible metal): Zn, Sn, Pb, Sb, Bi 등과 같이 융점이 약 250℃ 이하의 낮은 금속이나 합금 → 다이캐스팅용, 베어링용, 활자용, 땜납용

### 12.2.1 아연(Zn, zinc)

- Zn: 청백색의 hcp금속, 비철중 Al, Cu 다음으로 많이 생산 → 철강의 Zn도금용, 합금원소, 아연판의 인쇄재료, 전지, 방식용 양극재료 등에 사용
- 철판에 아연도금을 하는 이유는?
  표면에 염기성 탄산아연[$ZnCO_3Zn(OH)_2$]의 피막이 생겨 부식이 내부로 진행되지 않는 내식성을 부여해주기 때문이다.

‖ 표 3 ‖ 아연의 물리적 성질

| | | | |
|---|---|---|---|
| 비중(25℃)<br>융점<br>열팽창계수(0100℃)<br>비열(20℃)<br>용융잠열 | 7.133 g/cm$^3$<br>420℃<br>15 μm/m·K<br>0.382 kJ/kg·K<br>100.9 kJ/kg | 열전도율<br>전기저항율<br>전기저항(20℃)<br>결정구조, 격자상수 | 113 W/m·K<br>28.27 % IACS<br>58.9 nΩ·m<br>hcp a = 0.267 nm<br>c = 0.495 nm |

### 12.2.2 Zn합금

#### (1) 다이캐스팅용 Zn합금

ZAMAK합금(KS기호= ZDC 1~2): Zn-Al-Mg-Cu계 다이캐스트 주물용합금

[Al: 강도 경도증가와 유동성 개선, Cu, Mg: 입간부식의 억제 및 강도 경도개선]

→ 자동차부품, 전기 및 광학기기, 건축자재, 가정용품 등에 사용

#### (2) 가공용 Zn합금

Zn-Cu합금, Zn-Cu-Mg합금, Zn-Cu-Ti합금(Hydro-T Metal = 0.5% Cu, 0.12% Ti 첨가에 의해 $TiZn_{15}$상이 미세하게 석출된 분산경화형합금 → 강도, 내크리프성이 우수) 등이 있다.

## 12.3 Sn과 그 합금

### 12.3.1 주석(Sn, tin)

- Sn: 백색의 금속으로 광택이 있으며, tin cry(굽힐 때 쌍정변형이 일어나면서 나는 특이한 소리) 현상이 일어난다.
  → Pb와 같이 유연하고 융점이 낮으며 내식성이 우수하다. 인체에 유해하지 않으므로 식료품, 식기 등의 용도가 많아 옛부터 유기(鍮器 = Cu, Sn, Zn의 합금)로 사용됨
- 물리적 성질: 융점= 232℃, 비중= 7.3, 동소변태(가열시 13.2℃에서 백주석→회주석으로 변태)를 한다.
- 용도: 강판의 주석도금용, 의약품, 식품 등의 포장용 튜브, 장식품 등

### 12.3.2 Sn합금

- 땜납(soft solder): Sn-Pb계 합금: 연납땜용
- Britania(혹은 pewter) metal(백납): Sn-4~7%Sb-1~3%Cu계 합금: 잔, 쟁반 등 장식품
- 경석(hard tin): Sn-0.4% Cu 합금: 의약품, 그림물감 등의 튜브용재

### 12.3.3 땜납합금

황동, Fe, Al 등 금속제품의 접합용으로서 기계, 전기기구 등에 널리 이용되고, 모재보다 낮은 온도에서 녹아야 하며 합금을 쉽게 만들어 잘 밀착되는 것이 중요하다.

- 융점과 경도에 따라 땜납을 분류하면?
  - ▸ 연납(soft solder): Sn-Pb계, Pb-Sn계, Sn-Sb계로 183~258℃의 온도범위
    땜납용 용제: 염화아연(ZnCl2), 염화암모늄, 송진(레진) 등
  - ▸ 경납(hard solder): 연납보다 융점이 높고(약 450~1000℃) 충격에 잘 견딤 → 황동납(Cu-34~67%Zn), 은납, 금납, Al땜납, Ni땜납 등
    용제: 염화암모늄, 붕사 등

## 12.4 Pb와 그 합금

### 12.4.1 납(鉛, Pb, lead)

- Pb: 일반공업용 금속 중 비중이 가장 크고(11.36), 융점이 낮다(327℃), fcc금속으로서 대단히 연하여 전연성이 극히 큰 특징을 갖는다.
- 내식성이 우수 ∵ 대기중, 수중에서 납표면에 불용성의 보호피막이 형성되기 때문
- 인체에 유해하므로 → 음료수의 허용값= 0.1ppm 이하이다.
- 용도: 축전지의 전극, 케이블 피복, 활자 및 베어링합금, 땜납재, 방사선의 투과도가

낮아 X선 등의 차단용, 소리의 흡수도 양호하여 차음판 등

### 12.4.2 Pb합금

- Pb-As합금(arsenical lead): 강도와 크리프저항이 우수 → 케이블피복용
- Pb-Ca합금: 고온 압출가공 후 시효경화 → 케이블피복용, 크리프저항용
- Pb-1%Sb합금(antimonial lead): Sb= 강도개선 → 관, 판 등의 가공재
  Pb-4~8%Sb합금: 경연(硬鉛, hard lead) → 주물용
  Pb-9%Sb합금: 축전지의 전극격자용 판으로 사용
- 활자합금(type metal): 저융점이고 주조성과 내마모성, 내식성이 양호할 구비조건
  - ▸ 대표적: Pb-Sb-Sn계 합금 → 인쇄용 납판, 활자용 등
- 저융점합금(fusible alloys): 융점이 낮아 녹기 쉬운 합금의 총칭이며, 엄밀하게는 Sn(232℃)이하의 융점을 갖는 것을 말함 → Pb에 Sn, Bi, Cd, In 등이 함유된 2원 또는 다원계 공정합금 → 전기퓨즈, 화재경보기, 安全栓, 저온땜납 등에 사용
  - ▸ 대표적: 우드(wood) 합금: Sn12.5%, Pb25%, Cd12.5%, Bi50%의 공정합금으로 융점이 60.5℃이다.

## 12.5 베어링 합금

### 12.5.1 베어링합금(bearing alloy, 軸受合金)의 구비조건

- 하중에 견딜만한 경도와 내압력
- 충분한 점성과 인성
- 주조성, 절삭성이 좋고 비중과 열전도율이 클 것
- 마찰계수가 적고 마모저항이 클 것

- 내소착성이 크고 내식성이 좋으며 염가일 것

## 12.5.2 화이트메탈(white metal)

Pb나 Sn을 주성분으로 하는 백색의 베어링합금의 총칭

### (1) Sn계 화이트메탈

배빗 메탈[Babbit metal (KS기호: WM 1~4)]

- 대표적인 조성: Sn-3~15%Sb-3~10%Cu계 합금이며, Sb, Cu가 많아짐에 따라 경도, 인장강도, 항압력 증가한다.
- 용도: 경도가 높고 큰 하중에 견디므로 고속회전, 대하중의 베어링용

### (2) Pb계 화이트메탈

Pb-Sb-Sn계 합금(anti-friction metal)으로 Sb 10~20%, Sn 5~20%를 첨가하여 단단하게 하거나 Cu 2%이내를 첨가한 것도 있다. → 경도, 피로강도가 배빗 메탈보다 작아 마모가 쉽고 충격에 약하나 값싸서 많이 이용

- Lurgi metal: Pb-0.4Ca-2.8Ba-0.3Na계 합금
- Bahn metal: Pb-0.7Ca-0.6Na-0.05Li계 합금: $Pb_2Ca$ 등의 미세 공정조직에 의해 윤활성이 양호 → 철도차량용 베어링재로 이용

## 12.5.3 Cu계 베어링합금

- 대표적: 켈밋(kelmet)= Cu-30~40% Pb계의 합금 → 윤활성과 축에 대한 적응성이 양호, 내소착성, 내하중성이 커서 고속 고하중 베어링재(자동차, 항공기 주베어링)에 이용
- 그 외: 포금, P청동, Al청동, Pb청동 등의 Cu합금이 있다.

## 12.5.4 Al, Cd, Zn계 베어링합금

- Al-Sn계 합금: 내하중성, 내마모성, 내식성이 우수하나 내소착성이 약하고 열팽창율이 큰 결점이 있다.
- Cd계(Ni, Ag, Cu를 넣어 경화한 합금): 고온경도와 피로강도가 화이트메탈보다 우수 → 고하중의 고속베어링에 사용
- Zn계( 예: Alzen 305= Zn-30~40%Al-5~10%Cu) → 화이트메탈보다 비중이 작고 경도가 크며, 염가이나 마찰계수가 큰 결점 → 전차용 베어링, 각종 부싱용에 사용

## 12.5.5 함유 베어링(무급유 베어링, oilless bearing)

### (1) 소결함유 베어링 합금

오일라이트(oilite)라 불리며, Cu계 합금과 Fe계 합금이 있다.

- Cu계: Cu-Sn, Cu-Sn-C, Cu-Sn-Pb-C
- Fe계: Fe-C, Fe-Pb-C, Fe-Cu, Fe-Cu-C 등이 있으나 Cu-Sn-C합금이 가장 많이 사용
- 제조법: Cu와 Sn, 흑연의 분말을 혼합, 윤활제를 첨가 → 가압 성형 → 환원기류 중 400℃로 예비 소결 → 800℃로 본소결 → 베어링에 10~40%의 윤활유가 잔류해서 주유할 필요가 없다.→ 급유가 곤란한 부분의 베어링에 사용

### (2) 주철함유 베어링

- 제조법: 주철의 성장현상(=가열 냉각을 반복하면 내부에 미세한 균열이 다수 발생해서 팽창됨)에 의해 다공질화된 부위에 含油시킴
- 용도: 내열성이 있어 고속, 고하중용의 대형 베어링재로 사용

# 12.6 귀금속과 그 합금

## 12.6.1 금(Au)과 그 합금

- Au(gold): 황색의 fcc금속으로 비중= 19.32, 융점= 1063℃로, 전연성이 최고이어서 $10^{-6}$cm두께의 박(foil)으로, 1g을 2000m로 가공할 수 있다.
- 옛날부터 왜 금을 보배로 여겨 왔을까요?
  금은 왕수(王水, 염산:질산=3:1) 이외에는 거의 침식, 산화되지 않을 정도로 변하지 않는 안정한 상태이므로 귀금속(noble metal)으로 취급되어진다.
- 금의 순도는 어떻게 표시하나? ← 캐럿으로 표시
  24K(carat)를 100% 순금으로 하여 표시
  예 18K= 18/24 = 75%의 순도
- 용도: 주로 장식용(Cu와 Ag을 첨가하여 경도를 높여 사용), 금화, 치과용
- Au합금의 종류를 들면?
  - Au-10% Cu합금: 금화, 치과용 금치(金齒= Au-5~15%Ag-3~13%Cu)
  - pink gold: Au58-Cu31-Ag3.3-Ni3.5-Zn4의 합금
  - white gold: Au-13~17Ni-1.6~4.5Cu-1.3~1.7Zn계의 은백색 합금 → Au의 량에 따라 14K, 18K 등의 white gold가 있고 치과용 및 장식용에 쓰임
  - Au-20~30%Pt합금: 방사용(紡絲用) 노즐재료에 사용

## 12.6.2 은(Ag)과 그 합금

- Ag(silver): 은백색의 fcc금속, 비중 = 10.50, 융점 = 960℃, 열 및 전기전도도가 최고, 전연성은 Au 다음으로 우수 → $2.5\times10^{-5}$cm 두께의 박으로 가공
- 용도: 내산성이 강하여 화폐, 장식품, 전기재료, 은납에 쓰이며, Ag의 할로겐화물은 사진감광재료로 사용

- Ag합금의 종류로는?
  - ▸ Ag-Cu합금: 은화(미국: Ag-10%Cu= coin silver, 영국: Ag-7.5%Cu= sterling silver), 장식용 은기구
  - ▸ 40~60%Ag-Sn, Pb합금: 치과용 충전합금(분말을 Hg와 혼합하여 아말감으로 사용)
  - ▸ Ag-W, Mo, Ni 등의 합금: 고전류 부분의 접점재료로 사용

### 12.6.3 백금(Pt)과 그 합금

- Pt(platinum): 회백색의 fcc금속, 비중= 21.45, 융점= 1774℃
  산소와의 친화력이 적고, 왕수 이외에는 녹지 않고 안정하다. 전연성이 양호하여 가공성이 풍부하므로 → 장식품, 전기저항선, 치과재료 등에 사용
- 열전대재료용의 PR열전대: 순Pt선과 Pt-10~13Rh 합금선 →고온(1500~1600℃) 측정용
  - ▸ Pt-10~75% Pd합금: 장식용
  - ▸ Pt-10~20% Ir합금: 경도와 내산성이 크며, 표준자, 표준추, 전기접점 등에 사용

### 12.6.4 Ir, Os, Pd과 그 합금(모두 백색금속)

- Ir(이리듐): fcc, 비중: 22.4(상용금속중 최고), 융점: 2454℃
- Os(오스뮴):hcp, 비중: 22.5(금속중 최고), 융점: 2700℃
- Pd(팔라듐): fcc, 비중: 12.0, 융점: 1555℃
- 만년필촉 합금: 이리도스민(iridosmin): Ir40%-Os17~45%에 소량의 Ru, Pt, Rh 함유 전기접점용: Pd-Ag-Cu합금

## 12.7 고융점금속과 그 합금

- 고융점 금속(RM, refractory metal): Fe보다 융점이 높은 W, Mo, Re, Ta, Nb, Cr 등의 융점이 거의 2000~3000℃ 정도인 금속 → 고온강도가 크고 내산화성, 내열성이 현저히 개선되므로 고온발열체, 전자공업용 재료, 초내열재료, 초경공구, 방진재료 등에 사용
- W(텅스텐): 회백색의 bcc금속, 비중:19.2, 융점: 3410℃(금속중 최고) → 전구, 필라멘트
- 도핑(doping)처리: 재결정에 의한 성장을 방지하기 위해 0.2% $Al_2O_3$, $Na_2O$ 또는 $SiO_2$를 첨가하는 작업
- 토리텅(thoritated tungsten): W에 2% 정도의 토리아($ThO_2$)를 첨가 → 진공관
- Mo(몰리브덴): 은백색의 bcc금속, 비중: 10.2, 융점: 2625℃
  고온강도가 높아 특수강의 첨가원소, 전기저항선, 진공관재로 사용
- Co(코발트): 은백색의 hcp금속, 비중: 8.9, 융점: 1495℃ → 1160℃에서 자기변태
- 용도: 내열합금(stellite: Co-Cr, Ni, Mo, W계 주조경질합금, vitallium: refractalloy: 30Co-20Cr-20Ni-14Fe-8~10Mo-4~5W 등), 영구자석, 촉매 등
- Cr(크롬): bcc구조로 1875℃의 융점, 경도 증가, 내산화성이 우수하여 내열재료로 사용,
- Zr(지르코늄): 비중:6.5, 융점: 1852℃, 내식성이 Ti보다 뛰어나 원자로용 내식재료(Zircalloy=Zr-1.5Sn-0.12Fe-0.1Cr-0.05Ni)로서 중요하다.
- Nb, Ta: 내식재료, 고성능의 Ta콘덴서,
  Nb는 초전도자석용(Nb-Ti, $Nb_3Sn$ 등)

## 12.8 반도체재료와 그 합금

- 반도체(semiconductor): 도체와 절연체(insulator)의 중간정도의 도전성(conductivity)을 가진 물질을 총칭함

- 종류: Ge, Si 등의 단일원소 반도체, 2원소 이상의 화합물 반도체, 산화물 반도체, 유기물 반도체 등이 있다.
- 반도체들이 나타내는 현상이나 특성에는?
  정류효과, 광전효과, 압전효과, 열전효과, 전장발광 등 → 컴퓨터 등의 전자기기에 이용

### 12.8.1 Ge과 그 합금

- Ge: 은회색의 취약한 원소, 비중= 5.32, 융점= 958.5℃
- 반도체용 순도: nine nine(99.9999999%) 이상의 고순도로 제조 ← zone refining(대융정제)법에 의해 고순도의 단결정 Ge이 얻어짐
- 정류능력이 우수 → 반도체재료(트랜지스터, 다이오드 정류기), 광전변환기, (굴절률과 분산도가 큰) Ge유리, 저온도계 등에 이용

### 12.8.2 실리콘(Si) 또는 고순도 규소

- Si: 비중= 2.33, 융점= 1420℃, 트랜지스터 재료용 등
- 실리콘 단결정은 어떻게 제작할까?
  실리카 도가니 중에서 단결정의 종자(seed) 끝부분을 용액에 담그어 놓고 서서히 회전시켜 올리면서 단결정을 형성
- Si정류기: Ge 이나 Se정류기(75℃)보다 고온(250℃)까지 사용 가능
- Si의 p-n접합 광전지는 태양에너지를 전기에너지로 변환하는데 유효하므로, 태양전지로 이용된다.
- Si의 탄화물(SiC): 비저항이 높아 발열체로, 내열성이 우수하여 내화재 및 고온용 반도체로, 경도가 높아 연마재와 연삭재 등에 사용

### 12.8.3 화합물 반도체

여러 원소의 조합에 의한 화합물 형태의 반도체로서 주기율표 중 III~V족의 GaAs(대형 단결정), GaP, InSb 등이 안정된 반도체이다.

‖ 표 4 ‖ 화합물 반도체의 분류

| 분류 | 반도체 화합물 |
|---|---|
| IV~VI 족 화합물 | SiC |
| III~V 족 화합물 | GaAs, GaP, InAs, InSb |
| II~VI 족 화합물 | ZnS, ZnSe, ZnTe, CdS, CaSe |
| IV~VI 족 화합물 | GeSe, PbSe, SnSe, PbTe |
| V~VI 족 화합물 | Bi2Te3, Sb2Te3 |
| 화합물 반도체의 복합 화합물 | GaAs xP1-x, GaxIn1-xP |

### 12.8.4 반도체 소자

반도체의 성질을 갖는 재료(실리콘 또는 화합물 반도체 웨이퍼 등)를 기반으로 하여 제작한 집적회로를 통칭하여 가리키는 말로 메모리, CPU, MCU, Sensor 등을 포함하는 제품이다.

#### (1) 반도체

물질이 가지는 전기전도도에 따라 도체, 반도체, 부도체로 나누어 볼 수 있고, 이중 반도체는 순수한 상태에서는 부도체와 같은 전기적 특성을 보이나, 불순물이 추가되면 전기전도도가 변하여 도체의 특성도 가지게 되는 물질을 반도체(Semiconductor) 물질이라고 한다.

#### (2) 반도체 물질

대표적인 반도체 물질에는 규소(Si, Silicon), 게르마늄(Ge)이 있다. 이러한 물질에 붕소(B, Boron)나 인(P, Phosphorous)과 같은 불순물을 첨가하게 되면 p형 또는 n형 반도체가 된다. 이외에 특정한 응용 분야에서 성능이나 특성을 위해 갈륨비소(GaAs)나 인듐인(InP), 탄화규소(SiC)와 같은 화합물 반도체가 사용되기도 한다.

- n형 반도체

▸ 순수한 반도체에 약간의 불순물(dopant)을 첨가하여 반도체의 성질을 바꾸는 기술을 도핑(doping)이라고 한다. 이렇게 도핑을 통해 만든 반도체를 불순물 반도체라고하며, 불순물의 종류에 따라 다른 전기적 특성을 띠게 되고, 그 특성에 따라서 n형 반도체와 p형 반도체로 나누게 된다. n형 반도체는 순수한 반도체에 5개의 외곽전자를 가진 불순물을 첨가하여 만드는 반도체이다. 실리콘은 4개의 외곽전자를 가진 순수한 반도체이며, 여기에 5개의 가전자를 가진 인(P, Phosphorus)를 첨가하면 1개의 전자가 남게 되는데, 이를 여유 전자 또는 자유 전자(carrier)라고 부른다. 이렇게 생성된 여유 전자가 자유롭게 움직여 전기를 흐르게 한다. 여유 전자로 인해서 음(−)의 성질을 띠기 때문에 n형 반도체로 불린다. 불순물의 양에 의해서 내부의 여유 전자의 수가 정해지기 때문에 불순물의 첨가(doping)를 조절하여 전기전도도를 바꿀 수 있다.

- p형 반도체

▸ n형 반도체와 달리 순수한 반도체 물질에 3개의 가전자를 가진 불순물(13족 원소)을 첨가하여 만드는 반도체이다. 실리콘(Si, silicon)에 3개의 가전자를 가진 붕소(B, Boron)을 첨가하게 되면 1개의 실리콘 원자는 전자를 공유하지 못하게 된다. 이 전자를 공유하지 못한 공간을 정공(hole)이라 하며, 전자가 부족하므로 양(+)의 성질을 띠기 때문에 p형 반도체라고 부른다. 전압이 인가되면 전자가 정공을 메우면서 정공이 계속 이동하게 되어 전류가 흐르게 된다.

- 화합물 반도체(Compound semiconductor)

▸ 실리콘(Si)이나 게르마늄(Ge)과 같이 순수한 물질로 된 반도체도 있지만, 2종류 이상의 물질이 혼합된 반도체도 있으며 이를 화합물 반도체라고 부른다. 화합물 반도체에는 주기율표상 3족과 5족의 화합물로 만든 III-V화합물 반도체와 2족과 4족의 화합물로 만든 II-IV화합물 반도체 등이 있으며, 그 외에 SiC, $SnO_2$, PbS 등이 있다. 또한, 3개의 물질을 혼합한 화합물 반도체(GaAsP 등)나 4개의 물질을 혼합한 화합물 반도체(InGaAsP)도 있다. 화합물 반도체는 원소의 조합을 달리하여 여러 가지 특성을 가지도록 반도체를 만들 수 있으며, 실리콘 반도체에 비해서 전자의 이동 속도가 5~10배 빠르고 더 고온에서도 사용이 가능한 것이 특징이다. 또한, 적외선에서

부터 가시광선 영역까지 빛을 낼 수 있어 레이저 발생장치에도 사용된다. 또한, 높은 주파수 대역에서도 사용이 가능하여, 밀리미터파나 마이크로파용 소자, 슈퍼 컴퓨팅, 초고속 통신소자 등등 활용성이 매우 높은 반도체이다. 하지만 화합물 반도체는 단결정인 실리콘에 비해서 2종류 이상의 혼합이기 때문에, 제조 공정이 복합하고, 크게 만들기가 어렵다는 문제점이 있으며 이로 인해서 실리콘 반도체에 비해서 가격이 비싸다는 문제점도 있다.

### 12.8.5 반도체 재료

반도체 기판(wafer), 노광(Lithography)재료, 가스(Gas)재료, 금속(Metal) 재료, 습식화공약품(Wet chemical), 패키지(Package) 재료, 나노 소재(Nano material) 등 반도체 제품을 제조하는 공정에서 사용되는 다양한 물질들을 통칭하여 반도체 재료라 한다. 이 외에도 최근에는 기존의 전자 소자 이외에 바이오 소자, 환경 소자, 기능성 소자 등 다양한 반도체 소자들이 개발되면서 나노 소재와 같은 새로운 신소재들도 반도체 재료로 사용되고 있다.

표 5 반도체 재료의 종류

| 반도체 재료 | 종류 |
|---|---|
| 반도체 기판<br>(Semiconductor wafer) | • 순수반도체 기판(Si, Ge 등)<br>• 화합물반도체 기판(SiC, Sn, $SnO_2$, PbS, GaAsP, InGaAsP 등) |
| 노광 재료<br>(Photolithography material) | Photo resist, Developer, Remover, Stripper, Adhesion promotor |
| 가스 재료<br>(Gas material) | • 증착가스($SiH_4$, $SiH_2Cl_2$, $SiHCl_3$, $SiCl_4$, $AsH_3$, $B_2H_6$, $BBr_3$, $BCl_3$, $CH_4$, $Cl_2$, $GeH_4$, $PH_3$, $TeH_2$, $SnCl_4$, $GeCl_4$, $WF_6$, $NH_3$, $MoF_6$ 등)<br>• 식각가스(HCl, HF, HBr, $SF_6$, $Cl_2$, $SiF_4$, $CF_4$, $C_3F_8$, $C_2F_6$, $C_4F_6$, $CHF_3$, $CClF_3$, $CF_4$ 등)<br>• 세정가스($NF_3$, $CF_4$, $C_4F_8$ 등) |
| 금속 재료<br>(Metal material) | Al, Cu, Mo, Pt, Ta, Ti, W, Au, Ag 등 |
| 습식화공약품<br>(Wet chemical) | • 산성 화공약품($H_2SO_4$, HCl, $HNO_3$, HF, $H_3PO_4$ 등)<br>• 염기성 화공약품((NaOH, KOH, $NH_4OH$ 등)<br>• 유기용매(메탄올, 에탄올, IPA, 아세톤, 벤젠, 톨루엔 등) |
| 패키지 재료<br>(Package material) | Package substrate, Lead Frame, Die attach material, Bonding wire, Molding compound, Solder Ball 등 |
| 나노 소재<br>(Nano material) | 그래핀(Graphine), 탄소나노튜브(Carbon Nano Tube), 나노와이어(Nanowire), 금속 나노 입자(Metal nano particle) |

### (1) 반도체 기판(Wafer)

반도체 기판은 반도체 성질을 갖는 재료와 불순물 재료를 포함하는 반도체 물질을 반도체 공정이 가능하도록 얇은 원판형상으로 가공해놓은 것을 지칭하며, 통상 웨이퍼(Wafer)라고 불린다. 반도체 기판의 크기는 수율 및 단가 등의 요인과 기술적인 요인 등으로 인해서 점차 커지고 있는 추세이며, 최근에는 양산에서 300mm (12인치)까지 사용되고 있으며 450mm (18인치) 웨이퍼도 개발 중에 있다.

이 외에 특별한 목적을 위해서 단일 소재 기판이 아닌 여러 물질을 적층한 형태의 기판도 사용되어 진다. 대표적으로 SOI (silicon on insulator) 웨이퍼는 기판의 상부에 절연막을 기르고 그 위에 다시 실리콘 박막이 형성된 기판이며, 기판 위에 특정 물질 층을 성장시켜 다층구조를 갖는 에피웨이퍼 (Epitaxial wafer)가 있다.

### (2) 노광 재료

노광 공정(Photolithography)은 광경화성 물질인 포토레지스트를 기판에 코팅하고 선택적으로 패터닝하여 원하는 소자의 미세 패턴을 만들기 위한 반도체 제조 공정이다. 노광 공정에 사용되는 재료에는 PR(Photo Resist), 현상액(Developer), 박리액(Remover, Striper)과 희석을 위한 각종 용매, 기판 접착력을 높이기 위한 접착증진제(Adhesion promotor) 등이 있다.

- 포토레지스트(PR, Photo resist)
  - ▸ 포토레지스트는 고분자 물질과 감광제로 구성된 base resin과 용매를 섞어서 만든 혼합물로써 특정 파장의 빛에 노출되면 그 화학적 성질이 변화하면서 현상액에 선택적으로 용해되거나 용해되지 않게 되는 특성을 갖는 반도체 재료이다. 이런 포토레지스트의 광학적 특성을 이용하여 포토마스크(Photomask)에 새겨진 반도체 소자의 미세패턴을 반도체 기판에 정밀하게 전사하는 공정을 포토리소그래피(Photolithography, 광식각)이라 한다.
  - ▸ 포토레지스트는 광에 대한 반응성에 따라서 크게 두 가지로 나누어진다. 빛에 반응하여 현상액에 대한 용해도가 커져서 현상 후에 제거되는 것을 포지티브 포토레지스트(Positive PR)이라 하며, 그 반대로 빛에 반응하여 현상액에 대한 용해도가 낮아져 현상액에 제거되지 않고 남게 되는 포토레지스트를 네거티브 포토레지스트

(Negative PR)라고 부른다. 그림 1은 각각의 포토레지스트의 광에 대한 반응 및 노광 공정 후 패턴의 차이에 대해서 보여주고 있다.

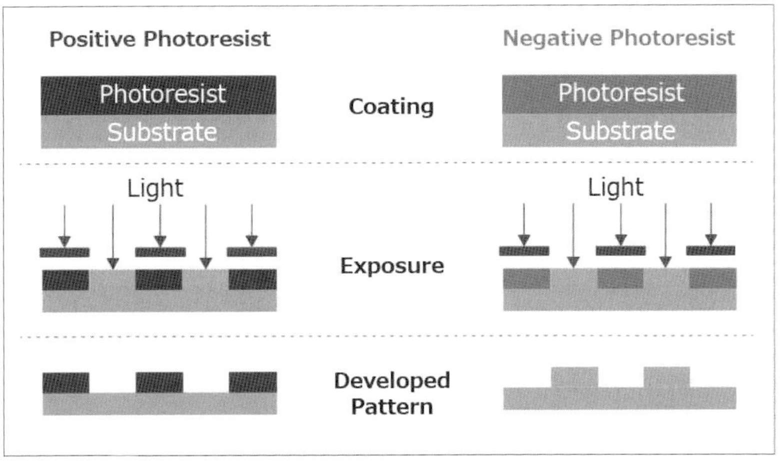


| 그림 2 | 포토레지스트 노광 공정도

- 현상액(Developer)

  ▸ 포토레지스트를 도포하고 포토마스크와 노광장치를 이용해서 패턴을 전사한 다음에 포토레지스트를 선택적으로 제거하기 위해서 현상액에 담가 현상한다. 이때 불용성을 띄는 포토레지스트 부분만 남고 나머지 부분이 현상액에 용해되어 제거되면서 패턴이 형성되게 되는 것이다. 현상액은 대부분 수용성 알칼리 용액이 사용되며, 주된 성분으로는 지방족 탄화수소(헥산, 헵탄 등), PGMEA(프로필아세테이트), 자일렌(Xylene), KOH(potassium hycroxide, 수산화칼륨) 와 TMAH(TMAH, 수산화테트라메틸암모늄) 수용액이 사용된다.

- 박리액(Striper)

  ▸ 포토레지스트를 이용하여 반도체 기판 상에 원하는 패턴을 형성한 후에는 후속 물질을 증착하기 전에 포토레지스트를 깨끗하게 제거하여 잔류물이 없는 상태로 만들어 주어야 한다. 일반적인 반도체 공정에서는 플라스마 장치를 이용한 건식 PR식각과 아세톤과 같은 용매를 이용한 습식 식각을 통해서 제거할 수도 있으나, 패턴 형성과정에서 고온이나 플라스마와 같은 높은 에너지에 장시간 노출된 포토레지스트는 화학적으로 변성되어 위와 같은 일반적인 제거 방법으로는 깨끗하게 제거되지 않기

도 하며, 경우에 따라서 두꺼운 포토레지스트를 사용한 경우 제거에 오랜 시간이 걸리기도 한다. 이 경우 해당 포토레지스트를 화학적으로 제거해주는 전용 박리액(striper)을 사용하면 빠르고 깨끗하게 잔류물 없이 제거가 가능하다. 반도체 공정용 박리액은 저온에서도 빠르게 포토레지스트를 박리할 수 있어야 하며, 세척 후에 잔류물이 남지 않아야 한다. 또한, 하부의 금속이나 절연막을 손상시키지 않아야 하며, 고온 공정에서 조성비가 변하지 않도록 휘발성이 낮아야 한다. 기존에는 유기계 박리액이 사용되고 있었다. 유기계 박리액은 박리 능력이 우수하고, 사용이 용이한 장점이 있지만, 높은 제조단가와 독성 물질이 포함되어 있어서 환경 및 공정상 안정성에 대한 문제가 제기되어 왔다. 최근에는 친환경성, 안정성 및 가격경쟁력 등에서 우위에 있는 수계 박리액으로 바뀌고 있다. 특히 배선이 알루미늄(Al)에서 구리(Cu)로 전환되어감에 따라서 배선 혼용이 가능한 수계 박리액에 대한 수요가 증가하고 있다.

- 접착증진제(Adhesion promotor)
  - ▸ 반도체 기판에 포토레지스트를 도포하는 과정에서 접착력이 약한 경우 미세패턴이 현상이나 세정 또는 후속 식각 공정 중에 손상되거나 기판에서 박리되는 현상이 발생할 수도 있다. 이러한 경우 포토레지스트를 도포하기 전에 반도체 기판의 표면을 화학적으로 처리하여 친수성인 웨이퍼 표면을 소수성으로 바꾸어 줌으로써 포토레지스트의 접착력을 향상시킬 수 있다.
  - ▸ 일반적인 포지티브 포토레지스트에는 접착증진제로 HMDS(HexaMethylDiSilazane)가 사용되며, Polyimide, PMMA 등의 특별한 용도의 포토레지스트의 경우 별도로 조성된 접착증진제를 제조사에서 제공하기도 한다.

### (3) 가스 재료

가스 재료는 반도체 소자를 만드는 공정에서 반도체 기판에 특정 물질을 증착, 식각, 표면처리, 특성 변화 등을 주기 위해서 사용되는 기체 상태의 재료이다. 반도체에 사용되는 가스는 반도체의 성능에 영향을 줄 수 있는 불순물이 제거된 높은 순도를 갖는 초순수 가스(순도 99.99% 이상)가 사용된다.

반도체 공정에 사용되는 가스는 산소, 질소, 헬륨, 아르곤, 이산화탄소, 수소 등 기본적인 산업용 가스와 함께 반도체 공정에 특화된 특수 가스가 사용된다. 이 특수 가스는 공정 및 장비에 따라서 다양한 가스를 사용해 그 종류가 수십 종에 이른다. 반도체용 가스는 그 용도에 따라서 증착용, 식각용, 세정용, 도핑용 등으로 나누어볼 수 있다.

- 증착 가스
  - ▸반도체 기판상에 절연막이나 전도성 막을 형성시키기 위하여 가스 간의 화학반응을 사용하는 것을 화학 기상 증착(CVD, Chemical Vapor Deposition)이라 하며 여기에 사용되는 반도체 가스를 증착 가스라 한다. CVD는 압력과 조건에 따라서 초저압에서 증착하는 LPCVD (Low Pressure CVD), 저압에서 증착하는 SACVD(Sub-atmospheric pressure CVD), 일반 대기압에서 증착시키는 APCVD(Atmospheric Pressure CVD), 고압에서 증착하는 HPCVD (High Pressure CVD), 플라스마를 발생시켜서 증착하는 PECVD (Plasma Enhanced CVD), 금속 유기물을 증착하는 MOCVD (Metal Organic CVD)와 같은 다양한 방법이 있다. 이 공정들에 사용되는 가스들로는 $SiH_4$, $SiH_2Cl_2$, $SiHCl_3$, $SiCl_4$, $AsH_3$, $B_2H_6$, $BBr_3$, $BCl_3$, $CH_4$, $Cl_2$, $GeH_4$, $PH_3$, $TeH_2$, $SnCl_4$, $GeCl_4$, $WF_6$, $NH_3$, $MoF_6$ 등이 있으며, 수소와 질소도 함께 사용된다.
- 식각 가스
  - ▸가스를 이용한 건식 식각 공정은 기상식각, 플라스마식각, 이온빔식각 등으로 나누어볼 수 있다.
  - ▸기상식각의 경우 기체상태의 식각물질을 이용해서 직접적으로 화학적인 반응을 통해서 식각을 진행하는 것으로, HCl, HF, HBr, $SF_6$, $Cl_2$ 등의 가스가 사용된다.
  - ▸플라스마식각은 가스를 저압 챔버 내에서 방전시켜 식각을 하는 것으로, $SiF_4$, $CF_4$, $C_3F_8$, $C_2F_6$, $C_4F_6$와 같은 불소계 가스들이 주로 사용되며, 폴리머 제거에는 $O_2$ 가스가 사용된다.
  - ▸이온빔식각은 가스를 이온화시킨 후 가속시켜 이를 기판에 부딪치게 함으로써 식각이 되도록 하는 것으로 $CHF_3$, $CClF_3$, $CF_4$ 등의 가스가 사용된다.
- 세정 가스
  - ▸세정용 가스는 증착 공정 후 챔버 내부의 잔류물을 제거하거나, 웨이퍼 표면의 오염물 등을 제거하기 위해서 사용되는 가스이다. 세정용 가스에는 대표적으로 $NF_3$, $CF_4$, $C4F_8$와 같은 불소계 가스가 있으며, 유기물 세정에는 산소가 많이 사용된다.

• 도핑 가스

▸ 도핑은 반도체 기판에 붕소, 알루미늄, 인, 비소와 같은 불순물인 도펀트(dopant)를 주입해 전기적인 특성을 변화시켜 n형 반도체와 p형 반도체로 만드는 공정이다. 이렇게 도펀트를 주입하기 위해서는 도펀트가 함유된 가스인 $AsH_3$, $H_2S$, $GeH_3$, $SeH_2$, $SbH_3$, $AsCl_3$, $AsF_3$, $PH_3$, $POCl_3$, $B_2H_6$, $BF_3$ 등이 사용된다.

### (4) 금속 재료

금속 재료는 반도체 회로에서 전기적인 신호와 전력을 공급하기 위한 라인 및 패드를 형성하기 위해서 사용되는 반도체 재료이다. 전기적인 신호의 전달을 위해서 낮은 접촉저항을 가지고 기판과의 반응성이 적어야 하며, 높은 전기전도도와 낮은 온도저항계수를 가져야 한다. 또 공정 적합성과 용이성을 위해서 불순물이 적고, 성장 속도가 빠르며, 기판 및 여타의 증착 물질들과 접착성이 좋아야 하며, 선택적으로 쉽게 식각이 가능한 것이 요구된다. 또한, 열적, 화학적 안정성이 높아야 하고, 열팽창계수가 적절해야 한다. 일반적인 반도체 공정에 사용되는 금속 재료에는 알루미늄(Al), 구리(Cu), 몰리브덴(Mo), 백금(Pt), 탄탈륨(Ta), 티타늄(Ti), 텅스텐(W), 금(Au), 은(Ag) 등이 있으며, 기능에 따라 여러 금속 또는 금속합금이 사용된다.

반도체 공정에 사용되는 금속 재료는 sputtering, evaporatoring, chemical vapor deposition, plating과 같은 방법을 통해서 반도체 기판에 증착하고, 노광 및 식각 공정을 통해서 패터닝하여 사용한다.

### (5) 습식화공약품

습식화공약품은 반도체 공정 전반에 걸쳐서 필수적으로 사용되며, 가장 많은 양이 소모되는 반도체 재료이다. 습식 화공약품은 반도체 공정에서 세정, 식각, 표면처리 등에 사용되는 액상 재료이다. 습식화공약품은 화학적 특성에 따라서 산, 염기, 유기로 분류하여 사용하며, 각각의 약품들이 섞이거나 혼용되지 않도록 별도로 보관 및 사용하여야 한다.

• 산성 화공약품

▸ 산은 일반적으로 PH가 7보다 낮은 물질을 말하며, 물에 녹았을 때 수소이온(H+)를

내놓는 물질이다. 일반적으로 산은 반응성과 부식성이 강하며, 산성이 높을수록 더 강한 반응성을 보인다. 반도체 공정에 사용되는 산은 일반적으로 고순도 제품으로 매우 높은 반응성을 보이므로 취급에 매우 주의를 요한다. 반도체 공정에 사용되는 산으로는 황산($H_2SO_4$), 염산(HCl), 질산($HNO_3$), 불산(HF), 인산($H_3PO_4$) 등이 있으며 주로 식각이나 세정 등의 공정에 사용된다.

- 염기성 화공약품
  - ▸ 염기는 일반적으로 PH가 7보다 큰 물질을 말하며, 수용액 상태에서 수산화이온(OH-)을 내놓는 물질이다. 산에 반대되는 성질의 물질이며, 산과 중화반응을 일으켜 염과 물을 만든다. 반도체 공정에 사용되는 염기성 습식화공약품에는 수산화나트륨(NaOH), 수산화칼륨(KOH), 암모니아($NH_4OH$) 등이 있다.
- 유기용매
  - ▸ 용질을 녹일 수 있는 액체 상태의 유기 화합물을 말한다. 일반적으로 반도체 공정에서는 PR과 같은 고분자 물질을 녹이거나 희석, 세척하는 용도로 사용된다. 반도체 공정에 사용되는 유기용매들에는 알코올 계열인 메탄올, 에탄올, IPA, 아세톤과 벤젠 계열인 벤젠, 톨루엔, 자일렌 등이 있다.

### (6) 패키지 재료

패키지 재료는 제작된 반도체 소자가 외부 환경에 노출되어 그 특성이 변하거나 영향을 받지 않고 동작할 수 있도록 하는 패키지 공정에 사용되는 재료이다. 패키지 재료에는 제작된 반도체 칩을 올려두고 외부와 전기적인 연결이 되도록 하는 패키지기판(Package substrate), 패키지된 반도체 칩과 회로기판을 연결하는 리드프레임(Lead Frame), 적층기판에 소자를 붙이는 접착제(Die attach material), 반도체 칩과 리드프레임을 전기적으로 연결해주는 본딩 와이어(Bonding wire), 소자를 둘러싸서 밀봉하는 밀봉재(Molding compound), 회로기판에 연결하기 위한 솔더볼(Solder Ball) 등이 있다.

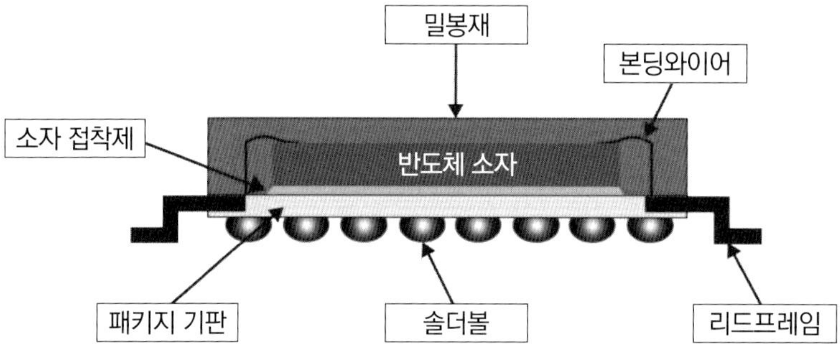


그림 3 포패키지 개념도 및 패키지 재료

### (7) 나노 소재

일반적으로 100nm 이하의 크기를 갖는 물질을 나노 소재라고 하며, 나노미터 크기로 가게 되면 소재의 물리적 성질이 변하게 되며 이런 나노 소재의 특성을 반도체에 활용하기도 한다. 반도체에 나노소재를 형성하는 방법은 크게 마이크로미터 크기의 소재를 형성한 후에 기계적 가공, 열처리, 화학적 반응 등으로 크기를 줄여서 만드는 깎아가기(Top-down)방식과 원자나 분자 수준의 물질을 결합시켜 키워가면서 만드는 쌓아가기 방식(Bottom-up)이 있다. 대표적인 나노 소재들로는 그래핀(Graphine), 탄소나노튜브(Carbon Nano Tube), 나노와이어(Nanowire), 금속 나노 입자(Metal nano particle) 등이 있다.

- 그래핀(Graphine)
  - 그래핀은 탄소 원자들이 2차원 평면을 이루고 있는 구조이다. 각 탄소 원자들은 육각형 격자를 이루고 모서리에 탄소 원자가 위치하고 있는 벌집격자(honeycomb lattice) 모양이다. 원자 1개와 같은 두께로 이루어진 얇은 막으로 1nm 이하의 매우 얇으면서 물리적, 화학적으로 매우 안정적이다. 그래핀은 기존의 재료들에 비해서 매우 높은 전자이동도(200,000$cm^2$/V · s)와 높은 열전도도(5,000W/m · K) 및 큰 탄성계수(~10TPa)를 가지고 있다. 이런 특성에 의해서 그래핀은 이론적으로 구리보다 100배 이상 전기가 잘 통하며, 실리콘보다 100배 이상 전자가 빠르게 이동한다. 또한, 강성은 철보다 200배 이상 강하며 다이아몬드에 비해 열전도성도 2배 이상 높다.
  - 그래핀은 터치패널, 유연디스플레이, 태양전지, 코팅재료, 이차 전지용 전극, 가스센서 등 매우 다양한 분야에 응용이 가능하다.

- 탄소나노튜브(CNT, Carbon Nano Tube)

▸ 그래핀과 같이 탄소 원자들이 육삭형 격자로 연결되어 있으면서 둥글게 말려서 속이 빈 튜브와 같은 모양을 갖고 있다. 나노튜브의 벽수에 따라서 단중벽, 이중벽, 다중벽, 다발형 탄소나노튜브로 구분할 수 있다. 탄소나노튜브를 제작하는 방법에는 전기방전법, 촉매 화학기상증착법, 플라스마 화학기상증착법, 레이저증착법 등이 있다.

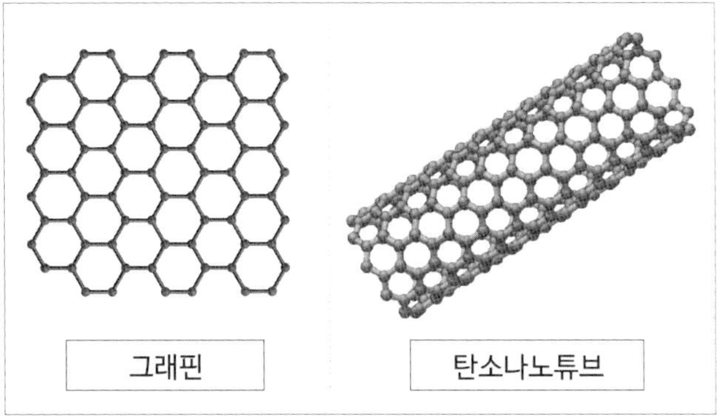


| 그림 4 | 그래핀과 탄소나노튜브의 분자구조 개념도

## 12.9 우주항공 및 원자로용 재료

### 12.9.1 우주항공용 금속재료

- 종래의 항공기재료: Al과 Mg합금 → 기체(機體) 재료 및 엔진재료용으로 사용
- 제트엔진시대의 기체재료 ← 내열 Mg합금과 Ti합금
  엔진재료 ← 고융점합금(RM)과 초내열합금(super alloys)이 사용
- 우주로켓의 機體냉각재 ← 산화Be(우수한 열전도도와 큰 증발잠열)의 선단추체(先端椎體)를 기체에 붙여 냉각
- Be(베릴륨): 비중이 낮으면서(= 1.85), 고융점(= 1285℃)인 회색금속
  → Be의 산화물(BeO): 융점이 2530℃로 높아 1700℃까지 내산화성이 있다.

- 용도: 원자로용 감속재 및 반사로 재료로 쓰이나, 독성이 있어 인체에 유해하므로 주의를 요한다.

### 12.9.2 원자로용 재료

- 원자로(reactor): 핵에너지를 발생시켜 동력원으로 이용하는 장치 → 열중성자로와 고속중성자로로 대별되고, 현재 열중성자로가 널리 사용됨
- 열중성자용 원자로재료를 분류하면?
  - ▸ 핵연료(nuclear fuel): U(우라늄), Pu(플루토늄), Th(토륨)
  - ▸ 감속재(modulator)
  - ▸ 반사로(reflector)
  - ▸ 냉각재(coolant)
  - ▸ 구조재(structural materials)
  - ▸ 제어재(controlling materials)
  - ▸ 차폐재(shield materials)
- 천연우라늄: 핵분열성의 $U^{235}$는 0.7%로 적게 들어 있고, 거의가 U238이다.
- 농축우라늄: 핵분열성의 $U^{235}$를 0.7% 이상 포함시킨 우라늄 → 이 원자핵에 중성자가 마주치면 핵반응이 일어난다.
- 핵반응: 분열(fission), 흡수(absorption), 산란(scattering) 등이 있으며, 핵분열시 2.5개의 중성자가 연쇄반응으로 방출되어 $U^{235}$ 1g에 23,000 kWh의 에너지를 발생시키므로 동력원으로 사용되고 있다.

### 12.9.3 기타 단금속 및 신금속 재료

#### (1) Bi(비스무트, 창연 蒼鉛)

홍색을 띤 광택이 있는 금속으로 여리고 열전도도가 가장 낮음,

융점: 271℃ → 저융점합금의 성분, 광학유리의 재료용으로 사용

#### (2) Sb(안티몬)

은백색의 취약한 금속이고 열 및 전기전도도가 낮음, 합금에 의해 경도가 증가 → 활자합금, 베어링 메탈 등의 원료로 사용

#### (3) Cd(카드뮴)

은백색의 금속, 융점: 321℃, Pb, Bi, Cu 등과 함께 저융점합금, 땜납성분, 표준전지, 치과용합금 등에 사용

#### (4) 신금속

종래의 재료 중 특수목적의 새 용도가 개발된 금속과 완전히 새롭게 개발된 금속을 모두 포함하며 5가지 종류로 크게 분류할 수 있다.

- 원자로용 1차금속군: U(우라늄), Th(토륨), Pu(플루토늄)
- 반도체군: Ge, Si, In(인듐), Ga(갈륨), Se(셀레늄), Te(텔루륨), As(비소)
- 고융점 재료군: W, Mo, Re(레늄), Ta(탄탈), Nb(니오브), Zr(지르코늄)
- 알칼리 및 알칼리토류군: Na, Li(리튬), Cs(세슘)
- 잡군: Sc(스칸듐), Y(이트륨), La(란탄), Tl(탈륨), B(붕소)

# 연습문제

## 객관식

1. 티탄의 특성 중 틀린 것은?

① 비중은 4.5, 융점은 1670℃이다.
② 내식성이 우수하여 해수, 화학약품에 침식되지 않는다.
③ 응력과 피로강도가 크며 M2O2는 해로운 원소의 하나이다.
④ 티탄합금은 가격이 싸서 많이 사용된다.

2. 칼슘, 바륨, 나트륨을 함유하는 납계 화이트 메탈은 다음 중 어느 것인가?

① 엘렉트론 합금
② 라우탈(lautal)
③ 코슨(corson)합금
④ 루우르기 메탈(lurgi metal)

3. 베어링 합금의 종류가 아닌 것은?

① 동대 베어링 합금
② 주석대 베어링 합금
③ 연대 베어링 합금
④ 철대 베어링 합금

4. 티탄과 그 합금에 관한 설명으로 틀린 것은?

① 티탄은 비중에 대해서 경도가 크며, 고온에서 내식성이 좋다.
② 티탄에 Mo, V 등을 첨가하면 내식성이 더욱 향상된다.
③ 티탄 합금은 인장강도가 작고 또 고온에서 크리프(creep)한계가 낮다.
④ 티탄은 가스터빈 재료로서 사용된다.

5. 아연에 대한 설명 중 틀린 것은?

① 조밀 육방 격자형이다. 백색의 연한 금속이다.
② 비중이 7.1 용융점이 419℃이다.
③ 산, 알칼리, 해수 등에 부식되지 않는다.
④ 상온에서 메져서 100~150℃에서 열간 가공한다.

6. 오일리스 베어링에 첨가되는 원소로 적합한 것은?

① Al-Zn-C
② Cu-Sn-C
③ Fe-Si-C
④ Cu-Be-Ti

7. 베어링 메탈의 재료는 다음과 같은 성질을 가져야 하는데 틀린 것은?

① 내식성이 높아야 한다.
② 피로강도가 낮아야 한다.
③ 마찰에 의한 마멸이 적어야 한다.
④ 압축강도가 높아야 한다.

8. 다음 중 베어링(bearing)용 합금이 아닌 것은?

① 화이트 메탈(white metal)
② 베빗 메탈(babbit metal)
③ 문쯔 메탈(muntz metal)
④ 켈밋(kelmet)

9. 큰 하중에 견디는 동시에 바닥은 인성이 있어서 축과 잘 어울리고, 충격과 진동에도 잘 견디며, 비열이 작고 열전도도가 커서 고속도 대하중의 기계용으로 가장 적합한 베어링 합금은?

① Sn+Sb+Cu
② Pb+Sb+Sn
③ Zn+Cu+Sn+Pb
④ Al+Sn+Cu+Ni

10. 다음 재료 중 용융온도가 낮아서 쉽게 주조하여 원하는 금형을 만들 수 있고 용해하여 재사용할 수 있는 것은?

① 초경합금
② 구리 합금
③ 아연합금
④ 알루미늄 합금

11. 분말소결법은 주로 단조, 주조, 절삭 등에 비해 장점이 있다. 맞지 않는 것은?

① 융점이 대단히 높은 금속에도 이용할 수가 있다.
② 주조재에서의 불순물, 편석 등을 피할 수 있어 균일한 합금이 된다.
③ 제품의 모양 및 크기에 제한이 없고, 소결성이 나빠도 응용할 수 있다.
④ 가공성이 극히 나쁜 재료도 복잡한 모양의 제품으로 만들 수 있다.

12. 연납은 주로 납과 무엇으로 그 성분이 구성되어 있는가?

① 니켈 ② 주석 ③ 알루미늄 ④ 아연

13. 땜납(solder)의 합금원소로 옳은 것은?

① Sn–Pb
② Pt–Al
③ Sb–Pb
④ Cd–Pb

14. 다음 중 주석보다 용융점이 낮아 주로 퓨즈, 활자, 안전 장치, 정밀 모형 등에 사용되는 저용융점 합금에 해당되지 않는 것은?

① 우드메탈
② 비스무드 땜납
③ 뉴톤 합금
④ 스티어링 땜납

15. White-gold를 설명한 것은?

① Ag에 Zn을 도금한 것이다.
② Au-Ni 등 합금으로 치과용이나 장식용에 쓰인다.
③ Au-Pb 등 합금으로 화폐에 이용한다.
④ Ag의 순도를 90% 이하로 낮추어 공업용으로 쓴다.

16. 18금이란 순금(Au) 몇 %가 함유된 것인가?

① 18 ② 24 ③ 75 ④ 90

17. 다이오드 및 트랜지스터에 사용되는 불순물 반도체의 성분원소는?

① Ge, Si ② Al, Si ③ W, Ge ④ Ge, Cu

18. Si, Ge은 전자 공업용 재료로 각광을 받는 소재들이다. 이들의 원소를 분류하면?

① 비금속 원소 ② 금속 원소 ③ 준금속 원소 ④ 비철금속 원소

19. 백열전구의 철심, 합금강으로서 고속도강에 사용되는 합금원소는?

① W ② Mn ③ Ti ④ B

20. 다음 중 비중이 5.36, 융점이 956℃, 은회색을 띠며 zone melting에 의해 정제하여 반도체 소자로 사용되는 금속은?

① Ti ② Th ③ Zr ④ Ge

21. 가장 많이 사용되는 α+β형의 대표적인 Ti합금으로 항공기의 기체재료, 축류압축기 등에 사용되는 것은?

① 순티탄 ② Ti-5Al-2.5Sn ③ Ti-6Al-4V ④ Ti-15Mo-5Zr

22. Ti의 첨가에 의해 $TiZn_{15}$상이 미세하게 분산된 분산경화형 합금으로 강도와 내크리프성이 우수한 Zn합금은?

① Zn-Cu ② Zn-Cu-Mg ③ Zn-Cu-Ti ④ ZAMAK

23. 경석(hard tin)이란 어느 합금을 말하는가?

① Sn-Pb ② Sn-Cu ③ Sn-Sb-Cu ④ Sn-Ti

24. 경연(hard lead)이 되기 위해서는 Pb에 첨가하는 Sb의 량은?

① 1% ② 2~4% ③ 4~8% ④ 8~12%

25. 알칼리 및 알칼리토류군에 속하지 않는 신금속은?

① Li ② Na ③ Cs ④ Sc

26. 내식성이 Ti보다 뛰어나고 원자로용 내식재료로 중요하게 사용되는 합금은?

① ZAMAK ② Zircalloy ③ Refractory ④ Vitallium

**정답**

1. ④ 2. ④ 3. ④ 4. ③ 5. ③ 6. ② 7. ② 8. ③ 9. ① 10. ③
11. ③ 12. ② 13. ① 14. ④ 15. ② 16. ③ 17. ① 18. ③ 19. ① 20. ④
21. ③ 22. ③ 23. ② 24. ③ 25. ④ 26. ②

## 주관식

1. Ti의 장점과 단점 및 그 장래성을 설명하시오.

2. Ti 합금을 상태도상으로 분류하고 그 성분종류를 드시오.

3. 땜납합금을 용융점 및 경도에 따라 두 가지로 분류하고 그 종류를 드시오.

4. 다음 합금을 간단히 적으시오.

   ① type metal
   ② Britania metal
   ③ fusible alloy
   ④ ZAMAK 합금
   ⑤ hard lead
   ⑥ hard tin

5. 베어링합금으로서 필요한 조건을 드시오.

6. 화이트 메탈의 종류를 들고 용도를 적으시오.

7. 소결함유 베어링의 종류와 제조법을 설명하시오.

8. 귀금속의 종류별 특성과 용도를 들어보시오.

9. 고융점금속의 종류와 제조상의 곤란한 점을 적으시오.

10. 다음의 용어를 간단히 설명하시오.

    ① kelmet
    ② Lurgi metal
    ③ pink gold
    ④ 토리텅
    ⑤ refractalloy
    ⑥ Zircalloy

11. 신금속의 종류를 5가지로 분류하고 종류를 드시오.

12. 반도체 재료의 종류별 특성과 용도를 적으시오.

13. 원자로용 핵연료 재료의 종류와 그 반응에 대해 설명하시오.

CHAPTER 13

# 비금속 재료

13.1 무기재료와 세라믹재료

13.2 유기 고분자재료

13.3 복합재료

# 13.1 무기재료와 세라믹재료

## 13.1.1 비금속재료의 개요

널리 이용되고 있는 중요한 비금속재료는 크게 나누어서 무기재료, 유기 고분자재료, 복합재료의 세 가지로 분류할 수 있다.

- 무기재료는 요업재료로서 유리나 세라믹 재료 등을 포함한다. 이것은 고온에 잘 견디며, 기계적 강도는 금속재료보다 우수하다. 하지만 전성과 연성이 없어 취성파괴가 쉽게 일어나는 단점이 있다.
  건축용 벽돌이나 시멘트, 콘크리트 등 요업재료, 제철산업의 내화재료, 세라믹 공구, 각종 반도체나 전자재료 등 새로 개발된 무기재료가 많다.
- 유기고분자재료는 주로 플라스틱 또는 합성수지이며, 고무처럼 탄성이 높은 것으로부터 소성변형이 용이한 것, 취성파괴가 잘 일어나는 것에 이르기까지 그 종류가 광범위하다. 요즘은 금속재료 다음으로 많이 사용되는 재료이다.
- 복합재료는 전성은 크지만 강도가 낮은 금속재료와 전성은 낮으나 기계적 강도가 큰 무기재료를 복합하여, 전성도 크고 강도도 큰 금속재료와 무기재료의 장점만을 조합한 합성재료이다. 복합재료는 오늘날 자동차, 비행기, 선박, 우주선 등의 부가가치가 높은 첨단재료의 부품으로 사용된다.

## 13.1.2 내화재료

고온에서도 잘 녹지 않고 견디며 화학적 부식에 강하고, 기계적인 강도가 크며, 스폴링(spalling, 급격한 온도변화로 인해 균열이 생기는 현상)이 없는 내화벽돌, 내화모르타르 및 내화점토 등의 무기질 재료이고, 우리나라에서는 KS에 정해진 내화도(耐火度, refractoriness) 시험방법에 따라 SK 26(1580℃) 이상의 내화도를 갖는 것을 내화벽돌이라 부르고 있다.

- 화학성분에 따라 내화물을 세 가지로 분류하면?

  ▸ 산성 내화물 : $RO_2$형의 $SiO_2$ 등을 주성분으로 한 것 [R은 radical의 기(基)임]

  ▸ 중성 내화물 : $RO_3$형의 $Al_2O_3$, $Cr_2O_3$와 같은 것을 주성분으로 한 것

  ▸ 염기성 내화물 : RO형의 MgO, CaO와 같은 것을 주성분으로 한 것

‖ 표 1 ‖ 화학성분에 따른 내화물의 분류

| 분류 | 종류 | 주요 화학 성분 |
|---|---|---|
| 산성 내화물 | 규석질<br>반규석질<br>납석질<br>샤모트(점토)질 | $SiO_2$<br>$SiO_2$, ($Al_2O_3$)<br>$SiO_2$, $Al_2O_3$<br>$SiO_2$, $Al_2O_3$ |
| 중성 내화물 | 고알루미나질<br>탄소(카본)질<br>탄화규소질<br>크롬질 | Al2O3, ($SiO_2$)<br>C<br>SiC<br>$Cr_2O_3$, $Al_2O_3$, MgO |
| 염기성 내화물 | 포스터라이트질<br>크로마그질<br>마그네시아질<br>돌로마이트질 | MgO, $SiO_2$<br>MgO, $Cr_2O_3$<br>MgO<br>CaO, MgO |

- 내화도의 표시는 어떻게 하는가?

  KS에 SK(S ë gel Keger의 독일어 약자)의 내화번호를 사용하며, 내화도를 측정하는 시편에는 제게르 콘(Seger cone)이 사용된다. 이 제게르 콘의 원료 배합비율에 따라, 융점이 변화되어 연화온도가 달라지며, SK 0.22에서 SK 42번까지의 59종으로 분류된다.

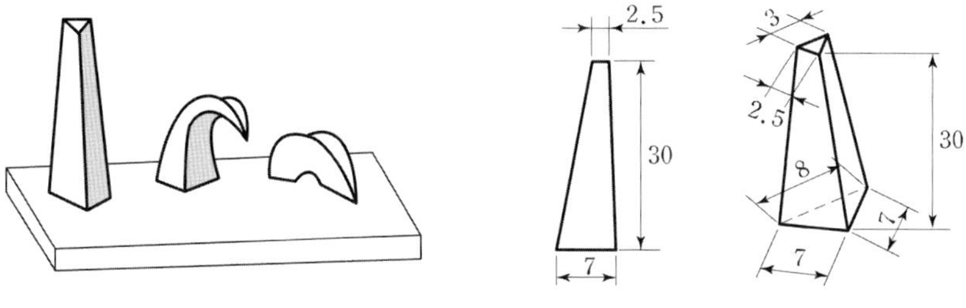


‖ 그림 1 ‖ 제게르 콘의 치수와 배치방법

### 13.1.3 보온재료 및 단열재료

보온재료(heat insulator)는 재료의 바깥쪽으로 열이 발산하는 것을 방지하든지 또는 외부의 열이 침입하는 것을 방지하는 목적으로 사용되는 재료이다. 일반적으로 다공질이고, 그 조직 중에 공기층이 있어 보온역할을 하게 된다.

• 재질에 따른 보온재료의 분류와 그 사용온도는?

보온재료는 재질에 따라 유기질(동·식물의 섬유질, 코르크), 무기질(석면, 암면, 글래스 울 등의 섬유질과 탄산마그네슘 등의 분말질), 금속질(Al foil 단열재) 등으로 분류하고, 그 사용온도는 유기질은 140~150℃ 이하, 광물질 섬유, 규소토 분말, 금속 단열재 등은 500℃ 이하, 탄산마그네슘은 300~350℃ 이하, 그리고 단열벽돌은 850~1200℃ 범위이고 단열내화벽돌은 1400~1500℃ 정도이다.

표 2 내화, 단열, 보온재

| | |
|---|---|
| **내화재** | 공업규격에서 내화도가 SK 26(1580℃) 이상의 것으로 규정되어 있다. |
| **내화단열재** | 내화물과 단열재의 중간에 속하며, 단열효과가 있으면서 내화도가 높은 것으로, 대략 1300℃ 이상에 견디는 것이다. |
| **단열재** | 850~900℃ 이상 1200℃ 정도까지 견디는 것이다. |
| **보온재** | 800℃ 이하 300℃ 정도까지 견디는 무기질의 것과 200℃ 정도까지 견디는 유기질의 것이 있다. |
| **보랭재** | 대부분 100℃ 이하의 냉온을 유지시키는 것이다. |

### 13.1.4 연삭재료

일반적으로 금속의 표면을 연삭하는 연삭재와 도금하는 면의 버핑에 사용하는 연마제는 금속의 산화물 또는 탄화물과 같이 융점이 높은 물질의 분말을 사용한다.

• 알런덤과 카보런덤 연삭재의 네 가지에 대한 경도의 순서는?

A, WA, C, GC의 순으로 경도가 높다.

▸ 연마 사포지(emery paper)는 면포에 아교, 합성수지, 고무 등의 접착제로 연삭입자를 부착시킨 것으로서, 연삭입자에는 용융 알루미나, 에머리, 탄화규소 등의 3종이 쓰인다. 용융 알루미나와 에머리로 만든 것은 경도가 큰 재료에, 그리고 탄화규소는 연한 금속의 연마에 쓰인다.

표 3 연삭재, 연마재의 종류

<table>
<tr><td>천연산(天然産)<br>연삭재, 연마재</td><td colspan="3">강옥(鋼玉)·에머리·다이아몬드·석영, 규소토, 황옥(黃玉), 규석, 활석,<br>산화 금속 광물</td></tr>
<tr><td rowspan="6">인조 연삭재<br>(研削材)</td><td rowspan="2">알런덤<br>(alundum)<br>(용융 알루미나)</td><td>A<br>(alundum)</td><td>경도는 적으나 인성이 크다.<br>연강의 거친 연삭에 적당하다.</td></tr>
<tr><td>WA<br>(white alundum)</td><td>경도 또는 강도가 크다.<br>고속도강, 공구강 연삭에 적당하다.</td></tr>
<tr><td rowspan="2">카보런덤<br>(carborundum)<br>탄화규소</td><td>C<br>(carborundum)</td><td>주철, 도자기, 석재의 연삭 및<br>연마에 사용한다.</td></tr>
<tr><td>GC<br>(green carborundum)</td><td>극히 굳은 입자로서 초경합금<br>연삭에 적당하다.</td></tr>
<tr><td colspan="2">탄화붕소(boron carbide)</td><td>다이아몬드 다음으로 경도가 크고 취성이<br>있다. 초경공구와 보석연삭</td></tr>
<tr><td colspan="2">탄화 텅스텐(tungsten carbide)</td><td>절단숫돌, 정밀 래핑제로 사용한다.</td></tr>
<tr><td>래핑제·버핑제</td><td colspan="3">산화철($Fe_2O_3$), $Cr_2O_3$, 소성(燒性) 알루미나, MgO</td></tr>
<tr><td>연마 사포지<br>(砂布紙)</td><td colspan="3">에머리 연마 사포지, 알런덤 연마 사포지, 카보런덤 연마 사포지<br>특수연마 사포지</td></tr>
</table>

## 13.1.5 패킹재료

패킹(packing)은 가스, 물, 공기, 기름 등의 유체가 누설되는 것을 방지하거나 기밀을 유지하기 위한 목적으로, 공작기계, 펌프, 압축기, 배관, 내연기관, 밸브 등의 접합부와 접촉면에 사용된다.

- 패킹재료로서의 구비조건은?
  - ▸ 유연하고 탄력성을 가질 것
  - ▸ 강인하고 내구력이 클 것
  - ▸ 화학적(내수, 내온, 내식에 대한)으로 안정하고, 오래 사용하여도 변화가 없을 것
  - ▸ 내열 및 내마모성이 클 것
  - ▸ 가공이 쉽고 가격이 저렴할 것
    - 패킹에 사용되는 원료의 종류로는 석면, 가죽, 고무, 대마, 목면, 코르크, 연한 금속(메탈 및 세미메탈 패킹), 페인트 등 그 종류가 많다. 이것을 단독 또는 조합하여 각종 형상으로 사용된다.

## 13.1.5 윤활유와 절삭유

### (1) 윤활유

베어링과 축 또는 피스톤과 실린더와 같이 서로 접촉하면서 운동하는 기계의 접촉면에는 마찰을 감소시키기 위하여 윤활유(lubricant)를 사용한다. 그 외에도 다음과 같은 작용이 있다.

- 열흡수 제거작용 : 마찰부분에 발생하는 열을 기름에 흡수 제거한다.
- 밀봉작용 : 피스톤과 실린더의 틈을 밀봉하여 가스의 누출을 방지한다.
- 청정작용 : 운전중 혼입되는 고형물을 마찰면에 부착시키지 않는다.
- 밀폐작용 : 밖에서 들어가는 먼지나 가스로부터 마찰면을 보호한다(그리스 등).
  ▸ 윤활유 외에 그리스나 왁스와 같은 반유동체도 비슷한 작용을 한다.
- 윤활유를 분류하고 그 종류를 들면?
  윤활유의 종류에는 광물성, 지방성, 혼성 윤활유와 그리스(grease) 등으로 크게 분류할 수 있다. 광물성 윤활유로는 스핀들유, 다이나모유, 터빈유, 냉동기유, 모빌유, 디젤기관유, 실린더유 등이 있고, 지방성 윤활유에는 채종유, 면실유, 피마자유, 동백유, 고래기름 등이 있다.

### (2) 절삭유(cutting oil)

◐ 절삭유를 사용하는 목적은 다음과 같다.

- 공구칼날(工具刃先)을 냉각시켜 공구온도 상승에 따른 경도저하를 막음
- 가공물을 냉각시켜 가공온도 상승에 의한 가공 정밀도의 저하를 방지
- 공구인선과 칩사이의 윤활작용으로 공구마모를 감소, 가공표면을 양호
- 칩제거(chip-breaker)작용을 하여 절삭을 용이하게 한다.
- 절삭유의 종류에는 어떤 것이 있나?
  ▸ 알칼리성 수용액: 냉각작용이 좋은 물에 방부제로서 알칼리성을 첨가한 것으로, 특

히 연삭작업에 많이 사용된다. 중크롬산 수용액은 그 예이다.

▸ 유화유(乳化油): 광유에 비누를 첨가한 유화유는 냉각작용과 윤활성이 좋다. 값도 싸므로 널리 쓰이며 용도에 따라 물을 섞어 쓴다.

▸ 광유(鑛油): 경유(鯨油), 머신 오일, 스핀들 오일 및 기타 광유 또는 혼합유로서, 윤활작용은 좋으나 냉각작용이 약하여 경절삭(輕切削)에 쓰인다.

▸ 동·식물유: 돈유(豚油, lard), 올리브유, 종자유(seed oil), 피마자유, 콩기름 등은 윤활작용이 강력하고 냉각작용도 좋은 편이며, 다듬질 가공, 기어절삭 등에 많이 쓰인다.

▸ 광유, 동·식물의 혼합유: 혼합비에 따른 각종 절삭제를 만들 수 있다. 강력절삭, 밀링절삭, 나사절삭 등에 사용하며, 강인한 재질에는 동·식물유를 많이 첨가한다.

- 절삭제의 성능을 향상시키기 위해 사용되는 첨가제에는?

황, 황화물, 흑연, 아연분말 등을 동·식물계의 절삭제에 첨가하고, 인산염, 규산염 등은 수용성 절삭유에 첨가한다. 또한 최근에는 표면활성을 위하여 사염화탄소($CCl_4$)도 첨가한다.

## 13.1.6 세라믹 재료

- 세라믹(ceramics)이란?

일반적으로 1개 또는 그 이상의 금속원소와 비금속원소의 조합으로 만들어지는 물질을 말하며, 비금속원소에는 산소인 경우가 많다. 따라서 세라믹은 고도의 금속산화물이라 생각해도 좋다. → 최근에 내열, 내마모, 내식재료 등의 신소재로서 각광을 받고 있다

- 세라믹을 보통 세라믹과 뉴 세라믹으로 구분 설명하면?

▸ 보통 세라믹은 $SiO_2$, $Al_2O_3$를 주성분으로 하며, 가격이 싸고 풍부한 자원의 천연원료를 사용하며 주로 도자기, 내화물, 유리, 시멘트, 보석 등에 사용되며, 불순물이 많고 불균일한 조직과 성질을 갖는 경우가 많다.

▸ 뉴 세라믹(new ceramics) 혹은 파인 세라믹(fine ceramics)은 인공적으로 개발한 새

로운 세라믹으로, $Al_2O_3$ · MgO · SiC 등의 고순도로 정제된 천연원료나 인공원료를 사용한다. 이것은 엄격히 제어된 제조과정을 통해 균일한 조직과 성질을 갖고서 고도의 기능을 가지므로, 내열, 초경, 전자, 생체, 핵재료 등과 인조보석의 신소재로 많이 사용된다.

- 세라믹을 성분별로 크게 분류하고 그 종류를 들어 설명하면?

▸ 산화물계 세라믹

- 알루미나($Al_2O_3$): 가장 대표적인 세라믹으로 2050℃의 융점을 가지며, 강도(인장강도 2650~5000 kg/cm$^2$, 압축강도 3000~4000 kg/cm$^2$)와 경도가 높고 내열성과 내식성이 좋으므로, 기계재료나 절삭공구용으로 널리 쓰인다.
- 마그네시아(MgO)는 다른 산화물에 비해 융점(2800℃)이 높지만 기계적 성질은 다소 낮은 편이다. 고온 크리프변형과 열팽창계수가 크기 때문에, 구조재료로서의 한계가 있어서, 내화물이나 전기 절연재료로 많이 이용
- 지르코니아($ZrO_2$)는 우수한 내열성을 가지나, 1100℃와 2370℃에서 결정구조의 상변태가 발생하여 큰 체적변화가 일어난다. 따라서 여기에 MgO, CaO, $Y_2O_3$를 고용시킨 안정화 지르코니아(SZ; stabilized zirconia)가 내열재료로 이용되고 있다. 또한 강도와 인성을 높이기 위해 부분안정화 지르코니아(PSZ)나 지르코니아 다결정체(TZP)도 개발되었다. 둘 다 고강도, 고인성 재료이며, 칼날이나 인공치아 및 인공두개골 등의 생체재료에 실용되고 있다.
- 베릴리아(BeO)는 내열성, 내열충격성, 열전도성, 전기 절연성이 우수하여 초고온 내화물, 원자로의 반사재, 집적회로용 패키지에 이용된다.

▸ 탄화물계 세라믹

공유결합성이 강하여 열적, 기계적 성질 및 화학적 안정성이 우수하다. 산화물에 비해 융점(2200~3877℃)과 경도가 높고 열전도율과 고온강도는 크지만 내산화성이 떨어진다.

- 탄화규소(SiC)는 질화규소($Si_3N_4$)와 함께 비산화물 세라믹의 대표적인 것으로, 1000℃ 이상에서도 고강도, 저열팽창계수를 나타내므로, 고효율 열기관의 부품

재, 내열충격성을 요하는 소재로 쓰인다.

- WC나 TiC는 경도가 높으므로 Co를 결합제로 첨가하여 초경합금의 절삭공구재로 많이 사용한다.
- 탄화붕소($B_4C$)는 연마제로 많이 사용한다.

▸ 질화물계 세라믹

- 질화알루미늄(AlN): 내열 및 방열재료로 이용된다.
- 질화붕소(BN): 흑연과 유사한 결정구조의 고체윤활제로 이용되는 6방정 질화붕소(hBN)와 절삭공구용, 초경질 연삭재료로 이용되는 입방정 질화붕소(cBN)가 있다.
- 질화규소($Si_3N_4$): 열충격 저항이 크고 기계적 강도가 고온까지 유지되고 내식성이 있으므로, 가스터빈의 날개(blade), 열교환기, 내열치구(治具) 등의 고온기계 부품에 쓰인다.

# 13.2 유기 고분자재료

## 13.2.1 합성수지의 개론

• 유기 고분자재료란?

천연재료와 합성재료가 있고 어느 것이나 큰 분자량이고, 탄소의 공유결합성을 가진 많은 종류의 고분자 화합물이 있다. 천연 유기물 재료는 동식물의 몸체 중에서 큰 분자들로 만들어지나, 합성 고분자 재료는 분자량이 작은 분자를 인위적으로 결합시켜 만드므로. 이와 같은 재료를 총칭하여 플라스틱(plastic)이라고 한다.

• 합성수지(合成樹脂, synthetic resin)란?

재료에 외력을 가하여 쉽게 그 형상을 변화시킬 수 있는 성질을 가소성(可塑性, plasticity)이라 하는데, 플라스틱 중에서 유기물질로 합성된 가소성이 큰 물질을 좁은 의미로 합성수지라 한다.

- ▸ 합성수지는 금속재료보다 기계적 강도나 내열성은 뒤지지만, 비중이 작고 가공성, 탄성, 소성, 화학적 저항, 전기절연 특성 등은 우수한 점이 많아 → 기계 및 전기재료, 생활용품의 각 방면에 널리 사용된다.

- 합성수지의 공통성질을 들면?
  - ▸ 가볍고 튼튼하다(비중이 1~1.5).
  - ▸ 가공성이 커서 성형이 잘된다.
  - ▸ 전기 절연성이 좋다.
  - ▸ 산, 알칼리, 유류, 약품 등에 강하다.
  - ▸ 비강도(강도/비중의 비)가 비교적 높다.
  - ▸ 투명한 것이 많으며, 착색이 자유롭다.
  - ▸ 단단하나 열에 약하고 상당히 민감하다.
  - ▸ 내열성은 금속재료보다 못하며 50~300℃ 범위이다.

### 13.2.2 합성수지의 분류와 용도

합성수지는 가소성과 온도관계에 기준하여 열경화성 수지(thermosetting resins)와 열가소성 수지(thermoplastic resins)로 크게 두 가지로 나눈다.

- 열경화성 수지는 열고정성 수지라고도 하며, 가열하면서 가압 및 성형되면 다시 가열해도 연해지거나 용융하지 않는다. 약간 가열하면 화학적 변화가 생기고 유동성을 상실하게 되나, 강하게 가열하면 용융되지 않고 분해된다.→ 기계적 강도가 크고 내열성이 좋아서 기어, 베어링 케이스, 핸들, 소형기구의 프레임 등에 쓰인다.
- 열가소성 수지는 열연화성(熱軟化性) 수지라고도 하고, 성형 후에도 가열하면 연해지고 냉각하면 다시 본래의 상태로 굳어진다. 가열하면 작은 힘으로도 유동하고 화학적 변화는 생기지 않으며, 가열냉각을 반복해도 상온에서 물리적 변화는 볼 수 없다.

| 표 4 | 합성수지의 특징과 용도

| | 종류 | 특징 | 용도 |
|---|---|---|---|
| 열경화성수지 | 페놀수지 | 경질, 내열성(베이클라이트) | 전기기구, 식기, 판재, 무음기어 |
| | 요소수지 | 착색 자유, 광택이 있음 | 건축재료, 문방구 일반, 성형품 |
| | 멜라민수지 | 내수성, 내열성 | 책상, 테이블판 가공 |
| | 규소수지 | 전기 절연성, 내열성, 내한성 | 전기 절연재료, 도료, 그리스 |
| 열가소성수지 | 스티렌수지 | 성형이 용이함, 투명도가 큼 | 고주파 절연재료, 잡화 |
| | 염화비닐 | 가공이 용이함(PVC) | 관, 판재, 마루, 건축재료 |
| | 폴리에틸렌 | 유연성이 있음 | 핀, 필름 |
| | 초산비닐 | 접착성이 좋음(PVA) | 접착재, 껌 |
| | 아크릴수지 | 강도가 큼, 투명도가 특히 좋음 | 방풍유리, 광학렌즈 |

# 13.3 복합재료

## 13.3.1 복합재료의 개요

- 복합재료(複合材料, composite materials)란?

  두 가지 이상의 재료를 조합하여 만든 재료의 총칭으로, 1942년 유리섬유강화 플라스틱(GFRP, glass fiber reinforced plastics)이 미국에서 개발된 후 급속히 발전하고 있는 신재료이다.

  ▸ 복합재료에는 거시적으로 철근 콘크리트와 짚을 넣은 진흙벽돌과 같이 오래 전부터 있었던 것도 있고, 최근 각 분야에서 개발되고 있는 각종 FRP재, 바이메탈판, 스키의 발판, 골프채 등과 같은 구조물 재료의 샌드위치재료나 적층재료가 있으며, 넓게는 천연복합재료로서 목재(木材)나 동물의 뼈와 근육으로 이루어진 생체(生體) 및 대나무도 일종의 복합재료라 할 만큼 이 분야는 광범위하다.

  ▸ 복합재료는 1960년 이후 플라스틱계의 복합재와 금속계의 복합재들이 개발되어, 고강도, 내식성, 내열성, 내충격성, 외관, 중량, 피로수명, 열전도성, 방음 등의 성질을 향상시켜 항공기, 우주개발, 기계구조물, 군사장비, 가정용품 및 레저 스포츠용품 등에 이르기까지 널리 사용되고 있다.

### 13.3.2 복합재료의 분류

- 복합재료의 재질은 모재(母材 또는 기지, matrix)와 분산재(分散材, 또는 보강재)로 구성되고, 복합재료를 분산재의 형태에 따라 분류하면?
  - ▸ 분산강화 복합재료(dispersion strengthened composite)
  - ▸ 입자강화 복합재료(particle reinforced composite)
  - ▸ 섬유강화 복합재료(fiber reinforced composite)
- 가장 중요한 섬유강화 복합재료를 모재에 의해 분류하면?
  - ▸ 섬유강화 플라스틱(FRP ; fiber reinforced plastic)
  - ▸ 섬유강화 고무(FRR ; fiber reinforced rubber)
  - ▸ 섬유강화 금속(FRM ; fiber reinforced metal)
  - ▸ 섬유강화 세라믹(FRC ; fiber reinforced ceramic)

그 외 입자강화고무(PRR), 입자강화금속(PRM) 등이 있다

- 이들 섬유(fiber)가 매우 높은 강도와 탄성률을 가지는 이유는?
  보통 지름이 100$\mu$ 이하인 섬유의 미세결정에는 전위가 거의 존재하지 않으며 또한 전위의 이동이 대단히 어렵기 때문에 높은 강도를 갖게 되지만, 소성변형이 되지 않아 취성파괴를 일으키기 쉽다. 따라서 인성과 연성이 있는 모재(matrix)와 혼합하여 고강도 및 고인성의 섬유강화 복합재료를 만들어서 각종 기계구조물 등에 사용하게 된다.

| 표 5 | 각종 섬유의 성질

| 명칭 | 지름 [μ] | 비중 | 인장강도 [N/mm$^2$] | 탄성률 [GPa] |
|---|---|---|---|---|
| 유리 | 10 | 2.50 | 3,430 | 86.2 |
| $Al_2O_3$위스커 | 3~10 | 3.96 | 20,580 | 425.3 |
| 탄소 | 8 | 1.74 | 2,744 | 235.2 |
| SiC | 100 | 3.4 | 3,263 | 480.2 |
| 보론 | 100~150 | 2.63 | 3,430 | 411.6 |
| 알루미나 | 250 | 4.0 | 2,450 | 382.2 |
| W | 10 | 19.4 | 3,979 | 404.7 |
| Mo | 25 | 10.2 | 2,195 | 352.8 |
| SiC위스커 | 1~3 | 3.18 | 20,580 | 480.2 |

- 복합재료의 강도에 관한 복합칙(複合則, rule of mixture)이란?

복합재료의 성질은 복합시킨 모재와 강화재의 성질 및 그 체적비율에 의하여 다음과 같이 결정된다. 예로서 복합재료에서 모재의 파단응력을 $\sigma_m$, 강화섬유의 파단응력을 $\sigma_f$, 모재의 체적함유율을 $V_m$, 섬유의 함유율을 $V_f(=1-V_m)$이라 하면, 복합재의 강도 $\sigma_c$는 다음 식과 같다.

$$\sigma_c = \sigma_m \cdot V_m + \sigma_f + V_f$$

▸ 이것을 복합칙이라 하며, 복합재의 강도는 강화재에 의하여 크게 좌우됨을 알 수 있다.

## 13.3.3 기능재료(신소재, new materials)

### (1) 형상기억합금(shape memory alloys)

항복점을 넘는 변형을 한 후, 이것에 다시 열을 가하면 변형 전의 형상으로 되돌아간다. 이같은 현상을 형상기억효과(形狀記憶效果, shape memory effect)라 하고, 이 효과가 나타나는 합금을 형상기억합금이라 한다.

- 현재 Ti-Ni 합금과 Cu-Zn-Al 합금, Cu-Al-Ni 합금 등이 인공위성의 수신용 안테나, 유압배관계의 파이프 이음쇠(pipe fittings), 각종 클램프(clamp), 인공심장 등의 의료용에 실용되고 있는 상황이다.

‖ 그림 2 ‖ 형상기억효과의 양상

### (2) 초전도재료

금속의 온도가 낮아지면 전기저항은 일반적으로 감소하게 되나, 절대영도(0 K = −273.2℃)에 가까운 온도에서는 그 금속 고유의 전기저항이 남게 된다. 그러나 어떤 종류의 금속이나 합금에서는 일정온도에서 전기저항이 완전히 0으로 되는 현상을 나타내며, 이 상태를 초전도(超傳導, super conductivity) 상태라 한다.

- 초전도상태의 도선을 사용하여 전류를 통하면, 전류는 저항손실이 없으므로 감소하지 않고 영원히 흐르게 된다(영구전류현상). 이와 같이 초전도선은 전력의 소비없이 큰

전류를 통하거나, 코일을 만들어 강한 자계를 발생시킬 수 있다. 이 코일을 초전도 자석(magnet)이라 한다. 이러한 초전도선이나 초전도 마그넷을 이용한다면 에너지 절약 면에서 획기적인 역할을 할 수 있게 된다. 그 외에도 자기부상열차, 핵융합장치, 핵자기공명, 초전도발전기 등에 이용된다.

- 초전도를 나타내는 재료로는?
  Nb, V의 합금 및 화합물이 발견된 후 초전도 현상의 응용면에 연구개발이 진전되기 시작하였다. 현재에는 Nb-Ti합금 선재가 1차재료로 널리 이용되고 있고, 최근 2차재료로서 $Nb_3Sn$, $V_3Ga$ 등의 화합물 선재가 개발되어 실용되고 있다. 그 외에 $Nb_3Ge$, $Nb_3(Al, Ge)$, NbN, $V_2Hf$ 화합물 등에 대한 초전도특성 및 몇 가지의 세라믹 등에 대해서도 연구개발이 진행되고 있다.

### (3) 초소성재료

어떤 금속이나 합금에서는 작은 응력하에서 파단에 이르기까지 수백 % 이상의 많은 연신을 나타내어, 마치 고무풍선이나 엿가락처럼 많이 늘어나는 성질이 있는데, 이 현상을 초소성(超塑性, super plasticity)이라 한다.

- 이 현상은 금속조직에 기인하는 내부조건에 의한 것이며, 낮은 응력으로 변형하는 것이 특징이다. 이 초소성재료는 현상면에서 미세결정립 초소성재료와 변태 초소성재료로 나눌 수 있다.
- 이 초소성 현상을 이용하면 적은 힘으로도 복잡한 형상의 가공이 가능한 이점이 있고, 성형시 낮은 응력으로도 변형되어 점성유동적 거동을 하므로, 예컨대, 진공성형(vacuum blowing)의 가공기술이나, 초합금분말을 열간압출한 소재를 초소성단조하여 터빈 디스크 등을 만들고 있다. 그 외에 고상접합 등에 많이 응용되고 있다.

### (4) 비정질합금(amorphous alloys)

보통 금속을 용융상태에서 냉각하면 응고점에서 결정구조를 가진 결정질 고체(crystalline solid)로 되지만, 냉각속도를 어느 이상으로 크게 하면 응고점을 지나도 액체상태를 유지하고, 결국에는 과랭액체(super cooled liquid)의 동결상태(qunched-in state)에서 고체로 되어버린다.

- 이 고체는 장범위 규칙성을 갖지 못한 불규칙한 상태이고 비평형의 불안정한(또는 준안정 상태의) 원자구조를 가지며, 마치 유리의 원자배열과 같으므로 비정질(非晶質, non-crystalline) 또는 무정형(無定形, amorphous) 합금이라 한다.
- 이 비정질합금은 결정이 아니므로 결정립계가 없고 균질하며, 강도와 경도 등의 기계적 특성, 내식성, 자기특성이 매우 우수하므로, 신재료로서의 응용이 크게 기대되는 합금이다. 즉 비정질합금은 경도(HV)가 약 1000, 인장강도가 400kg/mm$^2$에 이를 정도로 고강도 및 고인성의 기계적 특성과 스테인리스강보다 월등하게 좋은 내식성이 있다. 그 외에 연자성(軟磁性) 재료로서 변압기의 철심재에 이용하면 전력손실이 약 1/3로 감소되는 등의 실용개발이 많이 이루어지고 있다.

### (5) 기타 합금

- 방진 및 제진합금: 진동을 방지하거나 흡수 제거하여 주는 합금 → 복합형, 강자성형, 전위형, 쌍정형 등이 있고, 방진재나 진동흡수재(발전기, 콤프레서의 커버), 항공 우주, 자동차(오일 팬), 기계 철도 선박, 건축 토목, 가전분야 등에 적용된다.
- 수소저장합금: 금속과 수소를 화학반응시켜 금속간화합물을 만들어 다량의 수소가스를 안전하게 운반 및 저장해 두었다가 필요시 사용할 수 있는 합금
  → Mg계, LaNi5계, Fe-Ti계, 비정질계 등이 있고, 수소저장 및 수송장치, 에너지 저장장치, heat pump, chemical engine, 수소엔진 시스템 등에 사용된다.

[부록]

표 6 3D 프린터에 사용되는 주요 폴리머 소재특징 및 수축률

| 재료명 | 특징 | 온도 및 수축률 |
|---|---|---|
| ABS (Acrylonitrile Butadiene Styrene) | • 아크릴로니트릴(A), 부타디엔(B), 스티렌(S)의 세 가지 성분으로 되어 있고, 각각의 혼성 중합체의 성질을 동시에 가지는 혼합수지임. ABS는 압출하면서 가벼운 가스가 발생됨.<br>• 일반적으로 허용되는 범위 안이지만 호흡 곤란이 있거나 특정 성분에 민감한 사람들은 위험할 수 있음.<br>• 사용시 3D 프린터가 통풍이 잘 되는 장소에 있는지 확인해야 되며 되도록 연기를 흡입하지 않도록 노력하는 것이 좋음. | • 프린팅 적정온도(Printing Temperature): 220~260℃<br>• 첫 레이어 적정온도(First Layer Temperature): 240~250℃<br>• 베드 적정온도(Bed Layer Temperature): 100~110℃<br>• RAFT 필요여부: 필요함<br>• 성형수축률: 0.3~0.6% |
| PLA (Polylactic Acid) | • 결정성과 비결정성 두 가지가 다 만들어질 수 있으며 ABS 대비 80%의 강도를 지니며 이산화탄소 발생량이 적음.<br>• 바이오소재의 특성상 출력시 유해한 성분이 발생하지 않으며, 출력 시 달콤한 냄새가 남.<br>• ABS보다는 균열이나 휨, 수축 현상이 적고 점착성이 우수하며 기포발생이 없음. | • 프린팅 적정온도(Printing Temperature): 190~230℃<br>• 첫 레이어 적정온도(First Layer Temperature): 180~190℃<br>• 베드 적정온도(Bed Layer Temperature): 80~90℃<br>• 성형 수축률: 0.3%<br>• RAFT 필요 여부: 선택적으로 필요 |
| PVA (PolyVinyl Alcohol) | • 고분자화합물로 탄소(C), 수소(H), 산소(O)로 구성되고, 3D 프린터에서는 물에 쉽게 녹는 특성을 이용하여, 이중 압출기를 지원하는 3D 프린터에서 서포트 재료로 사용되고 조형물을 출력한 후에 일반 수돗물에 담그면 서포트 부분은 쉽게 녹여서 제거 할 수 있음. | • 프린팅 적정온도(Printing Temperature): 160~190℃<br>• 첫레이어적정온도(First Layer Temperature): 160℃ |
| PP (Polypropylene) | • 가볍고 유연성이 좋으며 투명성과 표면광택이 좋고 비중은 0.92로서 현재 있는 플라스틱 중에 가장 가볍고, 표면에 직접 인쇄가 어려우며 연소시에는 왁스 타는 냄새가 나고 용해 온도도 135～160℃로 높음. | • 성형 수축률: 0.8 ~1.5% |
| HDPE (High Density Polyethylene) | • 스티렌 부타디엔 검(styrene butadiene gum)이나 폴리부타디엔을 스티렌 단위체에 융해한 후 과산화물을 중합개시제로 첨가하여 중합한 중합체로서 검 성분이 균일하게 분산되어 있기 때문에 내충격성을 갖고, 수축 현상이 존재하기에 출력물을 너무 빨리 식히지 않는 것이 좋음. | • 프린팅 적정온도(Printing Temperature): 220~260℃<br>• 첫레이어적정온도(First Layer Temperature): 260℃<br>• RAFT 필요 여부: 필요함 |
| PC (PolyCarbonate) | • 엔지니어링 플라스틱에 속하며 강인성으로 충격강도가 크고, 내열성이 큼.<br>• 저온특성도 좋으며(135~-100℃) 빛에도 안정되어 있고 가공시의 산화가 적음.<br>• 전기특성이 뛰어나며 투명하고 치수안정성 및 내후성도 좋으며 흡수성도 작음. | • 성형 수축률: 0.5 ~0.8% |

‖ 표 7 ‖ UV 경화성 수지의 구성 성분

| 구성 성분 | 구분 | |
|---|---|---|
| | 라디칼중합 타입 | 카티온중합 타입 |
| 올리고머 | • 폴리에스테르 아크릴레이트<br>• 에폭시 아크릴레이트<br>• 우레탄 아크릴레이트<br>• 폴리에테르 아크릴레이트<br>• 실리콘 아크릴레이트 | • 지환식 에폭시수지<br>• 글리시딜에티르 에폭시수지<br>• 에폭시 아크릴레이트<br>• 비닐에테르 |
| 모노머 | • 단관능성 혹은 다관능성 모노머 | • 에폭시계 모노머<br>• 비닐에테르류<br>• 환상 에테르류 |
| 광중합개시제 | • 벤조인에테르류<br>• 아민류 | • 디아조늄염<br>• 요오드늄염<br>• 술포늄염<br>• 메탈노센화합물 |
| 첨가제 | • 충전재, 중합 금지제 등 | • 실란커플링제 |

‖ 표 8 ‖ UV 경화성 수지용 모노머의 종류 및 경화물 특성

| 모노머 종류 | 특성 |
|---|---|
| 1관능성 모노머 | 희석성, 밀착성, 유연성, 저수축성 |
| 2관능성 모노머 | 희석성, 유연성, 내굴곡성, 연화성 |
| 다관능성 모노머 | 경화성, 가교성, 내마모성, 내후성 |
| 인함유 모노머 | 수용성, 금속 밀착성 개량제 |

‖ 표 9 ‖ UV 경화성 수지용 올리고머의 종류 및 경화물 특성

| 종류 | 특성 |
|---|---|
| 에폭시아크릴레이트 | 접착성, 내열성, 내약품성 |
| 우레탄아크릴레이트 | 강인성, 유연성, 내굴곡성 |
| 불포화포릴에스테르수지 | 저가, 경화속도 느림 |
| 폴리에스테르아크릴레이트 | 경도, 내오염성 양호 |
| 포릴에테르아크릴레이트 | 유연성 양호 |
| 불포화아크릴수지 | 내후성, 내약품성 |

┃표 10┃ 3D 프린터에 사용되는 주요 금속 소재 및 용도

| Materials name | Material type | Typical applications |
|---|---|---|
| MaragingSteel MS1 | 18 Mar 300/1.2709 | Injection molding series tooling: Engineering parts |
| Stainlessteel GP1 | Stainless steel 17-4/1.4542 | Functional prototypes and series parts: Engineering and medical |
| Stainlessteel PH1 | Hardenable stainless 15-5/1.4540 | Functional prototypes and series parts: High temperature turbine parts etc. |
| NickelAlloy IN625 | Inoonel™ 625. UNS N06625. AMS 5666F. W.Nr 2.4856 etc. | Functional prototypes and series parts: High temperature turbine parts etc. |
| CobaltChrome MP1 | CoCrMo superalloy, UNS R31538, ASTM F75 etc. | Functional prototypes and series parts: Engineering medical, dental |
| CobaltChrome SP2 | CoCrMo superalloy | Dental restorations |
| Titanium Ti64 | Ti6A14V.TiA15V4 EU | Functional prototypes and series parts: Aerospace, motor sport etc. |
| Aluminium | AlSi10Mg, AlSi12 | Functional prototypes and series parts: Engineering automoive etc. |
| ETC | CL 50CU(Bronze),<br>Yellow gold(18carat),<br>Silver alloy(930sterling) | Arts and Jewelry |

표 11 ASTM F2792-12a의 7가지 기준분류표

| 명 칭 | 기술분류 | 설 명 | 재 료 | 회사(국가) |
|---|---|---|---|---|
| Binder Jetting | • 3DP(CJP)<br>• Ink-jetting<br>• S-pritner<br>• M-printer | 파우더 형태의 재료를 접착제를 분사시켜 결합하여 물체를 형성 | 금속, 폴리머, 세라믹 | • ExOne(미국)<br>• VoxelJet(독일)<br>• 3D Systems(미국) |
| Material Jetting | • PolyJet<br>• Ink-jetting<br>• Thermojet<br>• MJM(MJP) | 액상재료를 프린팅 노즐을 통해 분사시켜 자외선으로 경화하여 물체를 형성 | 폴리머, 왁스 | • Stratasys(미국)<br>• LUXeXcel(네덜란드)<br>• 3D Systems(미국) |
| Material Extrusion | • FDM(FFF) | 고체 재료를 열을 이용하여 노즐을 통해 분사시켜 물체를 형상 | 폴리머, 나무 등 | • 윌리봇 등(한국)<br>• Stratsys(미국)<br>• Delta micro<br>• Factory(중국)<br>• 3D Systems(미국) |
| Direct Energy Deposition | • Direct Metal Deposition<br>• Laser Deposition<br>• Laser Consolidation<br>• Elctron Bea Direct Melting | 레이저나 전자빔으로 재료를 직접 증착 또는 녹여 물체를 형성 | 금속(파우더), 와이어 | • 인스텍(한국)<br>• DM3D(미국)<br>• NRC -IMI(캐나다)<br>• Irepa Laser(프랑스)<br>• Trumpf(독일)<br>• Sciaky(미국) |
| Powder Bed Fusion | • DMLS(DMP)<br>• SLM<br>• EBM<br>• SLS | 파우더 재료를 베드위에 놓고 레이저나 전자빔을 조사하여 선택적으로 소결, 녹여 물체를 형성 | 금속, 폴리머, 세라믹 | • EOS(독일)<br>• Renishaw(영국)<br>• Phenix Systems (프랑스)<br>• Matsuura<br>• Machinery(일본)<br>• ARCAM(스웨덴)<br>• 3D Systems(미국) |
| (Vat) Photopolymerisation | • SLA<br>• DLP | 광, 레이저 조사로 액상 재료를 경화하여 물체를 형성 | 폴리머, 세라믹 | • 캐리마(한국)<br>• EnisionTEC(독일)<br>• DWS Srl(이탈리아)<br>• Lithoz(오스트리아)<br>• 3D Systems(미국) |
| Sheet Lamination | • Ultrasonic Consolidation<br>• LOM | 얇은 필름 형태의 재료를 칼이나 레이저로 가공하여 접착제등으로 붙여 물체를 형성 | Hydrids, Metallic, 세라믹 | • Fabrisonic(미국)<br>• CAM_LEM(미국) |

(출처: AM SIG-adapted from ASTM AM classifications-2012)

# 연습문제

## 객관식

1. 다음 설명 중에서 합성수지의 특성이 아닌 것은 어느 것인가?

① 가공성이 크고 성형이 간단하다. ② 전기 절연성이 좋다.
③ 단단하고 열에 강하다. ④ 산이나 알카리에 강하다.

2. 다음은 비금속 초경합금 공구인 세라믹에 대한 설명이다. 틀린 것은?

① 고온경도가 크고 내열성, 내마모성이 우수하여 공구가 응착되는 일이 없다.
② 세라믹 공구는 무기질의 고온소결재의 총칭으로 산화물, 탄화물 등이 있다.
③ 충격에 강해 강력 고속 가공에 유리하다.
④ $Al_2O_3$를 주성분으로 하는 산화계로 1600℃ 이상에서 소결하여 제조된다.

3. 다음 중 초경합금 공구강을 구성하는 탄화물이 아닌 것은?

① WC ② TiC ③ TaC ④ $Fe_3C$

4. 다음 합성수지 중 열가소성 수지가 아닌 것은?

① 폴리에틸렌 수지 ② 폴리스티렌 수지 ③ 폴리에스테르 수지 ④ 폴리아미드 수지

5. 합성수지의 종류 중 열가소성 수지는?

① 폴리아미드 ② 에폭시수지 ③ 유리아수지 ④ 폴리염화비닐

6. 2개 이상의 재료가 결합되어 그 구성재료의 특성이 조합되어 나타나는 재료는?

① 중합체(polymer) ② 세라믹(ceramics)
③ 복합재료(composite) ④ 반도체(semiconductor)

7. 우리나라의 KS에서는 내화벽돌에 대한 정의를 내화도 얼마이상으로 하는가?

① SK 24 ② SK 26 ③ SK 28 ④ SK 32

8. 다음 중 중성 내화물의 종류에 해당되는 것은?

① $SiO_2$ ② MgO ③ CaO ④ $Al_2O_3$

9. 다음 보온재료의 종류 중 사용온도가 300~350℃ 이하인 것은?

① 유기질 ② 광물질 ③ 탄산마그네슘 ④ 단열벽돌

10. 다음 중 경도나 강도가 커서 고속도강, 공구강의 연삭에 적당한 인조 연삭재는?

① WA ② A ③ GC ④ C

11. 다이아몬드 다음으로 경도가 크고 취성이 있지만 초경공구나 보석의 연삭에 쓰이는 것은?

① 알런덤 ② 카보런덤 ③ 탄화붕소 ④ 탄화텅스텐

12. 윤활유의 역할에 해당되지 않는 것은?

① 밀폐 밀봉작용 ② 열방출작용 ③ 마찰감소작용 ④ 청정작용

13. 절삭제의 성능향상 특히 표면활성을 위해 사용되는 첨가제는?

① 황화물 ② 인산염 ③ 사염화탄소 ④ 흑연분말

14. 흑연과 유사한 결정구조의 고체윤활제로 이용되는 6방정과 절삭공구용으로 이용되는 입방정의 2 종류가 있는 질화물계 세라믹은?

① 질화붕소(BN) ② 질화 알루미늄(AlN) ③ 질화규소($Si_3N_4$) ④ 질화 텅스텐(WN)

15. 복합재료에 사용되는 섬유(fiber)에 대한 설명 중 틀린 것은?

① 100$\mu$ 이하의 미세결정이다. ② 매우 높은 강도와 탄성률을 갖는다.
③ 전위가 거의 존재하지 않는다. ④ 소성변형이 일어나기 쉽다.

16. 비정질 재료의 성질에 해당되지 않는 것은?

① 과랭액체의 동결된 상태이다. ② 장범위 규칙성을 갖는다.
③ 비평형의 불안정한 구조이다. ④ 결정립계가 없고 균질이다.

17. 초전도 현상에 대해 올바르지 않는 설명은?

① 모든 재료는 절대영도(0K=−273℃)에 도달하면 전기저항은 완전히 없어진다.
② 절대영도보다 높은 일정온도에서 전기저항이 0이 되는 것이 초전도재료이다.
③ 저항손실이 없으므로 전류가 영원히 흐를 수 있다.
④ 코일을 만들어 강한 자계를 발생시키는 초전도자석을 이용한다.

**정답**

1. ③ 2. ③ 3. ④ 4. ③ 5. ④ 6. ③ 7. ② 8. ④ 9. ③ 10. ①
11. ③ 12. ② 13. ③ 14. ① 15. ④ 16. ② 17. ①

## 주관식

1. 내화물의 화학성분에 따라 3가지로 분류하고, 그 종류와 주성분을 적으시오.

2. 중성 내화벽돌의 종류별 특성과 용도를 쓰시오.

3. 인조 연삭재와 인조 연마제를 구별하고, 그 종류를 들고 설명하시오.

4. 윤활유의 5가지 작용과 중요한 종류를 드시오.

5. 절삭유의 목적과 종류를 드시오.

6. 합성수지를 가소성과 온도에 따라 2가지로 구분하여 상세히 설명하시오.

7. 세라믹을 성분별로 분류하고, 그 대표적인 종류를 들고 설명하시오.

8. 분산재의 형태에 따라 복합재료를 분류하고 간단히 설명하시오.

9. 섬유강화 플라스틱의 종류를 들어보시오.

10. 복합재료의 강도를 추측하는 복합칙을 설명하시오.

11. 형상기억합금이란 어떤 현상인가? 현재 개발되어 있는 종류합금을 들어보시오.

12. 초전도합금의 이점을 들어보시오.

13. 초소성재료의 현상에 따른 종류를 들고 설명하시오.

14. 비정질합금은 통상의 금속과 다른 점은 무엇인가? 또 그 특성을 설명하시오.

일반기계기사 및 기계설계기사

# 기출문제

## 2014년 3/2 시행 일반기계기사 기계재료

61. 게이지강이 갖추어야 할 조건으로 틀린 것은?

① 내마모성이 크고, $H_RC55$ 이상의 경도를 가질 것
② 담금질에 의한 변형 및 균열이 적을 것
③ 오랜 시간 경과하여도 치수의 변화가 적을 것
④ 열팽창계수는 구리와 유사하며 취성이 좋을 것

62. 미하나이트 주철(Meehanite cast iron)의 바탕조직은?

① 오스테나이트 ② 펄라이트
③ 시멘타이트 ④ 페라이트

63. 내열성과 인성이 좋고 강한 충격이 가해지는 곳에 적합한 스프링강재는?

① 고탄소 ② 망간-크롬
③ 규소-크롬 ④ 크롬-바나듐

64. 마그네슘(Mg)을 설명한 것 중 틀린 것은?

① 마그네슘(Mg)의 비중은 알루미늄의 약 2/3 정도이다.
② 구상흑연주철의 첨가제로도 사용한다.
③ 용융점은 약 930℃로 산화가 잘 된다.
④ 전기전도도는 알루미늄보다 낮으나 절삭성은 좋다.

65. 다음 중 일반적으로 담금질에서 요구되지 않는 것은?

① 담금질 경도가 높을 것
② 경화 깊이가 깊을 것
③ 담금질 균열의 발생이 없을 것
④ 담금질 연화가 잘 될 것

66. 담금질에 의한 변형에 관한 설명 중 틀린 것은?

① 열응력으로 생김 ② 경화 상태의 불균일로 생김
③ 탄소함유량 변화 ④ 변태 응력으로 생김

67. 다음 중 가단주철을 설명한 것으로 가장 적합한 것은?

① 기계적 특성과 내식성, 내열성을 향상시키기 위해 Mn, Si, Ni, Cr, Mo, V, Al, Cu 등의 합금원소를 첨가한 것이다.
② 탄소량 2.5% 이상의 주철을 주형에 주입한 그 상태로 흑연을 구상화한 것이다.
③ 표면을 칠(chill)상에서 경화시키고 내부조직은 펄라이트와 흑연인 회주철로 해서 전체적으로 인성을 확보한 것이다.
④ 백주철을 고온도로 장시간 풀림해서 시멘타이트를 분해 또는 감소시키고 인성이나 연성을 증가시킨 것이다.

68. 순철에서 온도 변화에 따라 원자배열의 변화가 일어나는 것은?

① 소성변형 ② 동소변태
③ 자기변태 ④ 항온변태

69. 다음 중 Mn 26.3%, Al 13% 나머지가 구리인 합금으로 강자성체인 것은?

① 스테인리스강 ② 고망간강
③ 포금 ④ 호이슬러 합금

70. 다음 중 플라스틱 재료 중에서 내충격성이 가장 좋은 것은?

① 폴리스틸렌 ② 폴리카보네이트
③ 폴리에틸렌 ④ 폴리프로필렌

**정답** 61. ④ 62. ② 63. ④ 64. ③ 65. ④ 66. ③ 67. ④ 68. ② 69. ④ 70. ②

## 2014년 5/25 시행 일반기계기사 기계재료

61. 피아노선의 조직으로 가장 적당한 것은?

① austenite ② ferrite
③ sorbite ④ martensite

62. 산화알루미나($Al_2O_3$)등을 주성분으로 하여 철과 친화력이 없고, 열을 흡수하지 않으므로 공구를 과열시키지 않아 고속 정밀가공에 적합한 공구의 재질은?

① 세라믹 ② 인코넬
③ 고속도강 ④ 탄소공구강

63. 다음 중 불변강의 종류가 아닌 것은?

① 인바 ② 코엘린바
③ 쾌스테르바 ④ 엘린바

64. 편석의 균일화 및 황화물의 편석을 제거하는 열처리 방법으로 가장 적합한 것은?

① 노멀라이징 ② 변태점 이하 풀림
③ 재결정 풀림 ④ 확산풀림

65. Mo 금속은 어떤 결정격자로 되어 있는가?

① 면심입방격자 ② 체심입방격자
③ 조밀육방격자 ④ 정방격자

66. Fe-C 상태도에서 공석강의 탄소함유량은 약 얼마인가?

① 0.5% ② 0.8%
③ 1.0% ④ 1.5%

67. 재료의 표면을 경화시키기 위해 침탄을 하고자 한다. 침탄효과가 가장 좋은 재료는?

① 구상흑연 주철 ② Ferrite형 스테인리스강
③ 피아노선 ④ 고탄소강

68. 특수강에 첨가되는 특수원소의 효과가 아닌 것은?

① Ms, Mf점을 상승시킨다. ② 질량효과를 적게 한다.
③ 담금질성을 좋게 한다. ④ 상부 임계 냉각속도를 저하시킨다.

69. 다음 중 Ni-Fe계 합금인 인바(invar)를 바르게 설명한 것은?

① Ni 35～36%, C 0.1～0.3%, Mn 0.4%와 Fe의 합금으로 내식성이 우수하고, 상온부근에서 열팽창계수가 매우 작아 길이측정용 표준자, 시계의 추, 바이메탈 등에 사용된다.

② Ni 50%, Fe 50% 합금으로 초투자율, 포화 자기, 전기 저항이 크므로 저출력 변성기, 저주파 변성기 등의 자심으로 널리 사용된다.

③ Ni에 Cr 13～21%, Fe 6.5%를 함유한 강으로 내식성, 내열성 우수하여 다이얼게이지, 유량계 등에 사용된다.

④ Ni 40～45%, Mo 1.4～2.0%에 나머지 Fe의 합금으로 내식성이 우수하여 조선에 사용되는 부품의 재료로 이용된다.

70. 다음 합금 중 다이캐스팅용 아연합금은?

① Zamak　② Y 합금
③ RR 50　④ Lo-Ex

**정답** 61. ③ 62. ① 63. ③ 64. ④ 65. ② 66. ② 67. ② 68. ① 69. ① 70. ①

## 2014년 9/20 시행 일반기계기사 기계재료

61. 강에서 열처리 조직으로 경도가 가장 큰 것은?

① 펄라이트 ② 페라이트
③ 마텐자이트 ④ 오스테나이트

62. 자기변태의 설명으로 옳은 것은?

① 상은 변하지 않고 자기적 성질만 변한다.
② 자기변태점에서는 열을 흡수하거나 방출한다.
③ 자기변태점에서는 자유도가 0이므로 온도가 정체된다.
④ 원자내부의 변화로 자기적 성질이 비연속적으로 변화한다.

63. 질화법과 침탄법을 비교 설명한 것으로 틀린 것은?

① 침탄법보다 질화법이 경도가 높다.
② 침탄법은 침탄 후에도 수정이 가능하지만, 질화법은 질화 후의 수정은 불가능하다.
③ 침탄법은 침탄 후에는 열처리가 필요없고, 질화법은 질화 후에는 열처리가 필요하다.
④ 침탄법은 경화에 의한 변형이 생기지만, 질화법은 경화에 의한 변형이 적다.

64. 델타 메탈이라고도 하며 강도가 크고 내식성이 좋아 광산 기계, 선박용 기계, 화학 기계 등에 사용되는 것은?

① 철 황동 ② 규소 황동
③ 네이벌 황동 ④ 애드미럴티 황동

65. 탄소강에 미치는 인(P)의 영향으로 옳은 것은?

① 인성과 내식성을 주는 효과는 있으나 청열취성을 준다.
② 강도와 경도는 감소시키고, 고온취성이 있어 가공이 곤란하다.
③ 경화능이 감소하는 것 이외에는 기계적 성질에 해로운 원소이다.
④ 강도와 경도를 증가시키고 연신율을 감소시키며 상온취성을 일으킨다.

66. 주조성, 가공성, 내마멸성 및 강도가 우수하고 인성, 연성, 가공성 및 경화능 등이 강의 성질과 비슷하며 자동차용 주물로 가장 적합한 주철은?

① 내열주철 ② 보통주철
③ 칠드주철 ④ 구상흑연주철

67. 고속도공구강에서 요구되는 일반적 성질과 관련이 없는 것은?

① 전연성
② 고온경도
③ 내마모성
④ 내충격성

68. 지름 15mm의 연강 봉에 5000kgf의 인장하중이 작용할 때 생기는 응력 약 몇 $kgf/mm^2$인가?

① 10
② 18
③ 24
④ 28

69. 일반적인 주철의 장점이 아닌 것은?

① 주조성이 우수하다.
② 고온에서 쉽게 소성변형되지 않는다.
③ 가격이 강에 비해 저렴하여 널리 이용된다.
④ 복잡한 형상으로도 쉽게 주조된다.

70. 톱날이나 줄의 재료로 가장 적합한 합금은?

① 황동
② 고탄소강
③ 알루미늄
④ 보통주철

**정답** 61. ③ 62. ① 63. ③ 64. ① 65. ④ 66. ④ 67. ① 68. ④ 69. ② 70. ②

## 2015년 3/8 시행 일반기계기사 기계재료

61. Fe-C 상태도에서 온도가 가장 낮은 것은?

① 공석점
② 포정점
③ 공정점
④ 순철의 자기변태점

62. 금형재료로서 경도와 내마모성이 우수하고 대량 생산에 적합한 소결합금은?

① 주철
② 초경합금
③ Y합금강
④ 탄소공구강

63. 특수강에서 합금원소의 영향에 대한 설명으로 옳은 것은?

① Ni은 결정입자의 조절
② Si는 인성 증가, 저온 충격 저항 증가
③ V, Ti는 전자기적 특성, 내열성 우수
④ Mn, W은 고온에 있어서의 경도와 인장강도 증가

64. 탄소강에 함유된 인(P)의 영향을 바르게 설명한 것은?

① 강도와 경도를 감소시킨다.
② 결정립을 미세화시킨다.
③ 연신율을 증가시킨다.
④ 상온 취성의 원인이 된다.

65. 심냉(sub-zero) 처리의 목적의 설명으로 옳은 것은?

① 자경강에 인성을 부여하기 위함
② 급열 · 급냉시 온도 이력현상을 관찰하기 위함
③ 항온 담금질하여 베이나이트 조직을 얻기 위함
④ 담금질 후 시효변형을 방지하기 위해 잔류 오스테나이트를 마텐자이트 조직으로 얻기 위함

66. 일정 중량의 추를 일정 높이에서 떨어뜨려 그 반발하는 높이로 경도를 나타내는 방법은?

① 브리넬 경도시험
② 로크웰 경도시험
③ 비커즈 경도시험
④ 쇼어 경도시험

67. 합금과 특성의 관계가 옳은 것은?

① 규소강 : 초내열성
② 스텔라이트(stellite) : 자성
③ 모넬금속(monel metal) : 내식용
④ 엘린바(Fe-Ni-Cr) : 내화학성

68. 표준형 고속도 공구강의 주성분으로 옳은 것은?

① 18% W, 4% Cr, 1% V, 0.8~0.9% C
② 18% C, 4% Mo, 1% V, 0.8~0.9% Cu
③ 18% W, 4% V, 1% Ni, 0.8~0.9% C
④ 18% C, 4% Mo, 1% Cr, 0.8~0.9% Mg

69. 다음 중 ESD(Extra Super Duralumin) 합금계는?

① Al-Cu-Zn-Ni-Mg-Co ② Al-Cu-Zn-Ti-Mn-Co
③ Al-Cu-Sn-Si-Mn-Cr ④ Al-Cu-Zn-Mg-Mn-Cr

70. 조선 압연판으로 쓰이는 것으로 편석과 불순물이 적은 균질의 강은?

① 림드강 ② 킬드강
③ 캡프드강 ④ 세미킬트강

**정답** 61. ① 62. ② 63. ④ 64. ④ 65. ④ 66. ④ 67. ③ 68. ① 69. ④ 70. ②

## 2015년 5/31 시행 일반기계기사 기계재료

61. 탄소강에 함유되어 있는 원소 중 많이 함유되면 적열 취성의 원인이 되는 것은?

① 인 ② 규소
③ 구리 ④ 황

62. 충격에는 약하나 압축강도는 크므로 공작기계의 베드, 프레임, 기계 구조물 몸체 등에 가장 적합한 재질은?

① 합금공구강 ② 탄소강
③ 고속도강 ④ 주철

63. 철강재료의 열처리에서 많이 이용되는 S곡선이란 어떤 것을 의미하는가?

① T.T.L 곡선 ② S.C.C 곡선
③ T.T.T 곡선 ④ S.T.S 곡선

64. 백주철을 열처리로에서 가열한 후 탈탄시켜, 인성을 증가시킨 주철은?

① 가단주철 ② 회주철
③ 보통주철 ④ 구상흑연주철

65. 특수강인 Elinvar의 성질은 어느 것인가?

① 열팽창계수가 크다.
② 온도에 따른 탄성률의 변화가 적다.
③ 소결합금이다.
④ 전기전도도가 아주 좋다.

66. 탄소강을 경화 열처리 할 때 균열을 일으키지 않게 하는 가장 안전한 방법은?

① $M_s$점까지는 급냉하고 $M_s$, $M_f$사이는 서냉한다.
② $M_f$점 이하까지 급냉한 후 저온도로 뜨임한다.
③ $M_s$점까지 서냉하여 내외부가 동일온도가 된 후 급냉한다.
④ $M_s$, $M_f$사이의 온도까지 서냉한 후 급냉한다.

67. 배빗메탈 이라고도 하는 베어링용 합금인 화이트 메탈의 주요성분으로 옳은 것은?

① Pb-W-Sn ② Fe-Sn-Cu
③ Sn-Sb-Cu ④ Zn-Sn-Cr

68. 고속도강의 특징을 설명한 것 중 틀린 것은?

① 열처리에 의하여 경화하는 성질이 있다.
② 내마모성이 크다.
③ 마텐자이트(martensite)가 안정되어, 600℃까지는 고속으로 절삭이 가능하다.
④ 원심 펌프보다 고속 회전할 수 있다.

69. 오일리스 베어링과 관계가 없는 것은?

① 구리와 납의 합금이다.
② 기름보급이 곤란한 곳에 적당하다.
③ 너무 큰 하중이나 고속회전부에는 부적당하다.
④ 구리, 주석, 흑연의 분말을 혼합 성형한 것이다.

70. 쾌삭강(Free cutting steel)에 절삭속도를 크게 하기 위하여 첨가하는 주된 원소는?

① Ni
② Mn
③ W
④ S

**정답** 61. ④ 62. ④ 63. ③ 64. ① 65. ② 66. ① 67. ③ 68. ④ 69. ① 70. ④

## 2015년 9/19 시행 일반기계기사 기계재료

61. 탄소강의 기계적 성질에 대한 설명으로 틀린 것은?

① 아공석강의 인장강도, 항복점은 탄소함유량의 증가에 따라 증가한다.

② 인장강도는 공석강이 최고이고, 연신율 및 단면수축률은 탄소량과 더불어 감소한다.

③ 온도가 증가함에 따라 인장강도, 경도, 항복점은 항상 저하한다.

④ 재료의 온도가 300℃ 부근으로 되면 충격치는 최소치를 나타낸다.

62. 구상흑연 주철에서 흑연을 구상으로 만드는 데 사용하는 원소는?

① Cu ② Mg

③ Ni ④ Ti

63. 다음 중 강의 상온 취성을 일으키는 원소는?

① P ② Si

③ S ④ Cu

64. 담금질한 강의 여린 성질을 개선하는 데 쓰이는 열처리법은?

① 뜨임처리 ② 불림처리

③ 풀림처리 ④ 침탄처리

65. 고속도강에 대한 설명으로 틀린 것은?

① 고온 및 마모저항이 크고 보통강에 비하여 고온에서 3~4배의 강도를 갖는다.

② 600℃ 이상에서도 경도 저하 없이 고속절삭이 가능하며 고온경도가 크다.

③ 18-4-1형을 주조한 것은 오스테나이트와 마텐자이트 기지에 망상을 한 오스테나이트와 복합탄화물의 혼합조직이다.

④ 열전달이 좋아 담금질을 위한 예열이 필요없이 가열을 하여도 좋다.

66. 다음 중 가공성이 가장 우수한 결정격자는?

① 면심입방격자 ② 체심입방격자

③ 정방격자 ④ 조밀육방격자

**67. 고강도 합금으로 항공기용 재료에 사용되는 것은?**

① 베릴륨 동
② 알루미늄 청동
③ Naval brass
④ Extra Duralumin(ESD)

**68. 고체 내에서 온도변화에 따라 일어나는 동소변태는?**

① 첨가원소가 일정량 초과할 때 일어나는 변태
② 단일한 고상에서 2개의 고상이 석출되는 변태
③ 단일한 액상에서 2개의 고상이 석출되는 변태
④ 한 결정구조가 다른 결정구조로 변하는 변태

**69. 오스테나이트형 스테인리스강의 대표적인 강종은?**

① S80
② V2B
③ 18-8형
④ 17-10P

**70. 합금주철에서 특수합금 원소의 영향을 설명한 것으로 틀린 것은?**

① Ni은 흑연화를 방지한다.
② Ti은 강한 탈산제이다.
③ V은 강한 흑연화 방지 원소이다.
④ Cr은 흑연화를 방지하고 탄화물을 안정화한다.

**정답** 61. ③ 62. ② 63. ① 64. ① 65. ④ 66. ① 67. ④ 68. ④ 69. ③ 70. ①

## 2016년 3/6 시행 일반기계기사 기계재료

61. 가공 열처리 방법에 해당되는 것은?

① 마퀜칭(marquenching) ② 오스포밍(ausforming)
③ 마템퍼링(martempering) ④ 오스템퍼링(austempering)

62. 니켈-크롬 합금강에서 뜨임 메짐을 방지하는 원소는?

① Cu ② Mo
③ Ti ④ Zr

63. 재료의 연성을 알기 위해 구리판, 알루미늄판 및 그 밖의 연성판재를 가압 형성하여 변형능력을 시험하는 것은?

① 굽힘 시험 ② 압축 시험
③ 비틀림 시험 ④ 에릭센 시험

64. Y 합금의 주성분으로 옳은 것은?

① Al + Cu + Ni + Mg ② Al + Cu + Mn + Mg
③ Al + Cu + Sn + Zn ④ Al + Cu + Si + Mg

65. 다음 중 비중이 가장 작아 항공기 부품이나 전자 및 전기용 제품의 케이스 용도로 사용되고 있는 합금재료는?

① Ni 합금 ② Cu 합금
③ Pb 합금 ④ Mg 합금

66. 그림은 3성분계를 표시하는 다이어그램이다. X합금에 속하는 B의 성분은?

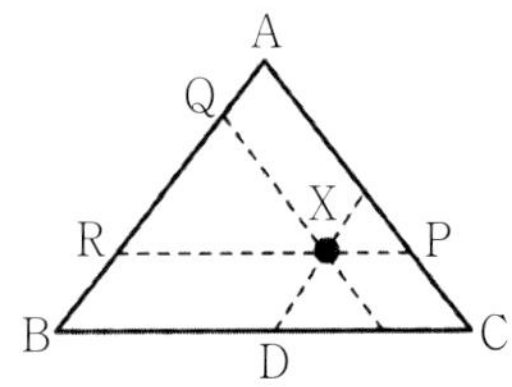


① $\overline{XD}$이다.
② $\overline{XR}$이다.
③ $\overline{XQ}$이다.
④ $\overline{XP}$이다.

67. 주철에 대한 설명으로 틀린 것은?

① 흑연이 많을 경우에는 그 파단면이 회색을 띈다.
② C와 P의 양이 적고 냉각이 빠를수록 흑연화하기 쉽다.
③ 주철 중에 전 탄소량은 유리탄소와 화합탄소를 합한 것이다.
④ C와 Si의 함량에 따른 주철의 조직관계를 마우러 조직도라 한다.

68. 금속재료에서 단위격자 소속 원자수가 2이고, 충전율인 68%인 결정구조는?

① 단순입방격자
② 면심입방격자
③ 체심입방격자
④ 조밀육방격자

69. 순철의 변태점이 아닌 것은?

① $A_1$
② $A_2$
③ $A_3$
④ $A_4$

70. 오스테나이트형 스테인리스강의 예민화(sensitize)를 방지하기 위하여 Ti, Nb 등의 원소를 함유시키는 이유는?

① 입계부식을 촉진한다.
② 강중의 질소(N)와 질화물을 만들어 안정화시킨다.
③ 탄화물을 형성하여 크롬 탄화물의 생성을 억제한다.
④ 강중의 산소(O)와 산화물을 형성하여 예민화를 방지한다.

**정답** 61. ② 62. ② 63. ④ 64. ① 65. ④ 66. ④ 67. ② 68. ③ 69. ① 70. ③

## 2016년 5/8 시행 일반기계기사 기계재료

61. 강의 5대 원소만을 나열한 것은?

① Fe, C, Ni, Si, Au
② Ag, C, Si, Co, P
③ C, Si, Mn, P, S
④ Ni, C, Si, Cu, S

62. C와 Si의 함량에 따른 주철의 조직을 나타낸 조직 분포도는?

① Gueiner, Klingenstein 조직도
② 마우러(Maurer) 조직도
③ Fe-C 복평형 상태도
④ Guilet 조직도

63. 고 망간강에 관한 설명으로 틀린 것은?

① 오스테나이트 조직을 갖는다.
② 광석 · 암석의 파쇄기의 부품 등에 사용된다.
③ 열처리에 수인법(water toughening)이 이용된다.
④ 열전도성이 좋고 팽창계수가 작아 열변형을 일으키지 않는다.

64. 고속도공구강(SKH2)의 표준조성에 해당되지 않는 것은?

① W
② V
③ Al
④ Cr

65. 강의 열처리 방법 중 표면경화법에 해당하는 것은?

① 마퀜칭
② 오스포밍
③ 침탄질화법
④ 오스템퍼링

66. 대표적인 주조경질 합금으로 코발트를 주성분으로 한 Co-Cr-W-C계 합금은?

① 라우탈(lautal)
② 실루민(silumin)
③ 세라믹(ceramic)
④ 스텔라이트(stellite)

67. 두랄루민의 합금조성으로 옳은 것은?

① Al-Cu-Zn-Pb
② Al-Cu-Mg-Mn
③ Al-Zn-Si-Sn
④ Al-Zl-Ni-Mn

68. 서브제로(sub-zero)에 관한 설명으로 틀린 것은?

① 마모성 및 피로싱이 항상된다.
② 잔류오스테나이트를 마텐자이트화 한다.
③ 담금질을 한 강의 조직이 안정화된다.
④ 시효변화가 적으며 부품의 치수 및 형상이 안정된다.

69. 다음 중 비중이 가장 큰 금속은?

① Fe ② Al
③ Pb ④ Cu

70. 과공석강의 탄소함유량(%)으로 옳은 것은?

① 약 0.01~0.02% ② 약 0.02~0.80%
③ 약 0.80~2.0% ④ 약 2.0~4.3%

정답 61. ③ 62. ② 63. ④ 64. ③ 65. ③ 66. ④ 67. ② 68. ① 69. ③ 70. ③

## 2016년 10/1 시행 일반기계기사 기계재료

61. 탄소를 제품에 침투시키기 위해 목탄을 부품과 함께 침탄상자 속에 넣고 900~950℃의 온도범위로 가열로 속에서 가열 유지시키는 처리법은?

① 질화법 ② 가스 침탄법
③ 시멘테이션에 의한 경화법 ④ 고주차 유도 가열 경화법

62. 베이나이트(bainite)조직을 얻기 위한 항온열처리 조작으로 가장 적합한 것은?

① 마퀜칭 ② 소성가공
③ 노멀라이징 ④ 오스템퍼링

63. 면심입방격자(FCC) 금속의 원자수는?

① 2 ② 4
③ 6 ④ 8

64. 철과 아연을 접촉시켜 가열하면 양자의 친화력에 의하여 원자 간의 상호 확산이 일어나서 합금화하므로 내식성이 좋은 표면을 얻는 방법은?

① 칼로라이징 ② 크로마이징
③ 세러다이징 ④ 보로나이징

65. 담금질 조직 중 가장 경도가 높은 것은?

① 펄라이트 ② 마텐자이트
③ 소르바이트 ④ 트루스타이트

66. 다음 중 금속의 변태점 측정방법이 아닌 것은?

① 열분석법 ② 자기분석법
③ 전기저항법 ④ 정점분석법

67. Al에 10~13%Si를 함유한 합금은?

① 실루민 ② 라우탈
③ 두랄루민 ④ 하이드로날륨

68. 다음 중 Ni-Fe계 합금이 아닌 것은?

① 인바 ② 톰백
③ 엘린바 ④ 플래티나이트

69. 탄소강에서 인(P)으로 인하여 발생하는 취성은?

① 고온 취성 ② 불림 취성
③ 상온 취성 ④ 뜨임 취성

70. 구리합금 중에서 가장 높은 경도와 강도를 가지며, 피로한도가 우수하여 고급스프링 등에 쓰이는 것은?

① Cu-Be 합금 ② Cu-Cd 합금
③ Cu-Si 합금 ④ Cu-Ag 합금

**정답** 61. ② 62. ④ 63. ② 64. ③ 65. ② 66. ④ 67. ① 68. ② 69. ③ 70. ①

## 2017년 3/5 시행 일반기계기사 기계재료

61. 마그네슘(Mg)의 특징을 설명한 것 중 틀린 것은?

① 감쇠능이 주철보다 크다.
② 소성가공성이 높아 상온변형이 쉽다.
③ 마그네슘(Mg)의 비중은 약 1.74이다.
④ 비강도가 커서 휴대용 기기 등에 사용된다.

62. Al-Cu-Si계의 합금의 명칭은?

① 실루민 ② 라우탈
③ Y합금 ④ 두랄루민

63. 플라스틱을 결정성 플라스틱과 비결정성 플라스틱으로 나눌 때, 결정성 플라스틱의 특성에 대한 설명 중 틀린 것은?

① 수지가 불투명하다.
② 배향(Orientation)의 특성이 작다.
③ 굽힘, 휨, 뒤틀림 등의 변형이 크다.
④ 수지 용융시 많은 열량이 필요하다.

64. 같은 조건하에서 금속의 냉각 속도가 빠르면 조직은 어떻게 변화하는가?

① 결정 입자가 미세해진다.
② 금속의 조직이 조대해진다.
③ 소수의 핵이 성장해서 응고된다.
④ 냉각 속도와 금속의 조직과는 관계가 없다.

65. 자기변태의 설명으로 옳은 것은?

① 상은 변하지 않고 자기적 성질만 변한다.
② Fe-C 상태도에서 자기변태점은 $A_3$, $A_4$이다.
③ 한 원소로 이루어진 물질에서 결정 구조가 바뀌는 것이다.
④ 원자 내부의 변화로 자기적 성질이 비연속적으로 변화한다.

66. 탄소강이 950℃ 전후의 고온에서 적열메짐(red brittleness)을 일으키는 원인이 되는 것은?

① Si ② P
③ Cu ④ S

67. 다음 중 비파괴 시험방법이 아닌 것은?

① 충격 시험법　② 자기 탐상 시험법
③ 방사선 비파괴 시험법　④ 초음파 탐상 시험법

68. 공정주철(eutectic cast iron)의 탄소 함량은 약 몇 %인가?

① 4.3%　② 0.80~2.0%
③ 0.025~0.80%　④ 0.025%이하

69. $A_1$ 변태점 이하에서 인성을 부여하기 위하여 실시하는 가장 적합한 열처리는?

① 뜨임　② 풀림
③ 담금질　④ 노멀라이징

70. 고속도강(SKH51)을 퀜칭, 템퍼링하여 $H_RC$ 64 이상으로 하려면 퀜칭 온도(quenching temperature)는 약 몇℃인가?

① 720℃　② 910℃
③ 1220℃　④ 1580℃

**정답** 61. ② 62. ② 63. ② 64. ① 65. ① 66. ④ 67. ① 68. ① 69. ① 70. ③

## 2017년 5/7 시행 일반기계기사 기계재료

61. 경도가 매우 큰 담금질한 강에 적당한 강인성을 부여할 목적으로 $A_1$ 변태점 이하의 일정온도로 가열 조작하는 열처리법은?

① 퀜칭(quenching) ② 템퍼링(tempering)
③ 노멀라이징(normalizing) ④ 마퀜칭(marquenching)

62. 피아노선재의 조직으로 가장 적당한 것은?

① 페라이트(ferrite) ② 소르바이트(sorbite)
③ 오스테나이트(austenite) ④ 마텐자이트(martensite)

63. 마텐자이트(martensite) 변태의 특징에 대한 설명으로 틀린 것은?

① 마텐자이트는 고용체의 단일상이다.
② 마텐자이트 변태는 확산 변태이다.
③ 마텐자이트 변태는 협동적 원자운동에 의한 변태이다.
④ 마텐자이트의 결정 내에는 격자결함이 존재한다.

64. 순철($\alpha$-Fe)의 자기변태 온도는 약 몇 ℃인가?

① 210℃ ② 768℃
③ 910℃ ④ 1410℃

65. 황동 가공재 특히 관 · 봉 등에서 잔류응력에 기인하여 균열이 발생하는 현상은?

① 자연균열 ② 시효경화
③ 탈아연부식 ④ 저온풀림경화

66. 빗금으로 표시한 입방격자면의 밀러지수는?

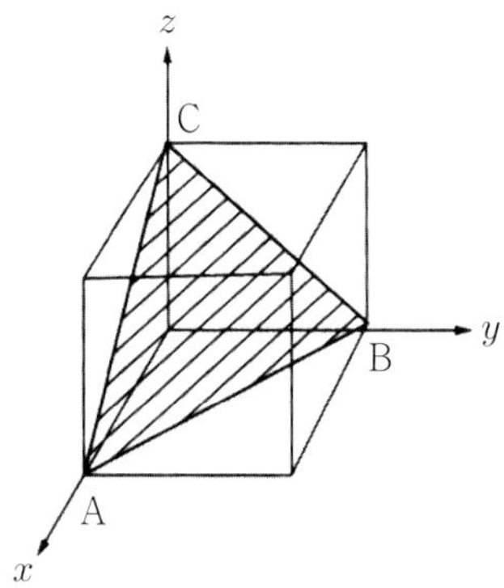


① (100) ② (010)
③ (110) ④ (111)

67. Fe-C 평형상태도에서 나타나는 철강의 기본조직이 아닌 것은?

① 페라이트 ② 펄라이트
③ 시멘타이트 ④ 마텐자이트

68. 6 : 4 황동에 Pb을 약 1.5~3.0%를 첨가한 합금으로 정밀가공을 필요로 하는 부품 등에 사용되는 합금은?

① 쾌삭황동 ② 강력황동
③ 델타메탈 ④ 애드미럴티 황동

69. 고속도 공구강재를 나타내는 한국산업표준기호로 옳은 것은?

① SM20C ② STC
③ STD ④ SKH

70. 스테인리스강을 조직에 따라 분류한 것 중 틀린 것은?

① 페라이트계 ② 마텐자이트계
③ 시멘타이트계 ④ 오스테나이트계

**정답** 61. ② 62. ② 63. ② 64. ② 65. ① 66. ④ 67. ④ 68. ① 69. ④ 70. ③

## 2017년 9/23 시행 일반기계기사 기계재료

61. 전기 전도율이 높은 것에서 낮은 순으로 나열된 것은?

① Al > Au > Cu > Ag
② Au > Cu > Ag > Al
③ Cu > Au > Al > Ag
④ Ag > Cu > Au > Al

62. 철강을 부식시키기 위한 부식제로 옳은 것은?

① 왕수
② 질산 용액
③ 나이탈 용액
④ 염화제2철 용액

63. $\alpha$-Fe과 $Fe_3C$ 의 층상조직은?

① 펄라이트
② 시멘타이트
③ 오스테나이트
④ 레데뷰라이트

64. 구상 흑연주철의 구상화 첨가제로 주로 사용되는 것은?

① Mg, Ca
② Ni, Co
③ Cr, Pb
④ Mn, Mo

65. 심냉처리를 하는 주요 목적으로 옳은 것은?

① 오스테나이트 조직을 유지시키기 위해
② 시멘타이트 변태를 촉진시키기 위해
③ 베이나이트 변태를 촉진시키기 위해
④ 마텐자이트 변태를 완전히 진행시키기 위해

66. 베빗메탈이라고도 하는 베어링용 합금인 화이트 메탈의 주요성분으로 옳은 것은?

① Pb-W-Sn
② Fe-Sn-Al
③ Sn-Sb-Cu
④ Zn-Sn-Cr

67. 게이지용강이 갖추어야 할 조건으로 틀린 것은?

① $H_RC55$ 이상의 경도를 가져야 한다.
② 담금질에 의한 변형 및 균열이 적어야 한다.
③ 오랜 시간 경과하여도 치수의 변화가 적어야 한다.
④ 열팽창계수는 구리와 유사하며 취성이 적어야 한다.

68. 마템퍼링(martempering)에 대한 설명으로 옳은 것은?

① 조직은 완전한 펄라이트가 된다.
② 조직은 베이나이트와 마텐자이트가 된다.
③ $M_s$점 직상의 온도까지 급냉한 후 그 온도에서 변태를 완료시키는 것이다.
④ $M_f$점 이하의 온도까지 급냉한 후 그 온도에서 변태를 완료시키는 것이다.

69. Ni-Fe 합금으로 불변강이라 불리우는 것이 아닌 것은?

① 인바 ② 엘린바
③ 콘스탄탄 ④ 플래티나이트

70. 열경화성 수지에 해당하는 것은?

① ABS 수지 ② 폴리스티렌
③ 폴리에틸렌 ④ 에폭시 수지

**정답** 61. ④ 62. ③ 63. ① 64. ① 65. ④ 66. ③ 67. ④ 68. ② 69. ③ 70. ④

## 2018년 3/4 시행 일반기계기사 기계재료

61. 플라스틱 재료의 일반적인 특징을 설명한 것 중 틀린 것은?

① 완충성이 크다. ② 성형성이 우수하다.
③ 자기 윤활성이 풍부하다. ④ 내식성은 낮으나, 내구성이 높다.

62. 주조용 알루미늄 합금의 질별 기호 중 T6가 의미하는 것은?

① 어닐링 한 것
② 제조한 그대로의 것
③ 용체화 처리 후 인공시효 경화 처리한 것
④ 고온 가공에서 냉각 후 자연 시효 시킨 것

63. 주철에 대한 설명으로 옳은 것은?

① 주철은 액상일 때 유동성이 좋다.
② 주철은 C 와 Si 등이 많을수록 비중이 커진다.
③ 주철은 C 와 Si 등이 많을수록 용융점이 높아진다.
④ 흑연이 많을 경우 그 파단면은 백색을 띠며 백주철이라 한다.

64. 특수강을 제조하는 목적이 아닌 것은?

① 절삭성 개선 ② 고온강도 저하
③ 담금질성 향상 ④ 내마멸성, 내식성 개선

65. 확산에 의한 경화 방법이 아닌 것은?

① 고체 침탄법 ② 가스 질화법
③ 쇼트 피이닝 ④ 침탄 질화법

66. 죠미니 시험(Jominy test)은 무엇을 알기 위한 시험 방법인가?

① 부식성 ② 마모성
③ 충격인성 ④ 담금질성

67. 시계태엽, 정밀계측기, 다이얼 게이지 등을 만드는 재료로 가장 적합한 것은?

① 인청동 ② 엘린바
③ 미하나이트 ④ 애드미럴티

68. 금속재료에 외력을 가했을 때 미끄럼이 일어나는 과정에서 생긴 국부적인 격자 배열의 선결함은?

① 전위 ② 공공
③ 적층결함 ④ 결정립 경계

69. 배빗메탈(babbit metal)에 관한 설명으로 옳은 것은?

① Sn-Sb-Cu계 합금으로서 베어링재료로 사용된다.
② Cu-Ni-Si계 합금으로서 도전율이 좋으므로 강력 도전 재료로 이용된다.
③ Zn-Cu-Ti계 합금으로서 강도가 현저히 개선된 경화형 합금이다.
④ Al-Cu-Mg계 합금으로서 상온시효처리하여 기계적 성질을 개선시킨 합금이다.

70. Fe-C 평형 상태도에서 나타날 수 있는 반응이 아닌 것은?

① 포정 반응 ② 공정 반응
③ 공석 반응 ④ 편정 반응

**정답** 61. ④ 62. ③ 63. ① 64. ① 65. ③ 66. ④ 67. ② 68. ① 69. ① 70. ④

## 2018년 4/28 시행 일반기계기사 기계재료

61. 다음은 일반적으로 수지에 나타나는 배향 특성에 대한 설명으로 틀린 것은?

① 금형온도가 높을수록 배향은 커진다.
② 수지의 온도가 높을수록 배향이 작아진다.
③ 사출 시간이 증가할수록 배향이 증대된다.
④ 성형품의 살두께가 얇아질수록 배향이 커진다.

62. 표점거리가 100mm, 시험편의 평행부 지름이 14mm인 시험편을 최대하중 6400kg$_f$로 인장한 후 표점거리가 120mm로 변화 되었을 대 인장강도는 약 몇 kg$_f$/mm$^2$인가?

① 10.4　　② 32.7
③ 41.6　　④ 61.4

63. 금속침투법 중 Zn을 강 표면에 침투 확산시키는 표면처리법은?

① 크로마이징　　② 세라다이징
③ 칼로라이징　　④ 보로나이징

64. 다음 그림과 같은 상태도의 명칭은?

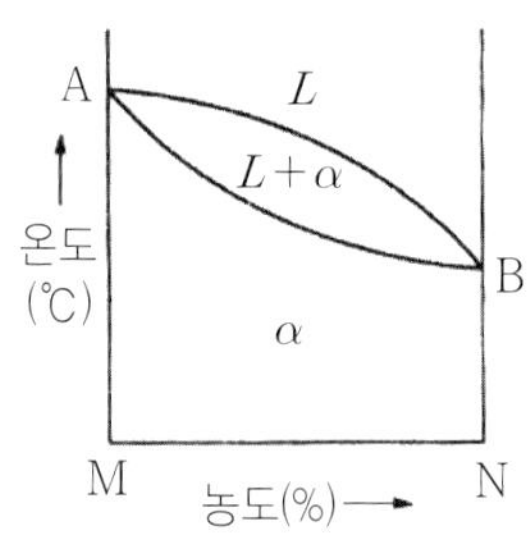


① 편정형 고용체 상태도　　② 전율 고용체 상태도
③ 공정형 한율 상태도　　④ 부분 고용체 상태도

65. 황(S) 성분이 적은 선철을 용해로에서 용해한 후 주형에 주입 전 Mg, Ca 등을 첨가시켜 흑연을 구상화한 주철은?

① 합금주철　　② 칠드주철
③ 가단주철　　④ 구상흑연주철

66. 금속나트륨 또는 플루오르화 알칼리 등의 첨가에 의해 조직이 미세화 되어 기계저 성질의 개선 및 기공성이 증대뇌는 합금은?

① Al–Si ② Cu–Sn
③ Ti–Zr ④ Cu–Zn

67. 다음 합금 중 베어링용 합금이 아닌 것은?

① 화이트메탈 ② 켈밋합금
③ 배빗메탈 ④ 문쯔메탈

68. 상온에서 순철의 결정격자는?

① 체심입방격자 ② 면심입방격자
③ 조밀육방격자 ④ 정방격자

69. 탄소함유량이 0.8%가 넘는 고탄소강의 담금질 온도로 가장 적당한 것은?

① $A_1$온도보다 30~50℃정도 높은 온도
② $A_2$온도보다 30~50℃정도 높은 온도
③ $A_3$온도보다 30~50℃정도 높은 온도
④ $A_4$온도보다 30~50℃정도 높은 온도

70. 영구 자석강이 갖추어야 할 조건으로 가장 적당한 것은?

① 잔류자속 밀도 및 보자력이 모두 클 것
② 잔류자속 밀도 및 보자력이 모두 작을 것
③ 잔류자속 밀도가 작고 보자력이 클 것
④ 잔류자속 밀도가 크고 보자력이 작을 것

**정답** 61. ② 62. ③ 63. ② 64. ② 65. ④ 66. ① 67. ④ 68. ① 69. ① 70. ①

## 2018년 8/19 시행 일반기계기사 기계재료

61. 0℃이하의 온도로 냉각하는 작업으로 강의 잔류 오스테나이트를 마텐자이트로 변태시키는 것을 목적으로 하는 열처리는?

① 마퀜칭 ② 마템퍼링

③ 오스포밍 ④ 심랭처리

62. 다음 금속 중 자기변태점이 가장 높은 것은?

① Fe ② Co

③ Ni ④ $Fe_3C$

63. 산화알루미늄($Al_2O_3$)등을 주성분으로 하며 철과 친화력이 없고, 열을 흡수하지 않으므로 공구를 과열시키지 않아 고속 정밀 가공에 적합한 공구의 재질은?

① 세라믹 ② 인코넬

③ 고속도강 ④ 탄소공구강

64. 구상흑연주철을 제조하기 위한 접종제가 아닌 것은?

① Mg ② Sn

③ Ce ④ Ca

65. 다음 조직 중 경도가 가장 낮은 것은?

① 페라이트 ② 마텐자이트

③ 시멘타이트 ④ 트루스타이트

66. 금속을 소성가공 할 때에 냉간가공과 열간가공을 구분하는 온도는?

① 변태온도 ② 단조온도

③ 재결정온도 ④ 담금질온도

67. 금속에서 자유도(F)를 구하는 식으로 옳은 것은?(단, 압력은 일정하며, C : 성분, P : 상의수이다.)

① F = C − P + 1 ② F = C + P + 1

③ F = C − P + 2 ④ F = C + P + 2

68. 켈밋 합금(kelmet alloy)의 주요 성분으로 옳은 것은?

① Pb-Sn　② Cu-Pb
③ Sn-Sb　④ Zn-Al

69. 저탄소강 기어(gear)의 표면에 내마모성을 향상시키기 위해 붕소(B)를 기어 표면에 확산 침투시키는 처리는?

① 세라다이징(sherardizing)　② 아노다이징(anadizing)
③ 보로나이징(boronizing)　④ 칼로라이징(calorizing)

70. 60~70% Ni에 Cu를 첨가한 것으로 내열 · 내식성이 우수하므로 터빈 날개, 펌프 임펠러 등의 재료로 사용되는 합금은?

① Y 합금　② 모넬메탈
③ 콘스탄탄　④ 문쯔메탈

**정답** 61. ④　62. ②　63. ①　64. ②　65. ①　66. ③　67. ①　68. ②　69. ③　70. ②

## 2014년 5/25 시행 기계설계기사 출제문제

01. 다음 중 불변강의 종류가 아닌 것은?

① 인바 ② 코엘린바
③ 쾌스테르바 ④ 엘린바

02. 특수강에 첨가되는 특수원소의 효과가 아닌 것은?

① $M_s$, $M_f$점을 상승시킨다.
② 질량효과를 적게 한다.
③ 담금질성을 좋게 한다.
④ 상부 임계 냉각속도를 저하시킨다.

03. 다음 중 Ni-Fe계 합금인 인바(invar)를 바르게 설명한 것은?

① Ni 35~36%, C 0.1~0.3%, Mn 0.4%와 Fe의 합금으로 내식성이 우수하고, 상온부근에서 열팽창계수가 매우 작아 길이측정용 표준자, 시계의 추, 바이메탈 등에 사용된다.
② Ni 50%, Fe 50% 합금으로 초투자율, 포화 자기, 전기 저항이 크므로 저출력 변성기, 저주파 변성기 등의 자심으로 널리 사용된다.
③ Ni에 Cr 13~21%, Fe 6.5%를 함유한 강으로 내식성, 내열성 우수하여 다이얼게이지, 유량계 등에 사용된다.
④ Ni 40~45%, Mo 1.4%~2.0%에 나머지 Fe의 합금으로 내식성이 우수하여 조선에 사용되는 부품의 재료로 이용된다.

04. Fe-C 상태도에서 공석강의 탄소 함유량은 약 얼마인가?

① 0.5% ② 0.8%
③ 1.0% ④ 1.5%

05. 다음 합금 중 다이캐스팅용 아연합금은?

① Zamak ② Y 합금
③ RR 50 ④ Lo-Ex

06. 피아노선의 조직으로 가장 적당한 것은?

① austenite ② ferrite
③ sorbite ④ martensite

07. Mo 금속은 어떤 결정격자로 되어 있는가?

① 면심입방격자 ② 체심입방격자
③ 조밀육방격자 ④ 정방격자

08. 재료의 표면을 경화시키기 위해 침탄을 하고자 한다. 침탄효과가 가장 좋은 재료는?

① 구상흑연주철 ② Ferrite형 스테인리스강
③ 피아노선 ④ 고탄소강

09. 산화알루미나($Al_2Ol_3$)등을 주성분으로 하며 철과 친화력이 없고, 열을 흡수하지 않으므로 공구를 과열시키지 않아 고속 정밀가공에 적합한 공구의 재질은?

① 세라믹 ② 인코넬
③ 고속도강 ④ 탄소공구강

10. 편석의 균일화 및 황화물의 편석을 제거하는 열처리 방법으로 가장 적합한 것은?

① 노멀라이징 ② 변태점 이하 풀림
③ 재결정 풀림 ④ 확산 풀림

**정답** 01. ③ 02. ① 03. ① 04. ② 05. ① 06. ③ 07. ② 08. ② 09. ① 10. ④

## 2015년 5/31 시행 기계설계기사 출제문제

01. 철강재료의 열처리에서 많이 이용되는 S곡선이란 어떤 것을 의미하는가?

① T.T.L 곡선 ② S.C.C 곡선
③ T.T.T 곡선 ④ S.T.S 곡선

02. 고속도강의 특징을 설명한 것 중 틀린 것은?

① 열처리에 의하여 경화하는 성질이 있다.
② 내마모성이 크다.
③ 마텐자이트(martensite)가 안정되어, 600℃ 까지는 고속으로 절삭이 가능하다.
④ 고Mn강, 칠드주철, 경질유리 등의 절삭에 적합하다.

03. 특수강인 Elinvar의 성질은 어느 것인가?

① 열팽창계수가 크다
② 온도에 따른 탄성률의 변화가 적다.
③ 소결합금이다.
④ 전기전도도가 아주 좋다.

04. 베빗메탈이라고도 하는 베어링용 합금인 화이트 메탈의 주요성분으로 옳은 것은?

① Pb–W–Sn ② Fe–Sn–Cu
③ Sn–Sb–Cu ④ Zn–Sn–Cr

05. 탄소강을 경화 열처리 할 때 균열을 일으키지 않게 하는 가장 안전한 방법은?

① $M_s$점까지는 급냉하고 $M_s$, $M_f$사이는 서냉한다.
② $M_f$점 이하까지 급냉한 후 저온도로 뜨임한다.
③ $M_s$점까지 서냉하여 내 · 외부가 동일온도가 된 후 급냉한다.
④ $M_s$, $M_f$사이의 온도까지 서냉한 후 급냉한다.

06. 백주철을 열처리로에서 가열한 후 탈탄시켜, 인성을 증가시킨 주철은?

① 가단주철 ② 회주철
③ 보통주철 ④ 구상흑연주철

**07.** 쾌삭강(Free cutting steel)에 절삭속도를 크게 하기 위하여 첨가하는 주된 원소는?

① Ni　　② Mn
③ W　　④ S

**08.** 오일리스 베어링과 관계가 없는 것은?

① 구리와 납의 합금이다.
② 기름보급이 곤란한 곳에 적당하다.
③ 너무 큰 하중이나 고속회전부에는 부적당하다.
④ 구리, 주석, 흑연의 분말을 혼합 성형한 것이다.

**09.** 탄소강에 함유되어 있는 원소 중 많이 함유되면 적열 취성의 원인이 되는 것은?

① 인　　② 규소
③ 구리　　④ 황

**10.** 충격에는 약하나, 압축강도는 크므로 공작기계의 베드, 프레임, 기계 구조물의 몸체 등에 가장 적합한 재질은?

① 합금공구강　　② 탄소강
③ 고속도강　　④ 주철

**정답** 01. ③　02. ④　03. ②　04. ③　05. ①　06. ①　07. ④　08. ①　09. ④　10. ④

## 2016년 5/8 시행 기계설계기사 출제문제

01. 강의 열처리 방법 중 표면경화법에 해당하는 것은?

① 마퀜칭 ② 오스포밍
③ 침탄질화법 ④ 오스템퍼링

02. C와Si의 함량에 따른 주철의 조직을 나타낸 조직 분포도는?

① Gueiner, Klingenstein 조직도 ② 마우러(Maurer) 조직도
③ Fe-C 복평형 조직도 ④ Guilet 조직도

03. 고 망간강에 관한 설명으로 틀린 것은?

① 오스테나이트 조직을 갖는다.
② 광석 · 암석의 파쇄기의 부품 등에 사용된다.
③ 열처리에 수인법(water toughening)이 이용된다.
④ 열전도성이 좋고 팽창계수가 작아 열변형을 일으키지 않는다.

04. 서브 제로(Sub-Zero)처리 관한 설명으로 틀린 것은?

① 마모성 및 피로성이 향상된다.
② 잔류오스테나이트를 마텐자이트화 한다.
③ 담금질을 한 강의 조직이 안정화 된다.
④ 시효변화가 적으며 부품의 치수 및 형상이 안정된다.

05. 강의 5대 원소만을 나열한 것은?

① Fe, C, Ni, Si, Au ② Ag, C, Si, Co, P
③ C, Si, Mn, P, S ④ Ni, C, Si, Cu, S

06. 다음 중 비중이 가장 큰 금속은?

① Fe ② Al
③ Pb ④ Cu

07. 과공석강의 탄소함유량(%)으로 옳은 것은?

① 약 0.01~0.02% ② 약 0.02~0.80%
③ 약 0.80~2.0% ④ 약 2.0~4.3%

08. 두랄루민의 합금 조성으로 옳은 것은?

① Al–Cu–Zn–Pb ② Al–Cu–Mg–Mn
③ Al–Zn–Si–Sn ④ Al–Zn–Ni–Mn

09. 고속도공구강(SKH2)의 표준조성에 해당되지 않는 것은?

① W ② V
③ Al ④ Cr

10. 대표적인 주조경질 합금으로 코발트를 주성분으로 한 Co–Cr–W–Cr계 합금은?

① 라우탈(lutal) ② 실루민(silumin)
③ 세라믹(ceramic) ④ 스텔라이트(stellite)

**정답** 01. ③ 02. ② 03. ④ 04. ① 05. ③ 06. ③ 07. ③ 08. ② 09. ③ 10. ④

## 2017년 5/7 시행 기계설계기사 출제문제

01. 피아노선재의 조직으로 가장 적당한 것은?

① 페라이트(ferrite)
② 소르바이트(sorbite)
③ 오스테나이트(austenite)
④ 마텐자이트(martensite)

02. 마텐자이트(martensite)변태의 특징에 대한 설명으로 틀린 것은?

① 마텐자이트는 고용체의 단일상이다.
② 마텐자이트 변태는 확산 변태이다.
③ 마텐자이트 변태는 협동적 원자운동에 의한 변태이다.
④ 마텐자이트의 결정 내에는 격자결함이 존재한다.

03. 빗금으로 표시한 입방격자면의 밀러지수는?

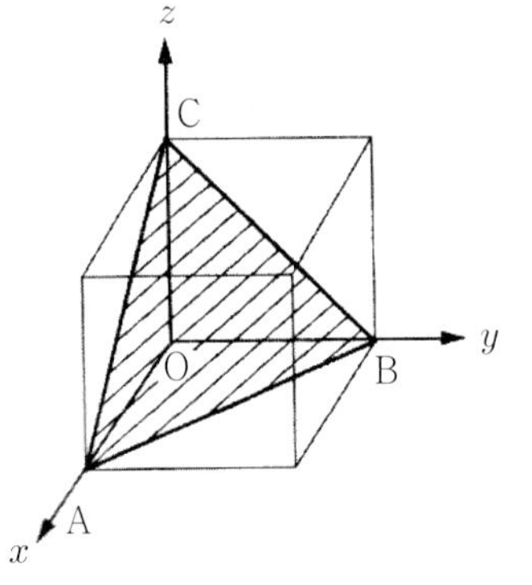


① (100)
② (010)
③ (110)
④ (111)

04. 6:4황동에 Pb을 약 1.5~3.0%를 첨가한 합금으로 정밀가공을 필요로 하는 부품 등에 사용되는 합금은?

① 쾌삭황동
② 강력황동
③ 델타메탈
④ 애드미럴티 황동

05. 순철($\alpha$-Fe)의 자기변태 온도는 약 몇℃ 인가?

① 210℃
② 768℃
③ 910℃
④ 1410℃

06. 고속도 공구강재를 나타내는 한국산업표준 기호로 옳은 것은?

① SM20C ② STC
③ STD ④ SKH

07. 스테인리스강을 조직에 따라 분류한 것 중 틀린 것은?

① 페라이트계 ② 마텐자이트계
③ 시멘타이트계 ④ 오스테나이트계

08. 황동 가공재 특히 관 · 봉 등에서 잔류응력에 기인하여 균열이 발생하는 현상은?

① 자연균열 ② 시효경화
③ 탈아연부식 ④ 저온풀림경화

09. 경도가 매우 큰 담금질한 강에 적당한 강인성을 부여한 목적으로 $A_1$ 변태점 이하의 일정온도로 가열 조작하는 열처리법은?

① 퀜칭(quenching) ② 템퍼링(tempering)
③ 노멀라이징(normalizing) ④ 마퀜칭(marquenching)

10. Fe-C 평형상태도에서 나타나는 철강의 기본조직이 아닌 것은?

① 페라이트 ② 펄라이트
③ 시멘타이트 ④ 마텐자이트

**정답** 01. ② 02. ② 03. ④ 04. ① 05. ② 06. ④ 07. ③ 08. ① 09. ② 10. ④

## 2018년 4/28 시행 기계설계기사 출제문제

01. 표점거리가 100mm, 시험편의 평행부 지름이 14mm인 시험편을 최대하중 6400kgf로 인장한 후 표점거리가 120mm로 변화되었을 때 인장강도는 약 몇 kgf/mm²인가?

① 10.4 ② 32.7
③ 41.6 ④ 61.4

02. 상온에서 순철의 결정격자는?

① 체심입방격자 ② 면심입방격자
③ 조밀육방격자 ④ 정방격자

03. 탄소함유량이 0.8%가 넘는 고탄소강의 담금질 온도로 가장 적당한 것은?

① $A_1$ 온도보다 30~50℃ 정도 높은 온도
② $A_2$ 온도보다 30~50℃ 정도 높은 온도
③ $A_3$ 온도보다 30~50℃ 정도 높은 온도
④ $A_4$ 온도보다 30~50℃ 정도 높은 온도

04. 다음은 일반적으로 수지에 나타나는 배향 특성에 대한 설명으로 틀린 것은?

① 금형온도가 높을수록 배향은 커진다.
② 수지의 온도가 높을수록 배향이 작아진다.
③ 사출 시간이 증가할수록 배향이 증대된다.
④ 성형품의 살두께가 얇아질수록 배향이 커진다.

05. 금속침투법 중 Zn을 강 표면에 침투 확산시키는 표면처리법은?

① 크로마이징 ② 세라다이징
③ 칼로라이징 ④ 보로나이징

06. 다음 합금 중 베어링용 합금이 아닌 것은?

① 화이트메탈 ② 켈밋합금
③ 배빗메탈 ④ 문쯔메탈

07. 다음 그림과 같은 상태도의 명칭은?

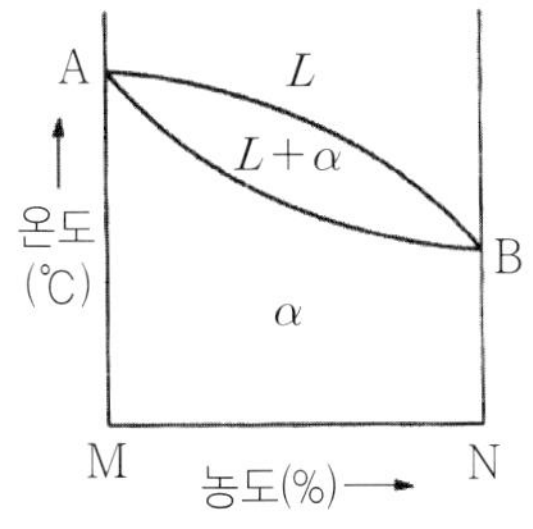


① 편정형 고용체 상태도　　② 전율 고용체 상태도
③ 공정형 한율 상태도　　④ 부분 고용체 상태도

08. 황(S) 성분이 적은 선철을 용해로에서 용해한 후 주형에 주입 전 Mg, Ca 등을 첨가시켜 흑연을 구상화한 주철은?

① 합금주철　　② 칠드주철
③ 가단주철　　④ 구상흑연주철

09. 금속나트륨 또는 플루오르화 알칼리 등의 첨가에 의해 조직이 미세화 되어 기계적 성질의 개선 및 가공성이 증대되는 합금은?

① Al – Si　　② Cu – Sn
③ Ti – Zr　　④ Cu – Zn

10. 영구 자석강이 갖추어야 할 조건으로 가장 적당한 것은?

① 잔류자속 밀도 및 보자력이 모두 클 것
② 잔류자속 밀도 및 보자력이 모두 작을 것
③ 잔류자속 밀도가 작고 보자력이 클 것
④ 잔류자속 밀도가 크고 보자력이 작을 것

**정답** 01. ③ 02. ① 03. ① 04. ① 05. ② 06. ④ 07. ② 08. ④ 09. ① 10. ①

# 부록

## 부록 1 원소의 주기율표

| 1A | 2A | 3B | 3B | 5B | 6B | 7B | 8B | | | 1B | 2B | 3A | 4A | 5A | 6A | 7A | 8A |
|---|---|---|---|---|---|---|---|---|---|---|---|---|---|---|---|---|---|
| 1<br>**H**<br>1.008<br>— | | | | | | | | | | | | | | | | | 2<br>**He**<br>4.003<br>— |
| 3<br>**Li**<br>6.939<br>bcc † | 4<br>**Be**<br>9.012<br>hcp | | | | | | | | | | | 5<br>**B**<br>60.81<br>— | 8<br>**C**<br>12.01<br>— | 7<br>**N**<br>14.01<br>— | 8<br>**O**<br>16.00<br>— | 9<br>**F**<br>19.00<br>— | 10<br>**Ne**<br>20.18<br>fcc |
| 11<br>**Na**<br>22.99<br>bcc † | 12<br>**Mg**<br>24.31<br>hcp | | | | | | | | | | | 13<br>**Al**<br>26.98<br>fcc | 14<br>**Si**<br>28.09<br>dc | 15<br>**P**<br>30.97<br>— | 16<br>**S**<br>32.06<br>— | 17<br>**Cl**<br>35.45<br>— | 18<br>**Ar**<br>39.95<br>fcc |
| 19<br>**K**<br>39.10<br>bcc † | 20<br>**Ca**<br>40.08<br>fcc † | 21<br>**Sc**<br>44.96<br>hcp † | 22<br>**Ti**<br>47.90<br>hcp † | 23<br>**V**<br>50.94<br>bcc | 24<br>**Cr**<br>52.00<br>bcc | 25<br>**Mn**<br>54.94<br>— | 26<br>**Fe**<br>55.85<br>bcc † | 27<br>**Co**<br>58.93<br>hcp † | 28<br>**Ni**<br>58.71<br>fcc | 29<br>**Cu**<br>63.54<br>fcc | 30<br>**Zn**<br>65.37<br>hcp | 31<br>**Ga**<br>69.72<br>— | 32<br>**Ge**<br>72.59<br>— | 33<br>**As**<br>74.92<br>— | 34<br>**Se**<br>78.96<br>— | 35<br>**Br**<br>79.91<br>— | 36<br>**Kr**<br>83.80<br>fcc |
| 37<br>**Rb**<br>85.47<br>bcc † | 38<br>**Sr**<br>87.62<br>fcc † | 39<br>**Y**<br>88.91<br>hcp † | 40<br>**Zr**<br>91.22<br>hcp † | 41<br>**Nb**<br>92.91<br>bcc | 42<br>**Mo**<br>95.94<br>bcc | 43<br>**Te**<br>98.91<br>hcp | 44<br>**Ru**<br>101.1<br>hcp | 45<br>**Rh**<br>102.9<br>fcc | 46<br>**Pd**<br>106.4<br>fcc | 47<br>**Ag**<br>107.9<br>fcc | 48<br>**Cd**<br>112.4<br>hcp | 49<br>**In**<br>114.8<br>— | 50<br>**Sn**<br>118.7<br>— | 51<br>**Sb**<br>121.7<br>— | 52<br>**Te**<br>127.6<br>— | 53<br>**I**<br>126.9<br>— | 54<br>**Xe**<br>131.3<br>fcc |
| 55<br>**Cs**<br>132.9<br>bcc † | 56<br>**Ba**<br>137.3<br>bcc | 57<br>**La**<br>138.9<br>— | 72<br>**Hf**<br>178.5<br>hcp | 73<br>**Ta**<br>180.9<br>bcc | 74<br>**W**<br>183.8<br>bcc | 75<br>**Re**<br>186.2<br>hcp | 76<br>**Os**<br>190.2<br>hcp | 77<br>**Ir**<br>192.2<br>fcc | 78<br>**Pt**<br>195.1<br>fcc | 79<br>**Au**<br>197.0<br>fcc | 80<br>**Hg**<br>200.6<br>— | 81<br>**Tl**<br>204.4<br>hcp † | 82<br>**Pb**<br>207.2<br>fcc | 83<br>**Bi**<br>209.0<br>— | 84<br>**Po**<br>210<br>— | 85<br>**At**<br>210<br>— | 86<br>**Rn**<br>222<br>— |
| 87<br>**Fr**<br>223<br>— | 88<br>**Ra**<br>226<br>— | 89<br>**Ac**<br>227<br>— | | | | | | | | | | | | | | | |

| 58<br>**Ce**<br>140.1<br>fcc † | 59<br>**Pr**<br>140.9<br>— | 60<br>**Nd**<br>144.2<br>— | 61<br>**Pm**<br>145<br>— | 62<br>**Sm**<br>150.4<br>— | 63<br>**Eu**<br>151.9<br>bcc | 64<br>**Gd**<br>157.2<br>hcp † | 65<br>**Tb**<br>158.9<br>hcp † | 66<br>**Dy**<br>162.5<br>hcp † | 67<br>**Ho**<br>164.9<br>hcp † | 68<br>**Er**<br>167.3<br>hcp † | 69<br>**Tm**<br>168.9<br>hcp † | 70<br>**Yb**<br>173.0<br>hcc † | 71<br>**Lu**<br>175.0<br>hcp |
|---|---|---|---|---|---|---|---|---|---|---|---|---|---|
| 90<br>**Th**<br>232.0<br>— | 91<br>**Pa**<br>231<br>— | 92<br>**U**<br>238.0<br>— | 93<br>**Np**<br>237<br>— | 94<br>**Pu**<br>244<br>— | 95<br>**Am**<br>243<br>— | 96<br>**Cm**<br>247<br>— | 97<br>**Bk**<br>247<br>— | 98<br>**Cf**<br>251<br>— | 99<br>**Es**<br>254<br>— | 100<br>**Fm**<br>257<br>— | 101<br>**Md**<br>256<br>— | 102<br>**No**<br>254<br>— | 103<br>**Lr**<br>—<br>— |

비금속

원자번호
원소기호
원 자 량
결정구조

금속

* 란타노이드계
** 악티노이드계
† 다형(多形)인 원소:실온에서의 구조를 나타냄.

## 부록 2 물리상수표

| 물리상수 | CGS | SI* |
|---|---|---|
| 아보가드로수 $No$ | $6.02\times10^{23}$ molecule/mol | $6.02\times10^{26}$ molecule/kmol |
| 전기소량 $e$ | $1.60\times10^{-20}$ emu | $1.60\times10^{-19}$ C |
| 전자의 정지질량 $m$ | $9.11\times10^{-28}$ g | $9.11\times10^{-31}$ kg |
| 프랭크상수 $h$ | $6.63\times10^{-27}$ erg · sec | $6.63\times10^{-34}$ J · sec |
| 빛의 속도 $c$ | $3.00\times10^{10}$ cm/sec | $3.00\times10^{8}$ m/sec |
| 볼츠만상수 $k$ | $1.38\times10^{-16}$ erg/K<br>($8.63\times10^{-5}$ eV/K) | $1.38\times10^{-23}$ J/K |
| 기체상수 $R$ | $8.31\times10^{7}$ erg/mol · K<br>(1.98 cal/mol · K) | $8.31\times10^{3}$ J/mol · K |

* 국제단위계

## 부록 3 단위의 배수

| 명칭 | 기호 | 크기 | 명칭 | 기호 | 크기 |
|---|---|---|---|---|---|
| 테라(tera) | T | $10^{12}$ | 센티(centi) | c | $10^{-2}$ |
| 기가(giga) | G | $10^{9}$ | 밀리(mili) | m | $10^{-3}$ |
| 메가(mega) | M | $10^{6}$ | 마이크로(micro) | μ | $10^{-6}$ |
| 킬로(kilo) | k | $10^{3}$ | 나노(nano) | n | $10^{-9}$ |
| 헥토(hecto) | h | $10^{2}$ | 피코(pico) | p | $10^{-12}$ |
| 데카(deca) | D | 10 | 펨토(femto) | f | $10^{-15}$ |
| 데시(deci) | d | $10^{-1}$ | 아토(atto) | a | $10^{-18}$ |

### 부록 4 각종 규격의 약호

| 규격약호 | 제정기관 |
|---|---|
| AA | Aluminum Association, USA |
| ACI | Alloy Casting Institute, USA |
| ADCI | American Die Casting Insitute, USA |
| AFS | American Foundry men' s Society, USA |
| AISE | Association of Iron and Steel Engineers, USA |
| AISI | American Iron and Steel Institute, USA |
| ALCOA | Aluminum Company of America, USA |
| ANSI | American National Standards Institute, USA |
| ASTM | American Society for Testing and Materials, USA |
| AWS | American Welding Society, USA |
| BS | British Standards Insitution, UK |
| DIN | Deutscker Normenausschuss, GERMANY |
| GOST | Komitet Standartov, Mer I Izmeritel' nyk Driborov pri |
| ISO | International Organization for Standardization |
| JIS | Japanese Industrial Standards |
| NBS | National Bureau of Standards, USA |
| PFI | Pipe Fabrication Institute, USA |
| SAE | Society of Automotive Engineers, USA |
| SPR | (Simplifed Practice Recommendation)National Bureau of Standerds, USA |

### 부록 5 약어

| | | |
|---|---|---|
| | in = inch | |
| Å = angstrom | J = joule | N = newton |
| | K = degrees Kelvin | nm = nanometer |
| C = Coulomb | kg = kilogram | |
| ℃ = degrees Celsius | $lb_f$ = pound force | Pa = pascal |
| cal = calorie(gram) | $1b_m$ = pound mass | s = second |
| cm = centimeter | m = meter | $T$ = temperature |
| eV = electron volt | Mg = megagram | μm = micrometer |
| ℉ = degrees Fahrenheit | mm = millimeter | (micron) |
| ft = foot | mol = mole | W = watt |
| inch | | psi=pounds per square inch |
| g = gram | MPa = megapascal | |

## 부록 6 SI 단위와 공학단위

| | |
|---|---|
| 힘의 단위 | : 1 kgf = 9.80665 N |
| 힘의 모멘트 | : 1 kgf · m = 9.80665 N · m |
| 압력 | : 1 kgf/cm$^2$ = 9.80665 × 10$^4$ Pa |
| 응력 | : 1 kgf/mm$^2$ = 9.80665 × 10$^6$ Pa = 9.80665 MPa |
| 에너지 | : 1 kgf · m = 9.80665 J( = 9.80665 N·m) |
| 충격값 | : 1 kgf · m = 9.80665 J |

〈기타 단위의 환산표〉

| | |
|---|---|
| 1 Å = 10$^{-8}$ cm | K = ℃ + 273 |
| 1 atm = 14.7 psi = 1.01 bar | 1 kgf/mm$^2$ = 1,422 psi |
| 1 cal = 4.19 J | 1 psi = 6.89 × 10$^4$dyn/cm$^2$ |
| 1 eV = 1.6 × 10$^{-12}$ erg = 1.6 × 10$^{-19}$ J | 1 mil = 10$^{-3}$ in = 25.4 μm |
| 1 eV/molecule = 23,000 cal/mol | 1 lb = 0.454 kg |
| 1 erg = 10$^{-7}$ J = 2.39 × 10$^{-8}$ cal | 1 W = 1 J/sec = 10$^7$ erg/sec |
| 1 G = 10$^{-4}$ Wb/m$^2$ | 1 ksi = 1000 psi = 6.895 MPa |
| 1 GPa = 1000 MPa | 1 MPa = 0.145 ksi = 145 psi |
| 1 J = 2.78 × 10$^7$ KW · h | 1 kcal/m · h · ℃ = 1.163 W/m · K |
| | 1 kcal/kgf · ℃ = 4.186 KJ/kg · K |

## 부록 7 SI 단위의 환산표

| 양 | 단위 | 환산 |
|---|---|---|
| 길이 | angstrom | 10$^{-10}$ = 0.1 nm |
| | micron | 10$^{-6}$ m = 1 μm |
| | inch | 0.0254 m |
| | foot | 0.3048 m |
| | yard | 0.9144 m |
| | mile | 1.60924 m |
| | nautical mile | 1.85318 m |
| 면적 | square inch | 654.16 mm$^2$ |
| | square foot | 0.092903 m$^2$ |
| | square yard | 0.836127 m$^2$ |
| | square mile | 2.58999 km$^2$ |
| 체적 | cubic inch | 1.63871 × 10$^{-5}$ m$^3$ |
| | cubic foot | 0.0283163 m$^3$ |
| | UK gallon | 0.04546093 m$^3$ |
| 질량 | pound | 0.45359267 kg |
| | gramme per cubic centimeter | 1 Mg · m$^{-3}$ |

| 양 | 단위 | 환산 |
|---|---|---|
| 밀도 | pound per cubic inch<br><br>pound per cubic foot | $2.76799 \times 104$ kg · $m^{-3}$<br>$= 27.6799$ Mh · $m^{3}$<br>16.0.85 kg · $m^{3}$ |
| 힘 | dyne<br>pound-force<br>kilogramme-force | $10^{-5}$ N = 0.01 mN<br>4.44822 N<br>9.80665 N |
| 압력<br><br>응력 | atmosphere<br>torr<br>dyne per square centimeter<br>kilogramme-force per square millimeter | 101.325 kN · $m^{-2}$<br>133.322 N · $m^{-2}$<br>0.1 N · $m^{-2}$<br>0.80665 MN · $m^{-2}$ |
| 에너지 | erg<br>calorie(IT)<br>calorie(15℃)<br>calorie(thermochemical)<br>Btu<br>foot pound(f)<br>electron volt | $10^{-7}$ J = 0.1 μJ<br>4.1868 J<br>4.1855 J<br>4.184 J<br>1055.06 J<br>1.35582 J<br>0.16021 aJ |
| 역률 | horse power<br>erg per second<br>calorie per minute | 745.7 W<br>0.1 μW<br>0.69733 mW |
| 열량 | calorie per square centimeter | 41.84 kJ · $m^{-2}$ |

## 부록 8 금속의 물리적 성질(Metal Handbook에 의함)

| 원소 / 기호 | 금속명 | 원자번호 | 원자량 | 비중 (20℃) | 용융점 [℃] | 비등점 [℃] | 비열 [cal/g·℃] |
|---|---|---|---|---|---|---|---|
| Ag | 은 | 47 | 107.880 | 10.497 | 960.5 | 2210 | 0.056(0℃) |
| Al | 알루미늄 | 13 | 26.98 | 2.699 | 660.2 | 2060 | 0.223 |
| As | 비소 | 33 | 74.91 | 5.73 | 814 | 610(승화) | 0.082 |
| Au | 금 | 79 | 197.10 | 19.32 | 1063.0 | 2970 | 0.131 |
| B | 붕소 | 5 | 10.82 | 2.30 | 2300±300 | 2550(승화) | 0.309 |
| Ba | 바륨 | 56 | 137.36 | 3.78 | 704±20 | 1640 | 0.068 |
| Be | 베릴륨 | 4 | 9.013 | 1.84 | 1278±5 | 약1500 | 0.4246 |
| Bi | 비스무트 | 83 | 209.00 | 9.80 | 271 | 1420 | 0.0303 |
| C | 탄소 | 6 | 12.011 | 2022 | 3700±100 | 4830 | 0.165 |
| Ca | 칼슘 | 20 | 40.08 | 1.55 | 850±20 | 1440 | 0.440 |
| Cb (Nb) | 콜롬비움(니오브) | 41 | 92091 | 8.569 | 2415 | 〉3300 | 〉3300 |
| Cd | 카드뮴 | 48 | 112.41 | 8.65 | 320.9 | 767 | 767 |
| Ce | 세륨 | 58 | 140.13 | 6.90 | 600±50 | 1400 | 0.042 |
| Co | 코발트 | 27 | 28.94 | 8.90 | 1495 | 2375±40 | 0.1042 |
| Cr | 크롬 | 24 | 52.04 | 7.09 | 1553 | 2200 | 0.1178 |
| Cs | 세슘 | 55 | 132.91 | 1.90 | 282±2 | 690 | 0.052 |
| Cu | 구리 | 29 | 63.54 | 8.96 | 1083.0 | 2310 | 0.0931 |
| Fe | 철 | 26 | 55.85 | 7.871 | 1530±3 | 2450 | 0.1172 |
| Ga | 갈륨 | 31 | 69.72 | 5.91 | 29.78 | 2070 | 0.079 |
| Ge | 게르마늄 | 32 | 72.60 | 5.36 | 958±10 | 2700 | 0.073 |
| Hg | 수은 | 80 | 200.61 | 13.55 | −38.89 | 357 | 0.03326 |
| In | 인듐 | 49 | 114.76 | 7.31 | 156.4 | 1450 | 0.057 |
| Ir | 이리듐 | 77 | 193.50 | 22.50 | 2454±3 | 5300 | 0.031 |
| K | 칼륨 | 19 | 39.096 | 0.862 | 63±1 | 762.2 | 0.182 |
| La | 란탄 | 57 | 138.92 | 6.15 | 826±5 | 1800 | 10.045 |
| Li | 리튬 | 3 | 6.940 | 0.534 | 186±5 | 〉1400 | 0.092 |
| Mg | 마그네슘 | 12 | 24.32 | 1.743 | 650 | 1110 | 0.2475 |
| Mn | 망간 | 25 | 54.93 | 7.40 | 1245±10 | 1900 | 0.1211 |
| Mo | 몰리브덴 | 42 | 95.95 | 10.218 | 2625±50 | 3700 | 0.056(0℃) |
| Na | 나트륨 | 11 | 22.997 | 0.971 | 97.9 | 882.9 | 0.295 |
| Ni | 니켈 | 28 | 58.68 | 8.85 | 1455 | 2450~2900 | 0.2079 |
| Os | 오스뮴 | 76 | 190.20 | 22.50 | 2700±200 | 5500 | 0.031 |
| P | 인 | 15 | 30.975 | 1.82 | 44.1 | 280 | 0.177 |

부록 8 (계속)

| 원소 기호 | 금속명 | 원자번호 | 원자량 | 비중 (20℃) | 용융점 [℃] | 비등점 [℃] | 비열 [cal/g·℃] |
|---|---|---|---|---|---|---|---|
| Pb | 납 | 82 | 207.21 | 11.341 | 327.43 | 1540±15 | 0.031 |
| Pd | 팔라듐 | 46 | 106.70 | 12.03 | 1554 | 4000 | 0.058(0℃) |
| Pt | 백금 | 78 | 195.23 | 21.43 | 1773.5 | 4410 | 0.032 |
| Rb | 루비듐 | 37 | 85.48 | 1.55 | 39±1 | 680 | 0.080 |
| Rh | 로듐 | 45 | 102.91 | 12.44 | 1996±3 | 4500 | 0.059 |
| Ru | 루테늄 | 44 | 101.70 | 12.20 | 2500±100 | 4900 | 0.057(0℃) |
| S | 황 | 16 | 32.066 | 2.07 | 119.0 | 444.6 | 0.175 |
| Sb | 안티몬 | 51 | 121.76 | 6.62 | 630.5 | 1140 | 0.0502 |
| Se | 셀렌 | 34 | 78.96 | 4.81 | 220±5 | 680 | 0.084 |
| Si | 실리콘 | 14 | 28.09 | 2.33 | 1414 | 3500 | 0.162(0℃) |
| Sn | 주석 | 50 | 118.70 | 7.298 | 231.84 | 2270 | 0.551 |
| Sr | 스트론튬 | 38 | 87.63 | 2.60 | 770±10 | 1380 | 0.176 |
| Ta | 탄탈 | 73 | 180.88 | 16.654 | 2996±50 | 〉4300 | 0.036 |
| Te | 텔루르 | 52 | 127.61 | 6.235 | 450±10 | 1390 | 0.047 |
| Th | 토륨 | 90 | 232.21 | 11.50 | 1800±150 | 〉3000 | 0.034 |
| Ti | 티탄 | 22 | 47.90 | 4.54 | 1800±22 | 3400 | 0.1125 |
| Tl | 탈륨 | 81 | 204.39 | 11.85 | 300±3 | 1280±50 | 0.0326 |
| U | 우라늄 | 92 | 238.07 | 18.70 | 1133±2 | – | 0.028 |
| V | 바나듐 | 23 | 50.95 | 5.82 | 1725±50 | 3400 | 0.153 |
| W | 텅스텐 | 74 | 183.92 | 19.262 | 3410±20 | 5930 | 0.0338 |
| Zn | 아연 | 30 | 65.38 | 7.133 | 419.46 | 906 | 0.0944 |
| Zr | 지르코늄 | 40 | 91.22 | 6.50 | 1530 | 〉2900 | 0.066 |

부록 9 각종 경도의 상호 비교값

| 브리넬(Brinell) 경도 | | 쇼어 경도 (Shore) | 로크웰(Rockwell) 경도 | | 비커스(Vicker's) 경 도 |
|---|---|---|---|---|---|
| 볼의 지름 10 mm 하중 3000 kg | | | B 스케일 | C 스케일 | |
| 자국 지름 | 경 도 수 | 경 도 수 | 하중 100 Kg | 하중 150 Kg | 경 도 수 |
| – | – | 97 | – | 68.0 | 940 |
| – | – | 96 | – | 67.5 | 920 |
| – | – | 95 | – | 67.0 | 900 |
| – | – | 93 | – | 66.4 | 880 |
| – | – | 92 | – | 65.9 | 860 |

부록 9 (계속)

| 브리넬(Brinell) 경도 | | 쇼어 경도 (Shore) | 로크웰(Rockwell) 경도 | | 비커스(Vicker's) 경 도 |
|---|---|---|---|---|---|
| 볼의 지름 10 mm 하중 3000 kg | | | B 스케일 | C 스케일 | |
| 자국 지름 | 경 도 수 | 경 도 수 | 하중 100 Kg | 하중 150 Kg | 경 도 수 |
| 2.25 | 745 | 91 | – | 65.3 | 840 |
| 2.30 | 712 | 87 | – | 63.3 | 780 |
| 2.35 | 682 | 84 | – | 61.7 | 737 |
| 2.40 | 653 | 81 | – | 60.0 | 697 |
| 2.45 | 627 | 79 | – | 58.7 | 667 |
| 2.50 | 601 | 77 | – | 57.3 | 640 |
| 2.55 | 578 | 75 | – | 56.0 | 615 |
| 2.60 | 555 | 73 | – | 54.7 | 591 |
| 2.65 | 534 | 71 | – | 53.5 | 569 |
| 2.70 | 514 | 70 | – | 52.1 | 547 |
| 2.75 | 495 | 68 | – | 51.0 | 528 |
| 2.80 | 477 | 66 | – | 50.3 | 516 |
| 2.85 | 460 | 65 | – | 48.8 | 495 |
| 2.90 | 444 | 63 | – | 47.2 | 474 |
| 2.95 | 429 | 61 | – | 45.7 | 455 |
| 3.00 | 415 | 59 | – | 44.5 | 440 |
| 3.05 | 401 | 58 | – | 43.1 | 425 |
| 3.10 | 388 | 56 | – | 41.8 | 410 |
| 3.15 | 375 | 54 | – | 40.4 | 396 |
| 3.20 | 363 | 52 | – | 38.1 | 383 |
| 3.25 | 352 | 51 | (110.0) | 37.9 | 372 |
| 3.30 | 341 | 50 | (109.0) | 36.6 | 360 |
| 3.35 | 331 | 48 | (108.5) | 35.5 | 350 |
| 3.40 | 321 | 47 | (108.0) | 34.3 | 339 |
| 3.45 | 311 | 46 | (107.5) | 33.1 | 328 |
| 3.50 | 302 | 45 | (107.0) | 32.1 | 319 |
| 3.55 | 293 | 43 | (106.0) | 30.9 | 309 |
| 3.60 | 285 | 42 | (105.5) | 29.9 | 301 |
| 3.65 | 277 | 41 | (104.5) | 28.8 | 292 |
| 3.70 | 269 | 40 | (104.0) | 27.6 | 284 |
| 3.75 | 262 | 39 | (103.0) | 26.6 | 276 |
| 3.80 | 255 | 38 | (102.0) | 25.4 | 269 |
| 3.85 | 248 | 37 | (101.0) | 24.2 | 261 |
| 3.90 | 241 | 36 | 100. | 22.8 | 253 |
| 3.95 | 235 | 36 | 99.0 | 21.7 | 247 |

부록 9 (계속)

| 브리넬(Brinell) 경도 | | 쇼어 경도 (Shore) | 로크웰(Rockwell) 경도 | | 비커스(Vicker's) 경 도 |
|---|---|---|---|---|---|
| 볼의 지름 10 mm 하중 3000 kg | | | B 스케일 | C 스케일 | |
| 자국 지름 | 경 도 수 | 경 도 수 | 하중 100 Kg | 하중 150 Kg | 경 도 수 |
| 4.00 | 229 | 34 | 98.2 | 20.5 | 241 |
| 4.05 | 223 | – | 97.3 | (18.8) | 234 |
| 4.10 | 217 | 33 | 96.4 | (17.5) | 228 |
| 4.15 | 212 | – | 95.5 | (16.0) | 222 |
| 4.20 | 207 | 32 | 94.6 | (15.2) | 218 |
| 4.25 | 201 | 31 | 93.8 | (13.8) | 212 |
| 4.30 | 197 | 30 | 92.8 | (12.7) | 207 |
| 4.35 | 192 | 29 | 91.9 | (11.5) | 202 |
| 4.40 | 187 | – | 90.7 | (10.0) | 196 |
| 4.45 | 183 | 28 | 90.0 | (9.0) | 192 |
| 4.50 | 179 | 27 | 89.0 | (8.0) | 188 |
| 4.55 | 174 | – | 87.8 | (6.4) | 182 |
| 4.60 | 170 | 26 | 86.8 | (5.4) | 178 |
| 4.65 | 167 | – | 86.0 | (4.4) | 175 |
| 4.70 | 163 | 25 | 85.0 | (3.3) | 171 |
| 4.75 | 159 | – | 83.8 | – | 167 |
| 4.80 | 156 | – | 82.9 | (0.9) | 163 |
| 4.85 | 152 | – | 81.7 | – | 159 |
| 4.90 | 149 | 23 | 80.8 | – | 156 |
| 4.95 | 146 | – | 79.8 | – | 153 |
| 5.00 | 143 | 22 | 78.7 | – | 150 |
| 5.05 | 140 | – | 77.6 | – | 147 |
| 5.10 | 137 | 21 | 76.4 | – | 143 |
| 5.15 | 134 | – | 75.2 | – | 140 |
| 5.20 | 131 | – | 74.0 | – | 137 |
| 5.25 | 128 | – | 72.8 | – | 135 |
| 5.30 | 126 | 20 | 72.0 | – | 132 |
| 5.35 | 123 | – | 70.7 | – | (129) |
| 5.40 | 121 | 19 | 69.8 | – | 127 |
| 5.45 | 118 | – | 68.5 | – | (124) |
| 5.50 | 116 | 18 | 67.6 | – | 122 |
| 5.55 | 114 | – | 66.8 | – | 120 |
| 5.60 | 111 | 15 | 65.7 | – | 117 |
| 5.65 | 109 | – | – | – | (115) |

## 부록 10 KS 재료기호

| KSD | 명칭 | 종별 | 기호 | 인장강도 kg/mm$^2$ [N/mm$^2$] | 용도 |
|---|---|---|---|---|---|
| 3503 | 일반 구조용 압연강재 (rolled steels for general structure) | 1종 | SS 330 | 33~44 (330~430) | 강판, 평강, 봉강 및 강대 |
| | | 2종 | SS 400 | 41~52 (400~510) | 강판, 평강, 봉강 및 형강, 강대 |
| | | 3종 | SS 490 | 50~62 (490~610) | 강판, 평강, 봉강 및 형강, 강대 |
| | | 4종 | SS 540 | 55 이상 (540 이상) | 두께 40 mm 이하의 강판, 강대 형강, 평강 및 지름, 변 또는 맞변거리 40 mm 이하의 봉강 |
| 3057 | 배관용 탄소강관(cabon steel pipe for ordinary piping) | | SPP 흑관 | 30 이상 (294 이상) | 아연도금을 하지 않는관 |
| | | | SPP 백관 | | 흑관에 아연도금을 한 관 |
| 3059 | 피아노선재 (piano wire rods) | | SWRS 62 A | - | |
| | | | SWRS 62 B | - | |
| | | | SWRS 67 A | - | |
| | | | SWRS 67 B | - | |
| | | | SWRS 72 A | - | |
| | | | SWRS 72 B | - | |
| | | | SWRS 75 A | - | |
| | | | SWRS 75 B | - | |
| | | | SWRS 77 A | - | |
| | | | SWRS 77 B | - | |
| | | | SWRS 80 A | - | |
| | | | SWRS 80 B | - | |
| | | | SWRS 82 A | - | |
| | | | SWRS 82 B | - | |
| | | | SWRS 87 A | - | |
| | | | SWRS 87 B | - | |
| | | | SWRS 92 A | - | |
| | | | SWRS 92 B | - | |
| 3512 | 냉간압연강판 및 강재(cold reduced carbon steel sheet and strip ) | | SPCC | 28 이상(270) | 일반용 |
| | | | SPCD | 28 이상(270) | 드로잉용 |
| | | | SPCE | 28 이상(270) | 딥드로잉용 |
| 3515 | 용접 구조용 압연강재(rolled steels for weleded structure) | | SM 400 A | (400~510) | 강판, 강대, 형강 및 평강 200 mm 이하 |
| | | | SM 400 B | | |
| | | | SM 400 C | | 강판, 강대 및 평강 |
| | | | SM 400 A | (490~610) | 강판, 강대, 형강 및 평강 적용두께 200 mm 이하 |
| | | | SM 400 B | | |
| | | | SM 400 C | | 강판, 강대 및 형강 100 mm 이하 |
| | | | SM 400 YA | (490~610) | 강판, 강대, 형강 및 평강 100 mm 이하 |
| | | | SM 400 YB | | |
| | | | SM 520 B | (520~640) | |
| | | | SM 520 C | | 강판, 강대 및 형강 100 mm 이하 |
| | | | SM 570 | (570~720) | 강판, 강대 및 형강 100 mm 이하 |

부록 10 (계속)

| KSD | 명칭 | 종별 | | 기호 | 인장강도 kg/mm² [N/mm²] | 용도 |
|---|---|---|---|---|---|---|
| 3517 | 기계구조용 탄소강판 (carbon steel tubes for machine structural purposes) | 11종 | A | STKM 11 A | 30(290) 이상 | 인쇄용 롤러, 배기파이프, 스티어링, 모터 커버, 자전거 프레임, 가구 |
| | | 12종 | A | STKM 12 A | 35(340) 이상 | 크로스 멤버, 직기용 롤러, 베어링 백 메탈, 스티어링 시스템, 프로펠러 샤프트, 중공축, 앞 포크 |
| | | | B | STKM 12 B | 40(390) 이상 | |
| | | | C | STKM 12 C | 48(470) 이상 | |
| | | 13종 | A | STKM 13 A | 38(370) 이상 | 프로펠러 샤프트, 스티어링 시스템, 크로스 멤버, 유압실린더, 베어링 백 메탈, 직기용 롤러, 액셀 튜브 |
| | | | B | STKM 13 B | 45(440) 이상 | |
| | | | C | STKM 13 C | 52(510) 이상 | |
| | | 14종 | A | STKM 14 A | 42(410) 이상 | 스터어링 시스템, 크로스 멤버, 액셀 튜브, 유압 실린더 |
| | | | B | STKM 14 B | 51(500) 이상 | |
| | | | C | STKM 14 C | 56(550) 이상 | |
| | | 15종 | A | STKM 15 A | 48(470) 이상 | 스터어링 시스템, 크로스 멤버, 엑시텐숀 뉴브, 프로펠러 샤프트 |
| | | | C | STKM 15 C | 59(580) 이상 | |
| | | 16종 | A | STKM 16 A | 52(510) 이상 | 밸브 록 카 샤프트, 스티어링 시스템, 액셀튜브, 프로펠러 샤프트, 보링 로드 |
| | | | C | STKM 16 C | 63(620) 이상 | |
| | | 17종 | A | STKM 17 A | 56(550) 이상 | 엑셀 튜브, 보링로드 |
| | | | C | STKM 17 C | 66(650) 이상 | |
| | | 18종 | A | STKM 18 A | 45(440) 이상 | 수압, 철주, 포크 튜브, 유압 실린더 |
| | | | B | STKM 18 B | 50(490) 이상 | |
| | | | C | STKM 18 C | 52(510) 이상 | |
| | | 19종 | A | STKM 19 A | 50(490) 이상 | - |
| | | | C | STKM 19 C | 56(550) 이상 | |
| | | 20종 | A | STKM 20 A | 55(540) 이상 | - |
| 3522 | 고속도 공구강 강재 (high-speed tool steel) | 텅스텐계 | | SKH 2 | - | 일반 절삭용, 기타 각종 공구 |
| | | | | SKH 3 | - | 고속중 절삭용, 기타 각종 공구 |
| | | | | SKH 4 | - | 난삭재 절삭용, 기타 각종 공구 |
| | | | | SKH 10 | - | 고난삭재 절삭용, 기타 각종 공구 |
| | | 몰리브덴계 | | SKH 51 | - | 인성을 요하는 일반 절삭용, 기타 각종 공구 |
| | | | | SKH 52<br>SKH 53<br>SKH 54 | - | 비교적 인성을 요하는 고속도재 절삭용, 기타 각종공구 |
| | | | | SKH 55<br>SKH 56<br>SKH 58<br>SKH 59 | - | 비교적 인성을 요하는 고속도중 절삭용, 기타 각종공구 |
| 3551 | 특수마대강 (cold rolled special steel strip) | 탄소강 | | S 30 CM | - | 리테이너 |
| | | | | S 35 CM | - | 사무용 기계부품, 프리쿠션 플레이트 |
| | | | | S 45 CM | - | 클러치 부품, 체인부품, 양산살대, 와셔 |
| | | | | S 50 CM | - | 카메라 등 구조 부품, 체인부품, 스프링, 클러치 부품, 와셔, 안전버클 |
| | | | | S 55 CM | - | 스프링, 안전 작업호, 깡통따기, 톱슨칼날, 양산살대, 카메라 등 구조부품 |
| | | | | S 60 CM | - | 체인부품, 목곡용 톱, 불라인드 안전작업화, 사무용 기계부품 와셔 |
| | | | | S 65 CM | - | 안전 작업화, 클러치 부품, 스프링, 와셔 |
| | | | | S 70 CM | - | 스프링, 와셔, 목공용 톱, 사무기 부품 |

부록 10 (계속)

| KSD | 명칭 | 송별 | 기호 | 인장강도 kg/mm$^2$ [N/mm$^2$] | 용도 |
|---|---|---|---|---|---|
| 3551 | 특수마대강 (cold rolled special steel strip) | 탄소강 | S 75 CM | - | 클러치 부품, 스프링, 와셔 |
| | | 탄소공구강 | SK 2 M | - | 면도날, 칼날, 쇠톱날, 셔터, 태엽 |
| | | | SK 3 M | - | 쇠톱날, 칼날, 스프링, |
| | | | SK 4 M | - | 펜촉, 태엽, 게이지, 스프링, 칼날, 메리야스용 바늘 |
| | | | SK 5 M | - | 태엽, 스프링, 칼날, 메리야스용 바늘, 게이지, 클러치 부품, 목공용 및 제재용 톱줄 및 원형톱, 사무용 기계부품 |
| | | | SK 6 M | - | 스프링, 칼날, 혼, 목공용 톱, 와셔, 구두밑창, 클러치 부품 |
| | | | SK 7 M | - | 스프링, 칼날, 목공용 와셔, 구두밑창, 클러치 부품 |
| | | 합금공구강 | SKS 2 M | - | 쇠톱줄, 칼날, 메탈밴드톱 |
| | | | SKS 5 M | - | 칼날, 둥근톱, 띠톱 |
| | | | SKS 51 M | - | 칼날, 둥근톱, 띠톱 |
| | | | SKS 7 M | - | 칼, 목공용 원형톱, 목공용 및 제재용 톱줄 |
| | | | SKS 95 M | - | 클러치 부품, 스프링, 칼날 |
| | | 크롬강 | SCr 420 M | - | 체인부품 |
| | | | SCr 435 M | - | 체인부품, 사무기 부품 |
| | | | SCr 440 M | - | 체인부품, 사무기 부품 |
| | | 니켈크롬강 | SNC 450 M | - | 사무용 기계부품 |
| | | | SNC 631 M | - | 사무용 기계부품 |
| | | | SNC 836 M | - | 사무용 기계부품 |
| | | 니켈크롬몰리브덴강 | SNCM 220 M | - | 체인부품 |
| | | | SNCM 450 M | - | 안전버클, 체인부품 |
| | | 크롬-몰리브덴강 | SCM 415 M | - | 체인부품 |
| | | | SCM 430 M | - | 체인부품, 톱슨칼날 |
| | | | SCM 435 M | - | 체인부품, 사무기기 부품 |
| | | | SCM 440 M | - | 체인부품, 사무기기 부품 |
| | | 스프링강 | SUP 6 M | - | 스프링 |
| | | | SUP 9 M | - | 스프링 |
| | | | SUP 10 M | - | 스프링 |
| | | 망간강 | SMn 438 M | - | 체인부품 |
| | | | SMn 443 M | - | 체인부품 |
| 3556 | 피아노선 (piano wires) | 1종 | PW-1 | - | 주로 동하중을 받는 스프링용 |
| | | 2종 | PW-2 | - | |
| | | 3종 | PW-3 | - | 밸브 스프링용 |
| 3701 | 스프링강 (sping steel) | 1종(고탄소강재) | SPS 1 | 110 이상 (1079 이상) | 주로 겹판 스프링용 |
| | | 2종(실리콘망간강재) | SPS 3 | 125 이상 (1226 이상) | 주로 코일 스프링, 겹판 스프링 및 비틀림 막대스프링에 사용 |
| | | | SPS 4 | | |
| | | 3종(망간크롬강재) | SPS 5 | | - |
| | | | SPS 5 A | | |
| | | 4종(크롬바나듐강재) | SPS 6 | | 주로 코일 스프링 및 막대스프링용 |
| | | 5종(망간크롬보론강재) | SPS 7 | | 주로 대형 겹판 및 코일 스프링용 |
| | | 6종(실리콘크롬강재) | SPS 8 | | 주로 코일 스프링용 |
| | | 7종(크롬몰리브덴강재) | SPS 9 | | 주로 대형 겹판 및 코일 스프링용 |

부록 10 (계속)

| KSD | 명칭 | 종별 | 기호 | 인장강도 kg/mm$^2$ [N/mm$^2$] | 용도 |
|---|---|---|---|---|---|
| 3707 | 크롬강재 (chromium steels) | | SCr 415(구 21) | | 이음쇠, 축류 |
| | | | SCr 415(구 22) | | 볼트, 너트 |
| | | | SCr 415(구 2) | | 암류, 스터드 |
| | | | SCr 415(구 3) | | 강력볼트, 암류 |
| | | | SCr 415(구 4) | | 축류, 키, 핀 |
| | | | SCr 415(구 5) | | SCr 415와 SCr 420은 주로 표면경화용 |
| 3708 | 니켈크롬강 강 재 (nickel chromium steels) | | SNC 236(구 1) | | 볼트, 너트류, |
| | | | SNC 415(구 21) | | 크랭크축, 기어류 |
| | | | SNC 631(구 2) | | 축류, 기어류 |
| | | | SNC 815(구 22) | | 피스톤 핀, 기어 |
| | | | SNC 836(구 3) | | 캠축, 기어류 ※415 및 815는 표면경화용 |
| 3708 | 탄소강 단강류 (carbon steel forgings) | | SF 340(구 34) | 35~45 | 열처리 종류 : 어닐링, 노멀라이징 또는 노멀라이징템퍼링 |
| | | | SF 490(구 40) | 40~50 | |
| | | | SF 440(구 45) | 45~55 | |
| | | | SF 490(구 50) | 50~60 | |
| | | | SF 540(구 55) | 55~65 | |
| | | | SF 590(구 60) | 60~70 | |
| | | | SF 540(구 55) | 55~70 | 열처리 종류 : 퀜칭, 템퍼링 |
| | | | SF 590(구 60) | 60~75 | |
| | | | SF 640(구 65) | 65~80 | |
| 3711 | 크 롬 몰리브덴강 강 재 (chromium molybdenum steels) | | SCM 415 | | 볼트, 프로펠러, 보스 |
| | | | SCM 418 | | 소형 축류 |
| | | | SCM 420 | | 강력볼트, 축류, 암류 |
| | | | SCM 421 | | 기어류, 축류, 암류 |
| | | | SCM 430 | | 대형 축류 |
| | | | SCM 432 | | 피스톤 핀, 축류, 기어 |
| | | | SCM 435 | | 기어, 축류 |
| | | | SCM 440 | | 기어, 축류 |
| | | | SCM 445 | | 기어, 축류 |
| | | | SCM 822 | | ※415, 418, 420, 421, 822는 좋은 표면경화용 |
| 3751 | 탄소공구강 (carbon tool steels) | 1종 | STC 1 | 63 이상 | 경질바이트, 면도날, 각종 줄 |
| | | 2종 | STC 2 | 63 이상 | 바이트, 제작용 공구, 드릴 |
| | | 3종 | STC 3 | 63 이상 | 탭, 나사절삭용, 다이스, 쇠톱날, 철공용 끌, 게이지, 태엽, 면도날 |
| | | 4종 | STC 4 | 61 이상 | 태엽, 목공용 드릴, 도끼, 철공용 끌, 면도날, 목공용 띠톱, 펜촉 |
| | | 5종 | STC 5 | 59 이상 | 각인, 스냅, 태엽, 목공용 띠톱, 원형톱, 펜촉, 등사판줄, 톱날 |
| | | 6종 | STC 6 | 57 이상 | 각인, 스냅, 원형톱, 태엽, 우산대, 등사판줄 |
| | | 7종 | STC 7 | 56 이상 | 각인, 스냅, 프레스형, 칼 |

부록 10 (계속)

| KSD | 명칭 | 종별 | | 기호 | 인장강도 kg/mm$^2$ [N/mm$^2$] | 용도 |
|---|---|---|---|---|---|---|
| 3752 | 기계구조용 탄소강재 (carbon steel for machine strunctural use) | | | SM 10 C | 32 이상(314 이상) | |
| | | | | SM 12 C | 38 이상(373 이상) | |
| | | | | SM 15 C | | |
| | | | | SM 17 C | 41 이상(402 이상) | |
| | | | | SM 20 C | | |
| | | | | SM 22 C | 45 이상(441 이상) | |
| | | | | SM 25 C | | |
| | | | | SM 28 C | 48 이상(402 이상) | |
| | | | | SM 30 C | | |
| | | | | SM 33 C | 52 이상(510 이상) | |
| | | | | SM 35 C | | |
| | | | | SM 38 C | 55 이상(539 이상) | |
| | | | | SM 40 C | | |
| | | | | SM 43 C | 58 이상(569 이상) | |
| | | | | SM 45 C | | |
| | | | | SM 48 C | 62 이상(608 이상) | |
| | | | | SM 50 C | | |
| | | | | SM 53 C | 66 이상(67이상) | |
| | | | | SM 55 C | | |
| | | | | SM 58 C | 56 이상(647 이상) | |
| | | | | SM 9 CK | 40 이상(647 이상) | |
| | | | | SM 15 CK | 50 이상(450 이상) | |
| | | | | SM 20 CK | 55 이상(539 이상) | |
| 3753 | 합금공구강 (aolloy tool steel) | 절삭 공구용 | S 11종 | STS 11 | - | 절삭공구, 냉간 드로잉용 다이스 |
| | | | S 2종 | STS 2 | - | 탭, 드릴, 커터, 핵 소(hack saw) |
| | | | S 21종 | STS 21 | - | |
| | | | S 5종 | STS 5 | - | 원형 톱, 띠톱, 핵 소 |
| | | | S 51종 | STS 51 | - | |
| | | | S 7종 | STS 7 | - | 쇠톱 |
| | | | S 8종 | STS 8 | - | 줄 |
| | | 내충격 공구강 | S 4종 | STS 4 | - | 끌, 펀치, 스냅 |
| | | | S 41종 | STS 41 | - | |
| | | | S 43종 | STS 43 | - | 착암기용 피스톤 |
| | | | S 44종 | STS 44 | - | 끌, 해딩 다이스 |
| | | 주로 냉간 금형용 | S 3종 | STS 3 | - | 게이지, 탭, 다이스, 절단기, 칼날 |
| | | | S 31종 | STS 31 | - | 게이지, 휘밍 다이 |
| | | | S 93종 | STS 93 | - | 게이지, 칼날, 프레스형틀 |
| | | | S 94종 | STS 94 | - | |
| | | | S 95종 | STS 95 | - | |
| | | | D 1종 | STD 1 | - | 다이스, 분말 성형틀 |
| | | | D 11종 | STD 11 | - | 게이지, 휘밍 다이, 나사 전조롤러 |
| | | | D 12종 | STD 12 | - | |

부록 10 (계속)

| KSD | 명칭 | 종별 | | 기호 | 인장강도 kg/mm$^2$ [N/mm$^2$] | 용도 |
|---|---|---|---|---|---|---|
| | | 주로 열간 금형용 | D 4종 | STD 4 | – | 프레스형틀, 다이캐스팅용 다이, 압축 다이스 |
| | | | D 5종 | STD 5 | – | |
| | | | D 6종 | STD 6 | – | |
| | | | D 61종 | STD 61 | – | |
| | | | D 62종 | STD 62 | – | |
| | | | F 3종 | STF 3 | – | |
| | | | F 4종 | STF 4 | – | 다이형틀, 프레스형틀 |
| | | | F 7종 | STF 7 | – | |
| | | | F 8종 | STF 8 | – | 프레스용 다이 |
| 4101 | 탄소강주강품 (cabon steel casting) | – | | SC 360 | 37 이상(360 이상) | 전동기부품용 |
| | | – | | SC 410 | 42 이상(410 이상) | 일반 구조용 |
| | | – | | SC 450 | 46 이상(450 이상) | 일반 구조용 |
| | | – | | SC 480 | 49 이상(480 이상) | 일반 구조용 |
| 4301 | 회주철품 (gray iron casting) | 1종 | | GC 100 | 10 이상 | 일반 기계부품, 상수도 철관, 난방용품 |
| | | 2종 | | GC 150 | 15 이상 | |
| | | 3종 | | GC 200 | 20 이상 | 약간의 경도를 요하는 부분 |
| | | 4종 | | GC 250 | 25 이상 | |
| | | 5종 | | GC 300 | 31 이상 | 실린더 헤드, 피스톤공작 기계부품 |
| | | 6종 | | GC 350 | 36 이상 | |
| 4302 | 구상흑연 주철품 (spheroidal graphite iron casting) | 0종 | | GCD 370 | 37 이상(370 이상) | – |
| | | 1종 | | GCD 400 | 37 이상(400 이상) | |
| | | 2종 | | GCD 450 | 42 이상(450 이상) | |
| | | 3종 | | GCD 500 | 37 이상(400 이상) | |
| | | 4종 | | GCD 600 | 60 이상(600 이상) | |
| | | 5종 | | GCD 700 | 70 이상(700 이상) | |
| | | 6종 | | GCD 800 | 80 이상(810 이상) | |
| 4303 | 흑심가단 주철품 (balckheart malleable iron casting) | 1종 | | BMC 270 | 28 이상(270 이상) | – |
| | | 2종 | | BMC 310 | 32 이상(310 이상) | |
| | | 3종 | | BMC 340 | 35 이상(340 이상) | |
| | | 4종 | | BMC 360 | 37 이상(360 이상) | |

부록 10 (계속)

| KSD | 명칭 | 종별 | | 기호 | 인장강도 kg/mm$^2$ [N/mm$^2$] | 용도 |
|---|---|---|---|---|---|---|
| 4305 | 백심가단 주 철 (whiteheat malleable iron casting) | 1종 | | WMC 330 | 32 이상(310 이상) | – |
| | | 2종 | | WMC 370 | 36 이상(350 이상) | |
| | | 3종 | | WMC 440 | 45 이상(440 이상) | |
| | | 4종 | | WMC 490 | 50 이상(490 이상) | |
| | | 5종 | | WMC 540 | 55 이상(540 이상) | |
| 5504 | 동 판 (copper sheet and plate) | 1종 | 연 질 | CuS 1-0 | 26 이상 | 전기와 열전도성이 좋고 전연성, 가공성, 내식성, 내후성이 요구된 곳, 전기부품, 증류기구 건축용, 화학공업용 개스킷, 기물 등 |
| | | | 1/4 경질 | CuS 1-1/4 | 22 이상 | |
| | | | 1/2 경질 | CuS 1-1/2 | 25 이상 | |
| | | | 경 질 | CuS 1-H | 28 이상 | |
| | | 2종 | 연 질 | CuS 2-0 | 26 이하 | |
| | | | 1/4 경질 | CuS 2-1/4 | 22 이상 | |
| | | | 1/2 경질 | CuS 2-1/2 | 25 이상 | |
| | | | 경 질 | CuS 2-H | 28 이상 | |
| 6001 | 황동주물 (brass castings) | 1종 | | YBsC 1 | 15 이상(147 이상) | 플렌지, 전기 부속품, 전기부품, 일반기계부품, 건축용 장식품, 일반 기계부품, 전기부품 |
| | | 2종 | | YBsC 2 | 20 이상(196 이상) | |
| | | 3종 | | YBsC 3 | 25 이상(245 이상) | |
| 6002 | 청동주물 (bronze castings) | 1종 | | BC 1 | 17 이상(147 이상) | 유동성, 피삭성이 좋다. 밸브, 주수기, 베어링 명판, 일반 기계부품 등 |
| | | 1종 C | | BC 1 C | 20 이상(196 이상) | |
| | | 2종 | | BC 2 | 25 이상(245 이상) | 내압성, 내마모성, 내식성이 좋고, 또한 기계적 강도가 좋다. 베어링, 슬리브, 부시, 펌프 몸체, 임펠리, 밸브, 기어 선박형 둥근창, 전동기어 부품 등 |
| | | 2종 C | | BC 2 C | 25 이상(167 이상) | |
| | | 3종 | | BC 3 | 25 이상(196 이상) | 내식성이 2종보다 약간 좋다. 베어링, 슬리브 부시, 펌프몸체, 임펠러, 밸브, 기어, 선박용 둥근창, 전동기기부품, 일반 기계부품 등 |
| | | 3종 C | | BC 3 C | 25 이상(245 이상) | |
| | | 6종 | | BC 6 | 28 이상(274 이상) | 내압성, 내마모성, 피삭성 주조성이 좋다. 밸브 펌프 몸체, 임펠러, 급수전, 베어링, 슬리브, 부시, 일반 기계 부품 등 |
| | | 6종 C | | BC 6 C | 25 이상(245 이상) | |
| | | 7종 | | BC 7 | 22 이상(245 이상) | 기계적 성질은 6종보다도 약간 좋다. 베어링, 소형 펌프부품, 밸브, 연료펌프, 일반 기계부품 등 |
| | | 7종 C | | BC 7 C | 26 이상(255 이상) | |

## 부록 11 중요 상태도 모음

### 전율고용체형(全率固溶體型, isomorphous alloy system) 상태도

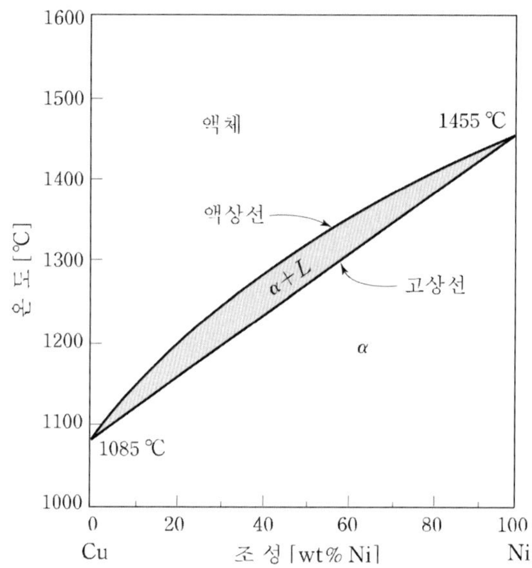


Cu-Ni 계 상태도

### 공정형 상태도(共晶型, eutectic type phase diagram)

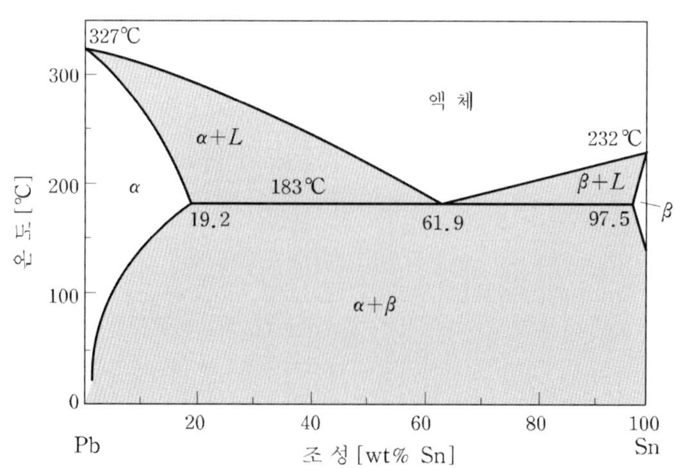


Pb-Sn 계 상태도

포정반응(包晶反應, peritectic reaction)형 상태도

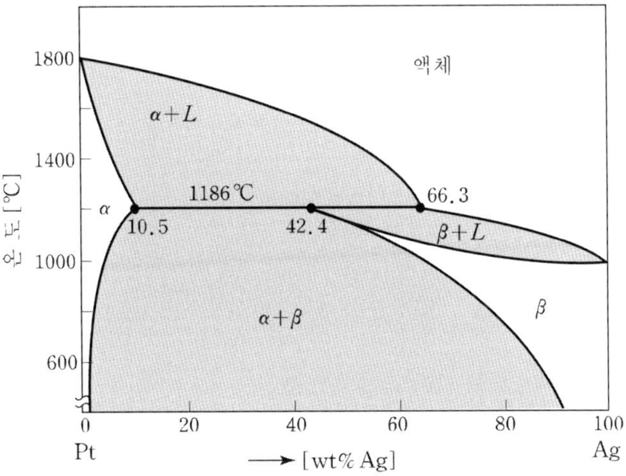


Pt–Ag 상태도

편정반응(偏晶反應, monotectic reaction)형 상태도

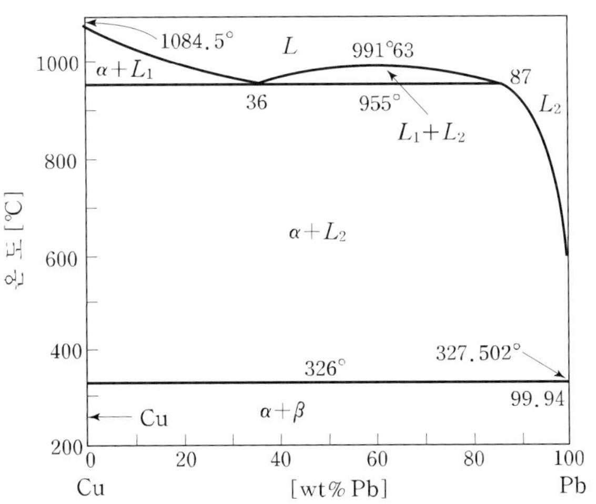


Cu–Pb 상태도

# 참고문헌

1. 최갑송 외 2인 공저, 신편 기계재료학, 문운당, 2002

2. 한국공업표준협회, KS 핸드북 철강, 비철

3. 日本鐵鋼協會編, 綱の熱處理, 改訂 5 版, 機電研究社

4. 日本規格協會, 非鐵金屬材料選擇のポイント

5. 양훈영 저, 신금속재료학 개정판, 문운당, 1994.

6. 염영하, 염성하 저, 기계재료학 신편, 동명사, 1996.

7. 오세규, 김선진 저, 기계재료공학 최신, 보성각, 1996.

8. 신동명 외 3인 공저, 기계재료학, 형설출판사, 1997.

9. 김정규, 최락삼 저, 기계재료학 2판, 문운당, 1997.

10. 황호만, 한문식 저, 기계재료, 청문각, 1999.

11. 김재원 외 4 인 공저, 기계재료학, 희중당, 1998.

12. 김암수 저, 기계·금속재료학, 남양문화, 1997.

13. 이승평 저, 금속재료, 도서출판 청호, 1998.

14. Smith, Structure and Properties of Engineering Alloys

15. J. F. Shackelford, Introduction to Materials Science for Engineers

16. 長崎相正 著, 金屬材料の基礎, 成山堂書店

17. 田村今男 外 2 人, 鐵鋼材料學, 朝倉書店

# 찾아보기

## ㅈ

### ㅊ

**저자 소개**

- **최갑송**
  동명대학교 기계공학과 교수 gschoi@tu.ac.kr
- **고병갑**
  인하공업전문대학 기계과 교수 bkkoh@inhatc.ac.kr
- **박남섭**
  유한대학교 기계공학과 교수 nspark@yuhan.ac.kr
- **이양창**
  대림대학교 기계과 교수 yclee@daelim.ac.kr


# 기계재료학 2판


수정발행 • 2023년 2월 10일

저　　자 • 최갑송 · 고병갑 · 박남섭 · 이양창
발 행 자 • 최봉조
발 행 처 • 진샘미디어
주　　소 • 서울시 은평구 연서로 5길 28
부호아파트 102동 상가5호
전　　화 • 02)353-4421
F A X • 02)353-4431

Home-page • www.jinsaem.co.kr
신고번호 • 제311-2005-000025호

I S B N • 979-11-889791-30-9 (93550)

정가 24,000원